高等学校信息技术类新方向新动能新形态系列规划教材

教育部高等学校计算机类专业教学指导委员会 –Arm 中国产学合作项目成果

Arm 中国教育计划官方指定教材

arm 中国

微型计算机原理及应用 基于 Arm 微处理器

王宜怀 ◉ 主编

李庆利 冯德旺 ◉ 副主编

人民邮电出版社

北 京

图书在版编目（ＣＩＰ）数据

微型计算机原理及应用：基于Arm微处理器 / 王宜
怀主编. -- 北京：人民邮电出版社，2020.4（2021.5重印）
高等学校信息技术类新方向新动能新形态系列规划教材
ISBN 978-7-115-53299-2

Ⅰ. ①微… Ⅱ. ①王… Ⅲ. ①微型计算机－高等学校
－教材 Ⅳ. ①TP36

中国版本图书馆CIP数据核字(2020)第025132号

内 容 提 要

本书根据微处理器的最新发展，选择 Arm 内核作为教学蓝本，以简捷、透明见底、可实践的方式阐述微型计算机系统的基本原理，介绍微型计算机的基本结构、信息表示、硬件系统、指令系统、汇编语言框架和汇编程序设计方法，讲解微型计算机的存储器、串行通信接口、中断系统、定时器、模数与数模转换等。全书以全新的视角思考微机原理的教学，具有较强的理论性与实践性。本书配套给出了 AHL-MCP 微机原理实践平台与集成开发环境 AHL-GEC-IDE，并有详细的实验指导。

本书提供了教学资源，内含所有源程序、辅助阅读资料、PPT 课件、视频导引、开发环境下载导引、文档资料及常用软件工具等。读者可加入 QQ 群 "微机原理—Arm"（群号：901549485）进行教学资源下载、教学资源使用方法获取及本书相关技术咨询。教师参考资料可通过人邮教育社区（http://www.ryjiaoyu.com/）获得。

本书可作为计算机类、电子类、自动化类、人工智能类专业的本科生教材，对于期望从汇编语言角度学习 Arm 微处理器的技术人员，本书也是一本通俗易懂且不失深度的自学教材或参考书。

- ◆ 主 编 王宜怀
  副 主 编 李庆利 冯德旺
  责任编辑 祝智敏
  责任印制 王 郁 陈 犇
- ◆ 人民邮电出版社出版发行 北京市丰台区成寿寺路 11 号
  邮编 100164 电子邮件 315@ptpress.com.cn
  网址 http://www.ptpress.com.cn
  三河市中晟雅豪印务有限公司印刷
- ◆ 开本：787×1092 1/16
  印张：19   2020 年 4 月第 1 版
  字数：458 千字   2021 年 5 月河北第 2 次印刷

定价：59.80 元

读者服务热线：(010)81055256 印装质量热线：(010)81055316
反盗版热线：(010)81055315
广告经营许可证：京东市监广登字 20170147 号

编委会

拥抱亿万智能互联未来

在生命刚刚起源的时候，一些最最古老的生物就已经拥有了感知外部世界的能力。例如，很多原生单细胞生物能够感受周围的化学物质，对葡萄糖等分子有趋化行为；并且很多原生单细胞生物还能够感知周围的光线。然而，在生物开始形成大脑之前，这种对外部世界的感知更像是一种"反射"。随着生物的大脑在漫长的进化过程中不断发展，或者说直到人类出现，各种感知才真正变得"智能"，通过感知收集的关于外部世界的信息开始经过大脑的分析作用于生物本身的生存和发展。简而言之，是大脑让感知变得真正有意义。

这是自然进化的规律和结果。有幸的是，我们正在见证一场类似的技术变革。

过去十年，物联网技术和应用得到了突飞猛进的发展，物联网技术也被普遍认为将是下一个给人类生活带来颠覆性变革的技术。物联网设备通常都具有通过各种不同类别的传感器收集数据的能力，就好像赋予了各种机器类似生命感知的能力，由此促成了整个世界数据化的实现。而伴随着 5G 技术的成熟和即将到来的商业化，物联网设备所收集的数据也将拥有一个全新的、高速的传输渠道。但是，就像生物的感知在没有大脑时只是一种"反射"一样，这些没有经过任何处理的数据的收集和传输并不能带来真正进化意义上的突变，甚至非常可能在物联网设备数量以几何级数增长的情况下，由于巨量数据传输造成 5G 等传输网络的拥堵甚至瘫痪。

如何应对这个挑战？如何赋予物联网设备所具备的感知能力以"智能"？我们的答案是：人工智能技术。

人工智能技术并不是一个新生事物，它在最近几年引起全球性关注并得到飞速发展的主要原因，在于它的三个基本要素（算法、数据、算力）的迅猛发展，其中又以数据和算力的发展尤为重要。物联网技术和应用的蓬勃发展使得数据累计的难度越来越低；而芯片算力的不断提升使得过去只能通过云计算才能完成的人工智能运算现在已经可以下沉到最普通的设备之上完成。这使得在端侧实现人工智能功能的难度和成本都得以大幅降低，从而让物联网设备拥有"智能"的感知能力变得真正可行。

物联网技术为机器带来了感知能力，而人工智能则通过计算算力为机器带来了决策能力。二者的结合，正如感知和大脑对自然生命进化所起到的必然性决定作用，其趋势将无可阻挡，并且必将为人类生活带来巨大变革。

　　未来十五年，或许是这场变革最最关键的阶段。业界预测到 2035 年，将有超过一万亿个智能设备实现互联。这一万亿个智能互联设备将具有极大的多样性，它们共同构成了一个极端多样化的计算世界。而能够支撑起这样一个数量庞大、极端多样化的智能物联网世界的技术基础，就是 Arm。正是在这样的背景下，Arm 中国立足中国，依托全球最大的 Arm 技术生态，全力打造先进的人工智能物联网技术和解决方案，立志成为中国智能科技生态的领航者。

　　亿万智能互联最终还是需要通过人来实现，具备人工智能物联网 AIoT 相关知识的人才，在今后将会有更广阔的发展前景。如何为中国培养这样的人才，解决目前人才短缺的问题，也正是我们一直关心的。通过和专业人士的沟通发现，教材是解决问题的突破口，一套高质量、体系化的教材，将起到事半功倍的效果，能让更多的人成长为智能互联领域的人才。此次，在教育部计算机类专业教学指导委员会的指导下，Arm 中国能联合人民邮电出版社一起来打造这套智能互联丛书——高等学校信息技术类新方向新动能新形态系列规划教材，感到非常的荣幸。我们期望借此宝贵机会，和广大读者分享我们在 AIoT 领域的一些收获、心得以及发现的问题；同时渗透并融合中国智能类专业的人才培养要求，既反映当前最新技术成果，又体现产学合作新成效。希望这套丛书能够帮助读者解决在学习和工作中遇到的困难，能够为读者提供更多的启发和帮助，为读者的成功添砖加瓦。

　　荀子曾经说过："不积跬步，无以至千里。"这套丛书可能只是帮助读者在学习中跨出一小步，但是我们期待着各位读者能在此基础上励志前行，找到自己的成功之路。

安谋科技（中国）有限公司执行董事长兼 CEO　吴雄昂

2019 年 5 月

序二

人工智能是引领未来发展的战略性技术，是新一轮科技革命和产业变革的重要驱动力量，将深刻地改变人类社会生活、改变世界。促进人工智能和实体经济的深度融合，构建数据驱动、人机协同、跨界融合、共创分享的智能经济形态，更是推动质量变革、效率变革、动力变革的重要途径。

近几年来，我国人工智能新技术、新产品、新业态持续涌现，与农业、制造业、服务业等各行业的融合步伐明显加快，在技术创新、应用推广、产业发展等方面成效初显。但是，我国人工智能专业人才储备严重不足，人工智能人才缺口大，结构性矛盾突出，具有国际化视野、专业学科背景、产学研用能力贯通的领军型人才、基础科研人才、应用人才极其匮乏。为此，2018 年 4 月，教育部印发了《高等学校人工智能创新行动计划》，旨在引导高校瞄准世界科技前沿，强化基础研究，实现前瞻性基础研究和引领性原创成果的重大突破，进一步提升高校人工智能领域科技创新、人才培养和服务国家需求的能力。由人民邮电出版社和 Arm 公司联合推出的"高等学校信息技术类新方向新动能新形态系列规划教材"旨在贯彻落实《高等学校人工智能创新行动计划》，以加快我国人工智能领域科技成果及产业进展向教育教学转化为目标，不断完善我国人工智能领域人才培养体系和人工智能教材建设体系。

"高等学校信息技术类新方向新动能新形态系列规划教材"包含 AI 和 AIoT 两大核心模块。其中，AI 模块涉及人工智能导论、脑科学导论、大数据导论、计算智能、自然语言处理、计算机视觉、机器学习、深度学习、知识图谱、GPU 编程、智能机器人等人工智能基础理论和核心技术；AIoT 模块涉及物联网概论、嵌入式系统导论、物联网通信技术、RFID 原理及应用、窄带物联网原理及应用、工业物联网技术、智慧交通信息服务系统、智能家居设计、智能嵌入式系统开发、物联网智能控制、物联网信息安全与隐私保护等智能互联应用技术及原理。

综合来看，"高等学校信息技术类新方向新动能新形态系列规划教材"具有三方面突出亮点。

第一，编写团队和编写过程充分体现了教育部深入推进产学合作协同育人项目的思想，既反映最新技术成果，又体现产学合作成果。在贯彻国家人工智能发展战略要求的基础上，以"共搭平台、共建团队、整体策划、共筑资源、生态优化"的全新模式，打造人工智能专业建设和人工智能人才培养系列出版物。知名半导体知识产权（IP）提供商 Arm 公司在教材编写方面给予了全面支持，丛书主要编委来自清华大学、北京大学、北京航空航天大学、北京邮电大学、南开大学、哈尔滨工业大学、同济大学、武汉大学、西安交通大学、西安电子科技大学、南京大学、南京邮电大学、厦门大学等众多国内知名高校人工智能教育领域。

从结果来看，"高等学校信息技术类新方向新动能新形态系列规划教材"的编写紧密结合了教育部关于高等教育"新工科"建设方针和推进产学合作协同育人思想，将人工智能、物联网、嵌入式、计算机等专业的人才培养要求融入了教材内容和教学过程。

第二，以产业和技术发展的最新需求推动高校人才培养改革，将人工智能基础理论与产业界最新实践融为一体。众所周知，Arm 公司作为全球最核心、最重要的半导体知识产权提供商，其产品广泛应用于移动通信、移动办公、智能传感、穿戴式设备、物联网，以及数据中心、大数据管理、云计算、人工智能等各个领域，相关市场占有率在全世界范围内达到 90%以上。Arm 技术被合作伙伴广泛应用在芯片、模块模组、软件解决方案、整机制造、应用开发和云服务等人工智能产业生态的各个领域，为教材编写注入了教育领域的研究成果和行业标杆企业的宝贵经验。同时，作为 Arm 中国协同育人项目的重要成果之一，"高等学校信息技术类新方向新动能新形态系列规划教材"的推出，将高等教育机构与丰富的 Arm产品联系起来，通过将 Arm 技术用于教育领域，为教育工作者、学生和研究人员提供教学资料、硬件平台、软件开发工具、IP 和资源，未来有望基于本套丛书，实现人工智能相关领域的课程及教材体系化建设。

第三，教学模式和学习形式丰富。"高等学校信息技术类新方向新动能新形态系列规划教材"提供丰富的线上线下教学资源，更适应现代教学需求，学生和读者可以通过扫描二维码或登录资源平台的方式获得教学辅助资料，进行书网互动、移动学习、翻转课堂学习等。同时，"高等学校信息技术类新方向新动能新形态系列规划教材"配套提供了多媒体课件、源代码、教学大纲、电子教案、实验实训等教学辅助资源，便于教师教学和学生学习，辅助提升教学效果。

希望"高等学校信息技术类新方向新动能新形态系列规划教材"的出版能够加快人工智能领域科技成果和资源向教育教学转化，推动人工智能重要方向的教材体系和在线课程建设，特别是人工智能导论、机器学习、计算智能、计算机视觉、知识工程、自然语言处理、人工智能产业应用等主干课程的建设。希望基于"高等学校信息技术类新方向新动能新形态系列规划教材"的编写和出版，能够加速建设一批具有国际一流水平的本科生、研究生教材和国家级精品在线课程，并将人工智能纳入大学计算机基础教学内容，为我国人工智能产业发展打造多层次的创新人才队伍。

教育部人工智能科技创新专家组专家
教育部科技委学部委员　　　　　　　　焦李成
IEEE/IET/CAAI Fellow　　　　　　　　2019 年 6 月
中国人工智能学会副理事长

十多年前，我就计划以 Arm 内核为蓝本写一本微型计算机（微机）原理方面的书。当时我的主要想法是，微机原理教学中使用的 8086 芯片以及用于实验的大部分外围元器件早已不再生产，如何能把微机原理透彻见底地讲清楚，又能让学生更贴近实际进行实践，值得深入思考。但这种想法要得以实现，必须考虑在 8086 成熟体系下的教师接受程度、教材建设、教学及实验资源建设等一系列问题。一直到 2018 年 5 月参加由教育部高等学校计算类专业教指委主办的落实《新一代人工智能发展规划》教材建设研讨会之后，我才消除了顾虑，下决心付诸实施。在那次研讨会上，以 Arm 内核为蓝本进行微机原理教学改革的思路，得到了教指委秘书长马殿富教授的高度肯定，随后我就开始了本教材的编写工作。一年多来，在本教材合作老师及诸多研究生的配合下，又得到了人民邮电出版社、Arm 中国教育生态部、意法半导体（ST）的大力支持与帮助，编者基本完成了以 Arm 内核为蓝本的微机原理教学体系的构建。

（1）教材内容。微机原理教学的主要目的是引导学生运用面向机器的汇编语言，从底层透明理解微型计算机运行的基本原理及其与外界的基本接口方式，属于计算机类、电子类、自动化类、人工智能类等专业的基础性课程，是功底性课程。通过微机原理的学习，读者可为计算机应用、软件编程、软硬件协同开发等打下坚实基础。本教材主要内容包括：CPU 基本功能、CPU 的外围工作电路、三总线作用、工作时序、中断系统及各种外围接口（如串行通信接口、定时器、并行通信接口、模数转换接口、各种插槽等）的工作原理介绍，以及通过汇编语言的初步实践与软件直接干预硬件的编程，从硬件接口层入手讲解微机工作的基本原理。在内容选取方面，编者进行了合理的素材甄别，虽不面面俱到，但突出了关键原理与通用知识的介绍，尽可能涵盖知识要素，同时又能通过简捷途径将其凸显出来。

（2）实践问题。面向微机原理教学，教师需要找到一种微型计算机，它既不十分复杂，又能体现微型计算机及接口的基本原理，特别要求具有实际用途，便于实践，能够体现微机原理课程内容的基础属性、实践属性与发展属性。关于基础属性，Arm Cortex-M 微处理器是 Arm 大家族中面向电子系统的智能化类微型计算机，与 1971 年 Intel 推出的世界上第一个微处理器的目标一致，均是实现电子产品智能化，其不仅性能卓越，而且结构远比同期的 PC 简捷，利用它可以从最底层厘清微型计算机运行的基本脉络，满足基础属性要求；关于实践属性，微机原理课程需要动手实践的东西，不能包裹得严严实实，本书讲到的以 Arm 微处理器为核心的微型计算机，扩充了小型液晶显示器 LCD、串行通信接口及其他基本接口，形成一个微型计算机系统，满足实践属性要求；关于发展属性，Arm 微处理器广泛应用于智能家电、物联网、工业控制、数据采集、汽车电子等各个行业，目前正在向人工智能终端方向延伸，满足发展属性要求。利用它学习微机原理，不仅可以满足从底层理解计算机运行原理这一根本需求，还可为利用它开发实际产品提供底层基础，使其具备更加真实体验特性。鉴于此，本书以 Arm 内核的 STM32 系列微控制器为蓝本，构建通用嵌入式计算机 GEC，结合软件工程的基本原理，形成 AHL-MCP 微机原理实践平台，给出可移植、可复用工程模板，读者可以"照葫芦画瓢"进行微机原理实践。

（3）开发环境问题。针对一些开发环境仅适应特定芯片或存在付费购买等问题，苏州大学&Arm 中国嵌入式与物联网技术培训中心在早期研发集成开发环境的基础上，经过三年多的努力，针对 Arm Cortex-M 微处理器开发了 AHL-GEC-IDE 集成开发环境。它具有编辑、编译、链接等功能，特别是在配合金葫芦硬件后，可直接运行调试程序，兼容常用嵌入式集成开发环境。此外，它还包含微机原理学习中的常用小工具。该环境摒弃了许多烦琐的设置，配合软件最小系统模板，使读者易于入门，简捷实用；特别是配合程序模板中提供的printf输出调试功能，使得打桩调试及运行跟踪显示得以方便实现。

此外，为了配合微机原理教学，作者还开发了金葫芦微机原理微信小程序。它提供了微机原理学习中需要的常用小工具及基本问题解答。通过手机微信搜索"金葫芦微机原理学习"即可获得该微信小程序。本书提供了教学资源，内含所有源程序、辅助阅读资料、PPT、视频导引、开发环境下载导引、文档资料及常用软件工具等。教学资源下载请加入 QQ 群（微机原理—Arm）：901549485。教师参考资料可通过人邮教育社区（http://www.ryjiaoyu.com/）获得。

本书共 13 章，第 1～4 章分别介绍微型计算机基本结构及信息表示、微型计算机的硬件系统、指令系统和汇编语言框架，完成微型计算机的基本入门；第 5 章给出基于构件的汇编程序设计方法，通过汇编实例理解微机原理；第 6～10 章分别介绍存储器、串行通信接口、中断系统及定时器、模数转换与数模转换、直接存储器存取（DMA），这些是微机原理的基本模块；第 11 章给出外接组件综合实践；第 12 章和第 13 章分别介绍通用计算机的基本结构及启动过程和微型计算机的发展方向。本书配套的电子资源（可从人邮教育社区下载）给出了 AHL-MCP 微机原理实践平台硬件资源、AHL-GEC-IDE 安装及基本使用指南、串行通信构件设计方法。

本书由苏州大学王宜怀教授担任主编，华东师范大学李庆利教授和福建农林大学冯德旺教授担任副主编。苏州大学嵌入式人工智能与物联网实验室的博士研究生、硕士研究生参与程序开发、书稿整理及有关资源建设，他们卓有成效的工作使得本书更加充实。ST 大学计划的丁晓磊女士，Arm 中国教育生态部的陈炜先生、王梦馨女士等为本书提供了许多帮助。王进教授、刘长勇副教授、罗喜召副教授、许粲昊副教授等老师为本书提出了不少建设性建议，在此一并表示诚挚的谢意。

王宜怀

2020年1月于苏州大学

CONTENTS

06

存储器 ⋯⋯⋯⋯⋯⋯⋯⋯117

07

串行通信接口 ⋯⋯⋯⋯137

08

中断系统及定时器 ⋯⋯155

13

微型计算机的发展方向 ————— 247

附录 A

AHL-MCP 微机原理实践平台硬件资源 ————— 257

附录 B

AHL-GEC-IDE 安装及基本使用指南 ————— 261

附录 C

串行通信构件设计方法 ————— 275

参考文献 ————— 288

电子资源文件夹结构

　　微机原理教学资源（电子资源）下载地址："苏州大学嵌入式学习社区"→"金葫芦专区"→"微机原理"。进入后，在右侧选择具体内容下载即可。以下为电子资源的目录结构。

∨ ▢ AHL-MCP-CD	**微机原理电子资源根文件夹名**
▢ 01-Informaiton	资料文件夹（存放芯片数据手册、芯片参考手册等原始资料）
▢ 02-Document	文档文件夹（存放 PPT、视频导引、辅助阅读资料、实践平台快速指南）
▢ 03-Hardware	硬件文件夹（存放 AHL-MCP 微机原理实践平台硬件资源电子文档）
＞ ▢ 04-Software	软件文件夹（存放各章样例源程序，按照章进行编号）
▢ 05-Tool	工具文件夹（存放开发过程中可能使用的软件工具或下载指引）
＞ ▢ 06-Other	其他（存放实验报告参考样例、PC 编程的 C#语言快速指南及样例等）

微型计算机基本结构及信息表示

01

chapter

　　作为全书的开篇，本章将介绍微型计算机的基本概况与发展简史；介绍微型计算机的基本结构，包括 CPU、存储器、I/O 接口、三总线等基本概念；介绍微机原理的实践选型；介绍计算机中常用的数制，以及数制之间的转换方法；介绍计算机中信息的表示方式，包括位、字节、浮点数等的基本含义，也包括字符编码方式等基本内容。

1.1 微型计算机概述

在色彩斑斓的计算机大家庭中，微型计算机最为人们所熟知，应用也最为广泛。从世界上第一台通用电子数字计算机的出现至今，计算机一词家喻户晓，几乎已无处不在。出现在人们视野中的计算机几乎都是微型计算机。

1.1.1 初识微型计算机

要了解微型计算机，需先了解世界上第一台通用电子数字计算机，然后了解计算机有哪些种类，进而了解什么是超级计算机与微型计算机。

1. 世界上第一台通用电子数字计算机

1946 年，世界上第一台通用电子数字计算机（Electronic Numerical Integrator And Calculator，ENIAC）诞生了，它由美国宾夕法尼亚大学莫尔电工学院制造，重达 30t，总体积约 $90m^3$，占地 $170m^2$，功率为 140kW，运算速度为每秒 5000 次加法。它的诞生标志着计算机时代的到来，其最初主要被军方用于弹道计算。

2. 计算机的种类

计算机技术发展迅速。早期，按照规模，根据运算速度、体积大小、存储器大小、输入输出能力等指标，计算机可分为巨型机、大型机、小型机、微型机 4 类。如今，小型机的概念已经十分淡化，地位逐渐被微型机所取代；大型机与企业工作站、服务器、网络计算机等融合在了一起；巨型机被超级计算机一词取代，正在向更高运算速度迈进；微型计算机正在向更广泛的应用拓展。性能介于巨型机（超级计算机）与微型机（微型计算机）之间的计算机，性价比不断提高，目标定位是服务于企业、网络及通信等领域。下面将对超级计算机与微型计算机进行详细介绍。

（1）超级计算机

超级计算机（Supercomputer）是一种超大型电子计算机，一般放在国家超级计算中心（National Supercomputing Center），简称"超算中心"。超级计算机的主要特点是高速度和大容量，最初规定运算速度平均每秒 1000 万次以上，存储容量在 10Mbit 以上。例如，我国的神威·太湖之光计算机运算速度达到 12.5 亿亿次每秒，美国的 Summit 计算机运算速度达到 20 亿亿次每秒。超级计算机除了具有很强的计算和处理数据的能力外，还具有丰富的外设及功能强大的软件系统，通常需要占地面积超过足球场大小的机房，耗电方面有的超级计算机会超过一个县城的用电量。当然，超级计算机的"超级"不是指体积大、耗电多，而是指功能强。超级计算机是一个相对的概念，一个时期内的超级计算机到下一时期可能就会变为普通计算机；一个时期内的超级计算机技术到下一时期可能就会变为常用计算机技术。

超级计算机追求速度快，主要用于科学与工程计算，服务于中长期天气预报、卫星图像处理、大数据处理、国民经济发展趋势预测、情报分析等。

（2）微型计算机

微型计算机（Microcomputer）简称微机，它是以微处理器（Microprocessor）为核心，以地址总线、数据总线、控制总线为基础，连接存储器、输入/输出（I/O）接口电路以及相应的辅助电路而形成的一种体积小、灵活性高、价格便宜、使用方便的电子计算机。

把微机集成在一个芯片上即可构成单片微型计算机（Single Chip Microcomputer，SCM），也被称为嵌入式微型计算机（Embedded Microcomputer），它不以独立的计算机面目出现在人们的视野中，而是隐含在各类电子产品中，如数字电视、手机、平板计算机、汽车、微波炉、洗衣机、空调、工业自动化仪表、医疗仪器等。

微型计算机配以相应的专用电路、电源、显示器、机箱，配备操作系统、高级语言和多种软件工具而形成的系统，叫作微型计算机系统（Microcomputer System）。个人计算机（Personal Computer，PC）就是最常见的微型计算机系统。

1.1.2 微型计算机发展简史

计算机发明之后，人们一直对计算机硬件和软件等进行着深入研究，计算机的微型化一直是人们努力的方向。从 1946 年第一台通用电子数字计算机发明到 1971 年第一个微处理器出现，整整过去了 25 年。后来，微型计算机飞速发展，遍及社会的各个角落。

1. 微型计算机的开端

1971 年，美国 Intel 公司推出 4 位微处理器 4004，它是世界上第一个商用微处理器，可进行 4 位二进制的并行运算，有 45 条指令，速度约为 0.05MIPS[①]。它的能力有限，当时主要用在电子计算器、台秤、照相机、电视机等家用电器上，使这些电器设备具有智能。日本比吉康公司（Busicom）用它制作电子计算器，这就是微型计算机的雏形，也是微型计算机的开端。

2. 微型计算机的初步发展

1974 年，美国 Intel 公司推出 8 位微处理器 8080，速度约为 0.5MIPS。1975 年 1 月，个人计算机一词出现于美国 *Popular Electronics*（大众电子）杂志中。美国苹果公司在 1977 年推出 8 位个人计算机 "Apple II"，其在推出后的几年里在中国销售了不少，这个时期的中国学生不少是从 Apple II 开始接触计算机的。1981 年，IBM 基于 Intel 的 8080 开始推出 IBM-PC 系列个人计算机，Apple II 渐渐被人们淡忘。1978 年，Intel 推出了 16 位微处理器 8086，这就是 "x86 架构" 的开始，后来其经过很长时间逐步发展成了 PC 的重要代表。

从 Intel 推出 16 位微处理器 8086 开始，微型计算机有了两条发展线路。一条是发展通用计算机，即 PC。另一条是发展可嵌入各种电子产品中的微处理器，以实现电子产品智能化。1980 年，Intel 推出了 8 位 MCS-51 单片机，并获得了巨大成功。如今，MCS-51 单片机仍有较多应用。1984 年，Intel 推出了 16 位 8096 系列，并将其称为嵌入式微控制器，这可能是 "嵌入式" 一词第一次在微处理器领域出现。随后一个时期，Motorola、Intel、TI、NXP、Atmel、Microchip、Hitachi、Philips、ST 等公司推出了不少微控制器产品，它们的功能不断变强，并开始逐步支持实时操作系统。

3. 微型计算机的无处不在

在通用计算机的发展道路上，1982 年，Intel 公司推出了仍为 16 位的 80286 芯片，其性能与 8086 相比有了实质性提高。随后，该公司于 1985 年推出了 32 位 80386 芯片，1989 年推出了 32 位 80486 芯片，1993 年之后同系列芯片不再以 "80x86" 命名。1993 年，Intel 推出了奔腾

---

① 每秒百万条指令（Million Instructions Per Second，MIPS），它是单字长定点指令平均执行速度，每秒能处理百万级的机器语言指令数，是 CPU 运算速度的一个度量单位。

（Pentium）系列①微处理器，随后的十几年间，推出了奔腾的许多型号，性能越来越高，结构也越来越复杂，在网络化、多媒体化和智能化等方面均取得了进展。2005 年，Intel 推出了酷睿（core）系列微处理器，至今，该系列微处理器仍继续向纵深发展。其他公司的微处理器也不断涌现，形成了微处理器兴旺发展的局面，特别是新的苹果计算机（Macintosh）的兴起，给微型计算机市场增添了极大活力。微处理器可应用于 PC、工业控制计算机等的制造，具有庞大的消费市场。

在嵌入式计算机发展的道路上，Intel 最先开展研究，后来它把 MCS-51 单片机免费发布，几乎放弃了这个领域，专注于通用微型计算机。Arm 的异军突起，成为嵌入式微型计算机的主力。Arm（Advanced RISC Machines），它既可以被认为是一个公司的名称，也可以被认为是对一类微处理器的通称，还可以被认为是一种技术的名称。1985 年，Acorn 在英国诞生，它开发的台式机产品形成了英国的计算机教育基础。1990 年，Arm 公司（Advanced RISC Machines Limited）成立，它作为 CPU 类设计公司，不生产芯片，而是采用转让许可证制度，由合作伙伴生产芯片。2004 年开始，Arm 公司在经典处理器 Arm11 以后不再使用数字命名处理器，而是统一改用"Cortex"命名，主要有 A 与 M 两大类。Arm Cortex-A 系列处理器面向计算机应用延伸类产品，如智能手机、移动计算平台等，属于应用处理器；Arm Cortex-M 系列处理器面向电子系统智能化类产品，如物联网、数据采集系统、人机接口设备、工业控制系统、嵌入式人工智能终端设备等，属于微控制器。

1.1.3 微型计算机的冯·诺依曼结构框图

微型计算机与超级计算机相比，体积相差悬殊，不过，微型计算机的基本结构与超级计算机的基本结构是一致的。

现代计算机大多采用由美国科学家冯·诺依曼（Von Neumann）于 1945 年提出的，一种后来被人们称为冯·诺依曼结构（Von Neumann Architecture）的计算机体系结构②，该结构是在研制世界上第一台通用电子数字计算机的过程中形成的，冯·诺依曼也因此被人们称为"计算机之父"。

冯·诺依曼结构主要内涵有：计算机由控制器、运算器、存储器、输入设备、输出设备 5 部分组成，信息采用二进制表示，指令和数据同时存放在存储器中。图 1-1 所示为冯·诺依曼结构框图，图中各部件之间的实线表示数据信号，虚线表示控制信号。

1. CPU

运算器与控制器合在一起，称为中央处理器（Central Processing Unit，CPU）。CPU 的功能是从外部设备获得数据，进行加工、处理，再把处理结果输送到 CPU 的外部世界。

从功能角度看，CPU 包含运算器、寄存器和控制器。运算器（Arithmetic Unit），即算术逻辑运算单元（Arithmetic Logic Unit，ALU），它执行算术运算、逻辑运算、移位、地址运算和转换等；寄存器（Register）用于暂存指令、数据和地址；控制器（Control Unit）负责对指令译码，产生指令所需要的控制信号。现代 CPU 内部的存储机构通常还包含高速缓存（Cache）。寄存器和高速缓存在图 1-1 中虽然没有明确标出，但它们是 CPU 必不可少的组成部分，是 CPU

---

① 若按照系列命名法则，Pentium 则应称为 80586，有人认为该词来源于希腊文"penta"（五）和拉丁文中代表名词的接尾语"ium"。

② 又称冯·诺依曼模型（Von Neumann Model）或普林斯顿结构（Princeton Architecture），是一种将程序指令存储器和数据存储器合并在一起的计算机设计概念结构。依照该结构设计出的计算机称作冯·诺依曼计算机，也称存储程序计算机。还有一种结构，被称为哈佛结构（Harvard Structure），主要特点是将指令和数据存储在不同的存储空间中，指令存储器与数据存储器独立编址、独立访问，执行时可以预先读取下一条指令。

内部存储数据的地方。

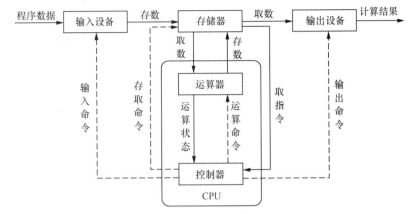

图 1-1　冯·诺依曼结构框图

从编程角度看，CPU 包含寄存器和可执行的指令系统。CPU 内的寄存器都有专门的名字和特定的功能，不同型号的 CPU，其内部寄存器数量及功能是有差异的，但有些寄存器的名字却是通用的。例如，程序计数器（Program Counter）的名字都简称为 PC[①]，它指定了当前要执行的指令（机器码）在存储器中的位置，也就是说，由 PC 这个寄存器负责告诉 CPU 要执行的指令在存储器的什么地方。一个 CPU 能够执行哪些指令是在 CPU 设计阶段就已经确定的，它决定了 CPU 内部电路。一个 CPU 所能执行的所有指令构成了该 CPU 的指令系统（如第 3 章给出了 Arm Cortex-M 微处理器的基本指令系统）。

2．存储器

存储器（Memory）是用来存储数据和指令的记忆部件。从编程角度看，存储器就是地址单元，每个基本地址单元可以存储一个字节（字节的概念详见"1.4.1 节"）。从功能上说，存储器分为许多种类，相关内容在第 6 章讲解。

3．输入设备与输出设备

输入设备（Input Device）是指向计算机输入信息的设备，如键盘、鼠标、摄像头、语音输入装置等均属于输入设备。

输出设备（Output Device）是指计算机把处理的结果以人能识别的数字、符号、字母、声音、图像等形式表达出来的设备，如显示器、打印机、绘图仪、语音输出系统等均属于输出设备。

1.1.4　微型计算机中的三总线

与车辆的通行需要道路一样，计算机中各个部件之间的信息传输也需要通过传输线路进行，这些线路被称为计算机中的总线。

总线（Bus）是计算机系统中各个部件之间信息传送的公共通路，是一种物理连接。总线不仅是一组信号线，广义来说，总线是一组传输线路及相关的总线协议。按照计算机所传输的信息种类，总线主要有地址总线（Address Bus，AB）、数据总线（Data Bus，DB）和控制总

---

①　与个人计算机，即 PC 的简写一致，这仅仅是巧合，通常在不同语境中，二者不会混淆。以下把台式机、笔记本计算机等可以作为微型原理学习的工具计算机均称为"PC"。

线（Control Bus，CB），这就是通常意义上的计算机内的三总线，也称为系统总线。CPU 与存储器、I/O 接口之间的连接需要通过三总线进行。

1. 地址总线

CPU 利用地址总线识别存储单元（Memory Cell），其方向是单向的，地址只能从 CPU 传向存储单元。这里的存储单元可以是 CPU 外部的存储器，也可以是 I/O 接口单元。地址总线宽度（即条数，也称位宽）决定了 CPU 能够识别存储单元数量的多少，如 32 位地址总线的寻址空间为 4GB。

【练习 1-1】 4GB 是如何计算得出的？

【提示】 一条地址线可以识别两个单元，地址分别是 0、1；两条地址线可以识别 4 个单元，地址分别是 00、01、10、11①；8 条地址线可以识别 256 个单元；9 条地址线可以识别 512 个单元；10 条地址线可以识别 1024 个单元（每个单元存储一个字节），即 1KB②；20 条地址线可以识别 1MB；30 条地址线可以识别 1GB；32 条地址线可以识别 4GB。

【练习 1-2】 1TB=1024 GB，需要多少根地址线？

2. 数据总线

CPU 利用数据总线与存储单元进行信息传输，同一时刻，每条线传输一位二进制信息（0 或 1），其方向是双向的。数据总线的宽度是表征计算机性能的一个重要指标，也称为机器字长，例如，通常所说的 32 位机、64 位机、128 位机，就体现了该类机型的数据总线宽度。因此，数据总线的宽度表示一次可同时传输的数据位数。类比于公路的车道宽度，单向 6 车道表示同时可以允许 6 辆车同方向行驶。

3. 控制总线

CPU 利用控制总线传输控制信号和时序信号，以便 CPU 与存储单元之间进行信息交换，其方向根据其作用而不同，有单向也有双向，其条数也因计算机不同而不同。控制总线的性能不是用宽度来表征的，而是用它能控制数据传输的速率表征的。控制总线的性能取决于 CPU 综合性能。概括地说，地址总线宽度决定了 CPU 的寻址能力，数据总线宽度决定了 CPU 与其他部件一次可以交互的二进制数据的位数，控制总线的性能具有综合性，它与数据总线宽度、CPU 工作频率等密切相关。在总线上传输数据的速率（字节数每秒）是三总线性能指标的主要体现。

对于三总线协同工作问题，这里举一例帮助理解。要向 RAM③ 中 5279 地址单元写入一个数（如 68）的过程如下：首先，CPU 通过地址总线发出 5279，定位到 RAM 中的地址单元，相当于找到了一个房间；然后，CPU 通过数据总线发出 68 这个数，但这个数在线上，还没有存到那个房间；最后，CPU 通过控制总线进行控制，把数据总线上的这个数存入指定房间。于是，RAM 中地址为 5279 的这个房间的数据就为 68，CPU 通过三总线完成了一次数据存储过程。

一般来说，在程序执行过程中，CPU 对内部寄存器的操作速度比对 RAM 中的变量操作速度快，原因是对 RAM 中的变量操作需通过三总线进行。例如，对 RAM 中的全局变量操作，

---

① 这里使用二进制表示，若使用十进制表示，则地址分别是 0、1、2、3。

② 注意在这里的 K 指 1024，而不是 1000。计算机中存储容量的量纲，基本单位为字节 B，字节向上分别为 KB、MB、GB、TB，每级为前一级的 1024 倍，比如 1KB=1024B，1M=1024KB，可上网搜索查询 K、M、G、T 的含义及读音。

③ 随机访问存储器（Random Access Memory，RAM）是计算机中的常用缩写词。一些语境下，把 RAM 简称"内存"，计算机编程中的变量均涉及 RAM。它是与 CPU 直接交换数据的存储器，"随机"一词是指可以随时从任何一个指定的地址写入或读出信息，一旦断电所存储的数据就会丢失。所以"随机"一词的另一含义是，重新连电后，RAM 中的内容是随机的。

与对 CPU 内部寄存器的操作不同，访问 RAM 中的全局变量需要使用 RAM 的地址进行，也就是说需要通过三总线（地址总线、数据总线、控制总线）进行；而访问 CPU 内部寄存器，无须经过三总线（汇编语言直接使用寄存器名称即可访问），没有地址问题，所以比访问 RAM 中的全局变量更快。

1.1.5 计算机执行指令的简明过程

计算机系统的指令是 CPU 所能执行的基本命令。指令由一个字节或者多个字节组成，通常包括操作码与操作数，有些指令中隐含操作数。假设程序放在只读的程序存储器中，操作数放在可读写的数据存储器中，一个典型的指令执行过程可分为取出指令、译码、取操作数、执行指令、数据写回、继续执行下一条指令等阶段，如图 1-2 所示，简要描述如下。

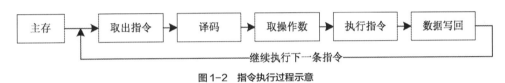

图 1-2　指令执行过程示意

（1）取出指令。以程序计数器 PC 中的值为地址，CPU 从主存[1]中取出要执行的指令，放入内部指令寄存器。

（2）译码。把指令翻译成 CPU 内部的微动作序列。在组合逻辑控制的计算机中，指令译码器对不同的指令操作码产生不同的控制电平，形成不同的微操作序列；在微程序控制的计算机中，指令译码器是用指令操作码来找到执行该指令的微程序的入口，进而执行微程序的。

（3）取操作数。若指令需要从数据存储器取数，则进行此阶段。

（4）执行指令。例如，若要求完成一个加法运算，CPU 内的算术逻辑单元将被连接到一组输入和一组输出，输入端提供需要相加的数值，输出端将含有最后的运算结果输出。

（5）数据写回。通常把执行指令阶段的运算结果写到 CPU 内部寄存器中，以便被后续的指令快速地存取，一些指令还会改变 CPU 内程序状态字寄存器中的标志位。

（6）继续执行下一条指令。上述过程中，程序计数器要么自动增加，要么根据条件变化，总之会指向下一条指令的存放处，继续取下一条指令并执行。

更深入的内容不属于微机原理课程的范畴，而属于"计算机组成"课程的内容。在微机原理的学习过程中只需要了解上述过程即可。在微机原理中，认为程序存储器中的程序会被自动运行，这就是微机原理学习的起点。

1.2　微机原理的实践选型

微机原理教学的主要目的是引导学生运用面向机器的汇编语言，从底层透明地理解微型计算机运行的基本原理及其与外界的基本接口方式。要达到这一目标，必须具备可以实际动手的基本实验设备。

---

①　这里的主存是指 CPU 可通过直接地址总线访问的程序存储器。

1.2.1 微机原理实践选型的困惑

从微型计算机发展简史可以看出，微型计算机被提出之初的目标是服务大众，而不是像大型计算机那样服务于科学研究及宏观战略。微型计算机发展的初期也没有出现通用计算机与嵌入式计算机的分化，并且，最初出现的微处理器就是服务于今天所说的嵌入式计算机的。后来，PC 的普及及工业控制的需求使微型计算机在通用计算机与嵌入式计算机两个大方向分别得以蓬勃发展。

实际上，计算机是因科学家需要一个高速的计算工具而产生的。但是，其随后的发展不以人的意志为转移，特别是微型计算机的发展几乎到了无处不在的地步。从微型计算机出现至今的近半个世纪，微型计算机领域在通用计算机系统与嵌入式计算机系统这两大分支上分别得以发展。通用计算机已经在科学计算、通信、日常生活等各个领域产生了重要影响。在后 PC 时代，嵌入式微型计算机的广泛应用是微型计算机发展的重要特征。

长期以来，我国的大部分微机原理教学选用 1978 年 Intel 推出的 16 位微处理器 8086，相当一部分学校配有专门的"微机原理实验箱"，内含串行通信接口芯片 8251、8 位模数接口芯片 ADC089、8 位数模转换芯片 DAC0832、并行接口芯片 8255、定时器接口芯片 8253、键盘接口芯片 8279 等。如今，主芯片和所有接口芯片早已不再被生产，一些学校随之改用模拟方式进行教学。近二十年多年来，许多高校教师在芯片选型、器件更新等方面也进行了一些探索。但是，教材的更新、实验体系的更新、教学素材的更新等，成为了微机原理实践选型的主要困惑。

1.2.2 微机原理实践选型的基本原则

微机原理教学目标决定了其内容具有基础性质，但是它又不像高等数学、基础物理类课程具有高度稳定性。微型计算机发展的特点决定了微机原理课程的内容具有基础属性、实践属性与发展属性。满足这 3 个属性，是微机原理教学芯片选型的基本原则。

（1）微机原理课程内容的基础属性。微机原理课程强调从底层透明地理解计算机的运行原理及 I/O 接口的工作过程，具有基础属性。基于这个角度，"x86"体系后来发展成的奔腾、酷睿系列的结构十分复杂，不适合用于讲解微机原理。新的 Macintosh 微型计算机系列也十分复杂，把微机的基本原理包裹得严严实实，也不适合用于微机原理教学。曾经有学者探索使用虚拟机模式进行教学，不依赖任何一种机型，期望由此阐述共性原理，结果仍不成功。就像语言文字界出现过的"世界语"，愿望是美好的，但由于缺少母语基础人群的依托，难以达到期望值。

（2）微机原理课程内容的实践属性。微机原理课程又是一门实践性很强的课程，只有通过编程实践，才能对其中的许多原理有所体会。所以，要有实践平台。早期的实践平台强调使用的"实验箱"，现在已经不适用于实验教学。微机原理实验与一般的电子类实验、物理类实验大不一样，不具备 I/O 的关联特征，它更多的是需要编程调试，为此在短短的实验课时内常常难以达到预期目标。从实际教学中可以知道，微机原理课程的教学与实践是密不可分的，大部分实验编程就像高等数学课后练习题一样，必须成为作业的有机组成部分。

（3）微机原理课程内容的发展属性。高等数学、基础物理等基础类课程的内容沉淀了百余年，形成了稳定的体系。但微型计算机发展很快，特别是其接口变化很大。就模数转换而言，早期微机原理课程中使用 8 位 AD 转换芯片（ADC0809）阐述 AD 转换基本原理，现如今该芯片已不再被生产，其内容涵盖也不足，其数字量范围只有 0～255。而现在出品的许多价格在

10 元人民币左右的微控制器内部就含有多路 16 位 AD 转换，范围可达 0 ~ 65535，仅就这一点来说，与之前相比价格下降几十倍，性能提高百倍。目前，嵌入式人工智能的发展更需要新的微处理器作支撑。微机原理课程内容在满足基础属性与实践属性的前提下，如何满足发展属性也是选型的一个基本原则。

1.2.3　AHL-MCP 微机原理实践平台概述

为了更好地进行微机原理的教学工作，我们选择了基于 Arm Cortex-M4F 微处理器的 STM32L4 微控制器为蓝本，开发了 AHL-MCP 微机原理实践平台。本书配套的电子资源中给出了该实践平台的硬件资源。

1. 选择 Arm Cortex-M 微处理器作为微机原理教学蓝本的缘由

微机原理教学，需要找到一种类型的微型计算机，它既不能十分复杂，又能体现微型计算机及接口的基本原理，特别要求具有实际用途，便于实践，满足微机原理课程内容的基础属性、实践属性与发展属性。经过分析对比，Arm Cortex-M 微处理器符合这些要求。

（1）满足微机原理课程内容的基础属性。Arm Cortex-M 微处理器面向的是电子系统智能化类微型计算机，这与 1971 年 Intel 推出的世界上第一个微处理器的目标一致，均是实现电子产品的智能化。它不仅性能卓越，而且结构远比同期的 PC 简单，利用它可以从最底层理清微型计算机运行的基本脉络，满足基础属性的要求。

（2）满足微机原理课程内容的实践属性。微机原理课程需要实践平台，需要可以自己动手的部分，不能包裹得严严实实。以 Arm Cortex-M 微处理器为核心的单片微型计算机，可以扩充小型液晶显示器（Liquid Crystal Display，LCD）、串行通信接口及其他基本外接接口，形成一个微型计算机系统，作为微机原理课程实践平台，满足实践属性的要求。

（3）满足微机原理课程内容的发展属性。Arm Cortex-M 微处理器一直在发展，已被广泛应用于智能家电、物联网、工业控制、数据采集、汽车电子等各个行业，目前正在向人工智能终端方向延伸，满足发展属性的要求。利用它不但可以学习微机原理以满足从底层理解计算机原理这一根本需求，而且可以开发出实际的产品，具有更加真实的体验。

2. AHL-MCP 微机原理实践平台简介

为了更好地进行以 Arm 微处理器为蓝本的微机原理教学，苏州大学&Arm 中国嵌入式与物联网技术培训中心（简称 SD-Arm[①]）开发了名为"AHL-MCP 微机原理实践平台"的开发套件。AHL 三个字母是英文"Auhulu"的缩写，中文名为"金葫芦"，意思就是可以"照葫芦画瓢[②]"。该开发套件与一般的微机原理实验箱不同，不仅可以在微机原理教学中使用，还是一套较为完备的嵌入式微型计算机应用开发系统。本书配套的电子资源中给出了该开发套件安装及基本使用指南。

---

①　SD-Arm 是 Arm 中国与苏州大学联合建立的一个面向嵌入式系统、物联网技术、嵌入式人工智能等方向的研究与技术培训机构。该机构致力于嵌入式系统与物联网理论、技术方法与应用研究，以及嵌入式微控制器底层驱动与应用原型设计、书籍撰写、技术服务与技术培训等工作，将研究成果梳理、归纳、组织与凝练；转化为高校教学及企业培训资源，服务于高校及企业。

②　照葫芦画瓢：比喻照着样子模仿，出自宋·魏泰《东轩笔录》第一卷。古希腊哲学家亚里士多德说过："人从儿童时期起就有模仿本能，他们通过模仿而获得了最初的知识，模仿就是学习。"孟子则曰："大匠诲人必以规矩，学者亦必以规矩"，其含义是高明的工匠教人手艺必定依照一定的规矩，学的人也必定依照一定的规矩。本书借此期望通过建立符合软件工程基本原理的"葫芦"，为"照葫芦画瓢"提供坚实的基础，以达到降低学习难度之目标。

AHL-MCP 微机原理实践平台由硬件、软件、电子资源 3 个部分组成。

（1）硬件。AHL-MCP 微机原理实践平台的硬件部分（AHL-MCP）由以 Arm 微处理器为核心的 STM32L4 微控制器构成，带有 2.8 英寸（240×320 像素）的彩色液晶屏，含有定时器、串行通信接口、外接传感器接口等，是一套相对完备的微型计算机系统。微控制器型号可以扩展，AHL-MCP 分为基础型与增强型两种。基础性为盒装式，便于携带，包括 STM32L431 芯片及其硬件最小系统、彩色 LCD、接口底板（含有温度传感器及光敏传感器）等组件，可完成除第 11 章（外接组件综合实践）之外的所有微机原理实验。增强型不仅包含基础型的所有组件，还包括声音传感器、加速度传感器、人体红外传感器、循迹传感器、振动电动机、蜂鸣器、四按钮模块、彩灯及数码管等 9 个外接组件，可完成全书所有实验。增强型的包装分为盒装式与箱装式，盒装式便于携带，学生可借出实验室，箱装式主要供学生在实验室进行微机原理实验使用。

（2）软件。AHL-MCP 微机原理实践平台的软件部分是运行于 PC 的集成开发环境 AHL-GEC-IDE 及金葫芦微机原理微信小程序。其中，GEC（General Embedded Computer）是通用嵌入式计算机的缩写[1]，IDE（Integrated Development Environment）是集成开发环境的缩写。AHL-GEC-IDE 具有编辑、编译、链接等功能，特别是配合金葫芦硬件，可直接运行调试程序，兼容常用的嵌入式集成开发环境，还包含微机原理学习中需要的常用小工具[2]。金葫芦微机原理微信小程序提供了微机原理学习中需要的常用小工具及基本问题解答，通过微信小程序搜索"金葫芦微机原理学习"即可获得。

（3）电子资源。微机原理电子资源内含所有源程序、辅助阅读资料、PPT、视频导引、开发环境下载导引、文档资料及常用软件工具等。

1.3 数制及数制之间的转换方法

信息（Information）一词是一个严谨的科学术语，其定义不统一，含义十分广泛。人们利用这个词来描述客观世界各种事物的运动状态、相互联系与相互作用。可以从信息的表现形式、类别等直观理解信息，信息的表现形式有数字、文字、语言、图片、温度、体积、颜色等，信息的类别有电子信息、财经信息、天气信息、生物信息等。

现在我们使用的计算机，其雏形源于 1946 年美国宾夕法尼亚大学研制的世界上第一台通用电子数字计算机，简称电子计算机，或直接称为计算机。它是利用电子元器件及电子线路制作的，可以进行数值计算和逻辑计算，并具有存储记忆功能，能够按照程序运行的电子设备。

电子计算机中的信息均用数字"0""1"表示，为此，下面先介绍数制及数制之间的转换方法，然后在此基础上介绍计算机中信息的表示方式。

1.3.1 数制

1. 数制的概念

通俗地说，数制（Number System）就是计数的法则，它用一组固定的数码和一套统一的规则来表示数字的大小。例如，人们日常生活中使用的数制是十进制（Decimal System），它使用 0、1、2、3、4、5、6、7、8、9 十个数码，并定义以下规则：自然界中所有的数字都用

---

① 王宜怀，张建，刘辉，等. 窄带物联网 NB-IoT 应用开发共性技术[M]. 北京：电子工业出版社，2019.
② AHL-GEC-IDE 下载途径：苏州大学嵌入式学习社区→"资料下载"→"工具"→"AHL-GEC-IDE"。

这 10 个数码表达，满十进一，且规定同一个数码在从左到右不同的位置上所表示的数值大小不同。人类普遍使用十进制，可能与远古时代用十指记数这个习惯有关。

2．基数计数法

计算机中的计数方法通常使用基数计数法（Radix Notation），也称按位计数法或进位计数法，它是以基数和位权来表示数制的计数方法。任何一个数制都包含基数和位权这两个基本要素。

数制中的基数（Radix Number）表示基本符号的个数。例如，十进制的基数就是 10，二进制的基数就是 2，十六进制的基数就是 16。

数制中的位权（Position Weight）表示某一位上的 1 所表示的数值的大小（所处位置重要性的度量），一般简称为权（Weight）。例如，十进制数 693.85，该数中最左边的 6 代表 600，而 $600=6\times10^2$，这里的 10^2 就是 6 所处位置的"权"，2 表示小数点左边第 2 位（小数点左边从 0 开始向左编号）；最右边的 5 代表 0.05，而 $0.05=5\times10^{-2}$，这里的 10^{-2} 是 5 所处位置的"权"，–2 表示小数点右边第–2 位（小数点右边从–1 开始向右编号）。可以看出，一个数码处于不同的位置，其代表的数值大小差异很大，即其重要性不同，因此数制中的权是数码所处位置重要性的度量。

有了基数与权的概念，任意一个数 x 均可表示成按权展开：

$$x = \sum_{i=n-1}^{-m} \alpha_i R^i = \alpha_{n-1}R^{n-1} + \cdots + \alpha_1 R^1 + \alpha_0 R^0 + \alpha_{-1}R^{-1} + \cdots + \alpha_{-m}R^{-m}$$

其中 R 表示某一进制的基数，n 表示整数部分位数，m 表示小数部分位数。例如，对任意一个平时使用的十进制数（如 836.207），可按照权展开为：

$$836.207 = \sum_{i=2}^{-3} \alpha_i R^i = 8\times10^2 + 3\times10^1 + 6\times10^0 + 2\times10^{-1} + 0\times10^{-2} + 7\times10^{-3}$$

3．计算机中常用的数制

二进制与十六进制的对应规则简单，计算机中最基本的数字表示使用二进制，机器码使用十六进制表示。人们日常习惯使用十进制，所以高级语言编程大部分使用十进制。可见，在计算机中，二进制、十六进制、十进制是常用的数制。表 1-1 列出了这 3 种数制的数码（符号）、数码个数、基数、进位规则、借位规则、书写前缀、书写后缀，参照该表可以类比得出任意进制的数码和基本规则。

表 1-1　计算机中的二进制、十进制、十六进制

数制	数码	数码个数	基数	进位规则	借位规则	书写前缀	书写后缀
二进制	0、1	2	2	逢二进一	借一当二	0b	B
十进制	0、1、2、3、4、5、6、7、8、9	10	10	逢十进一	借一当十	（无）	D
十六进制	0、1、2、3、4、5、6、7、8、9、A、B、C、D、E、F	16	16	逢十六进一	借一当十六	0x	H

说明：十六进制数码中的 A、B、C、D、E、F 分别对应十进制的 10、11、12、13、14、15

这里的书写前缀与书写后缀分别表示在汇编语言书写时要使用的书写方式。二进制后缀是 B（Binary），十六进制后缀是 H（Hexdecimal），十进制一般不需标示，特殊情况下（需要区分时）标注 D（Decimal）。例如，二进制数 1101，可以使用前缀方式书写成 0b1101，也可以使用后缀方式书写成 1101B；十六进制数 68BD，可以使用前缀方式书写成 0x68BD，也可以使用

后缀方式书写成 68BDH。

【练习 1-3】 将二进制数 101.1101 及十六进制数 8BD.A6F 按权展开。

【练习 1-4】 写出八进制的数码个数、基数、进位规则、借位规则。

1.3.2 数制之间的转换方法

在计算机编程及调试过程中，经常会看到数据使用不同数制表达。因此，掌握数制之间的转换方法是极为必要的。

1. 其他进制数与十进制数之间的转换

十进制数比较特别，是人们常用的，而计算机中常用二进制、十六进制等。因此在讨论数制之间的转换方法时，首先应弄清其他进制数与十进制数之间的转换，这一点尤为重要。

（1）其他进制数转为十进制数

其他进制数转为十进制数的方法是"按权展开求和"。具体表述为：将各位数码与权值相乘，并求和，即可得到对应的十进制数。各位权值的求法：设需要转换的数由 n 位整数和 m 位小数组成，相应进制的基数为 R，i 为各位的位置序号变量，以小数点为界，则整数部分从右向左的位置序号分别为：$i=0,1,\cdots,n-1$，权值分别为：$R^0,R^1,\cdots,R^{n-1}$，小数部分从左向右的位置序号分别为：$i=-1,-2,\cdots,-m$，权值分别为：$R^{-1},R^{-2},\cdots,R^{-m}$。

【例 1-1】 将二进制数 0b1011.101 转为十进制数。

解：$0b1011.101=1\times2^3+0\times2^2+1\times2^1+1\times2^0+1\times2^{-1}+0\times2^{-1}+1\times2^{-2}=11.625$。

【练习 1-5】 把十六进制数 0x6A8 转为十进制数。

（2）十进制数转为其他进制数

十进制数转为其他进制数一般采用"乘除法"。具体表述为：整数与小数部分各自转换，整数部分用"除以基数取余，逆序排列"方法，即最先得到的余数是整数部分的最低位，最后得到的余数是整数部分的最高位；小数部分用"乘以基数取整，正序排列"方法，即最先得到的整数是小数部分的最高位，最后得到的整数是小数部分的最低位（有可能有无穷多位，取到精度满足要求为止）。

【例 1-2】 将十进制数 89.86 转为二进制数。

解：89.86=0b1011001.1101111，计算方法如下。

整数部分：

被除数	除数	商	余数	
89	÷2=	44	1	整数部分最低位
44	÷2=	22	0	
22	÷2=	11	0	
11	÷2=	5	1	
5	÷2=	2	1	
2	÷2=	1	0	
1	÷2=	0	1	整数部分最高位

小数部分[①]：

---

① 计算小数部分时，若乘积不是整数"1"，则实际位数取决于期望的精度。

被乘数	乘数	乘积	整数	
0.86	×2=	1.72	1	小数部分最高位
0.72	×2=	1.44	1	
0.44	×2=	0.88	0	
0.88	×2=	1.76	1	
0.76	×2=	1.52	1	
0.52	×2=	1.04	1	
0.04	×2=	0.08	0	小数部分最低位
0.08	×2=	0.16	0	
0.16	×2=	0.32	0	……（取决于期望的精度）

【练习 1-6】 把十进制数 56.23 转为二进制数和十六进制数。

2. 二进制数与十六进制数之间的转换

在计算机科学生态中，实际的存储地址、机器码、数据等会精确到二进制的位，而书写或显示时为了简捷直观常常使用十六进制，因此掌握二进制数与十六进制数之间的转换十分必要。

二进制数与十六进制数之间的转换比较容易。首先要记住的是十六进制数与二进制数之间的对应关系，如表 1-2 所示。然后在此基础上按照以下基本方法进行二进制数与十六进制数之间的转换。

表 1-2 十六进制数与二进制数的对应关系

十六进制数	二进制数	十六进制数	二进制数
0	0000	8	1000
1	0001	9	1001
2	0010	A	1010
3	0011	B	1011
4	0100	C	1100
5	0101	D	1101
6	0110	E	1110
7	0111	F	1111

二进制数转换为十六进制数的基本方法：以小数点为界，整数部分向左，每 4 位二进制数为一组，不足 4 位的，高位补 0，然后用 1 位十六进制数表示对应的二进制数即可；小数部分向右，每 4 位二进制数为一组，不足 4 位的，低位补 0，然后用 1 位十六进制数表示对应的二进制数即可。

十六进制数转换为二进制数的基本方法：把每位十六进制数用 4 位二进制数表示，书写时根据具体情况去除不影响结果的整数部分的前置 0 与小数部分的后置 0，使之符合平时的书写习惯即可。

【例 1-3】 将二进制数 0b1011001.1101111 转换为十六进制数。将十六进制数 0x6A8.DC 转换为二进制数。

解：0b1011001.1101111B=0b 0101 1001 .1101 1110 = 0x59.DE。

0x6A8.DC=0b 0110 1010 1000.1101 1100=0b11010101000.110111。

【练习 1-7】 将二进制数 0b101001.110101 转换为十六进制数。将十六进制数 0x27B5.3D 转换为二进制数。

3．利用工具查看进制数转换结果

本节虽然介绍了不同进制数之间的转换方法，但在实际应用中一般不需要通过转换方法计算出结果，而是通过工具来查看不同进制数的转换结果。Windows 已自带了计算器，读者可以充分利用这个工具来查看进制数转换结果。打开计算器（一般在"开始"菜单的"附件"中），单击"查看"→"程序员"，出现图 1-3 所示界面，在数字键盘区输入相应的数值，根据需要选择左边区域的不同进制，就可以看到相应的转换结果。

图 1-3　利用计算器查看进制数转换结果

1.4　计算机中信息的基本表示方式

在数学中有正数、负数、小数、浮点数等，计算机中信息的表示方式讨论的是信息在计算中是如何表示的。下面首先介绍与之紧密相关的基本概念。

1.4.1　计算机中信息表示的相关基本概念

1．位、字节、机器字长

在硬件结构上，计算机中的所有数据均表现为二进制[①]。"位"（bit）是单个二进制数码的简称，是可以拥有两种状态的最小二进制值，分别用"0"和"1"表示。在计算机中，最常用的信息单位是 8 位二进制数，称为一个"字节"（B），它是计算机中信息的基本度量单位。

机器字长是指计算机在运算过程中一次能吞吐的二进制数的位数，表示了 CPU 内部数据通路的宽度，它等于数据总线的条数，与 CPU 内数据寄存器的宽度是一致的。

机器字长是计算机的重要技术指标之一，通常所说的 8 位机、16 位机、32 位机、64 位机、128 位机、256 位机等，就是指它的机器字长。机器字长体现了计算机的运算精度与运算速度。

---

① 计算机中使用二进制，可做如下理解：第一，二进制只取两个数码 0 和 1，物理上可以用两个不同的稳定状态的元器件来表示；第二，它的运算规则简单，基数为 2，进位规则是"逢二进一"，借位规则是"借一当二"；第三，计算机的理论基础是逻辑和代数，当二进制只使用"真"和"假"两个值与逻辑、代数建立联系后，就为计算机的逻辑设计提供了便利的工具，如集成电路中门电路的设计。

机器字长越大，表示数的范围越大，精度也越高；机器字长越大，一次能吞吐的数据越大，运行速度越快。

【练习 1-8】 思考并回答：为什么没有 9 位机？

【提示】 字节是计算机中信息的基本度量单位。

2．机器数与真值

数学中的数有正负之分，书写时使用"±"号表达。计算机只能存储 0 和 1，那么如何表达"±"号呢？计算机中规定存储时最高位为符号位，0 表示正数，1 表示负数。一个数学中实际的数，符号书写用"±"号表达（"+"号通常省略），称为真值。在规定了用 0 表示正数、1 表示负数之后，真值以二进制形式存储于计算机内部，称为机器数。机器数可以有不同的编码表示方法，例如，整数通常采用补码表示方法，在下一小节中将阐述该编码方法及缘由。

1.4.2　整数在计算机中的补码表示方法

在数学中，把像−3，−2，−1，0，1，2，3，10 等这样的数称为整数（integer）。在整数系中，零和正整数被称为自然数，−1、−2、−3、…、−n、…（n 为非零自然数）为负整数。那么整数如何存储在计算机的存储器中呢？

这一小节相比于上一小节内容，有点难度，但通过分析、梳理、归纳就容易理解了。下面主要讨论机器数有哪些可能的形式，采用哪种形式比较好。

1．原码、反码与补码的基本含义与求法

机器数表示方法一般有 3 种，分别是原码、反码与补码。表 1-3 梳理归纳了原码、反码与补码的求法（也可以简单地理解为其定义），并用 8 位表示进行了举例。认真阅读理解此表，可理解原码、反码与补码的基本求法。

表 1-3　原码、反码与补码基本含义与求法举例

内容	真值（十进制）	机器数		
		原码	反码	补码
符号位	用 ± 书写	最高位为符号位，0 表示正数，1 表示负数		
数值部分	二进制绝对值	正数的数值部分就是该数的二进制表示，负数的数值部分是该数的二进制逐位取反	正数的数值部分就是该数的二进制表示，负数的数值部分是该数的二进制逐位取反后得到的值+1
0	0	0 000 0000		
正数	+1~+127	0 0000001 ~ 0 1111111		
负数	−1	**1** 000 0001	**1** 111 1110	**1** 111 1111
	−2	**1** 000 0010	**1** 111 1101	**1** 111 1110
	…	…	…	…
	−127	**1** 111 1111	**1** 000 0000	**1** 000 0001
特殊	−128	无法表示	无法表示	**1** 000 0000（多出一个最小值）
	−0	**1** 000 000	**1** 111 1111	**0** 000 0000（没有出现−0 问题）

说明：（1）粗体为符号位。

（2）用补码表示比用原码、反码表示的范围多一个数（如在 8 位表示中多一个−128）。

（3）补码表示不会出现 ± 0 问题。

实际使用：现代计算机中的机器数均采用补码表示，主要是把减法运算变为加法运算，它具有简化了 CPU 内部电路设计等方面的优点（正文中加以阐述）。

理解的根本点在于：①计算机中任何信息的存储均是二进制；②原码、反码与补码各自独立理解，先不要交织在一起理解；③机器数中符号位也变成了数字，参与运算，故必须寻找无二义性，且方便运算的表达方式。

下面分析一下为什么设计补码这种表示方式。

第一，原码与反码对特殊数据的表示有二义性。如出现了-0 问题。0 就是 0，不会存在+0、-0，原码与反码中对+0、-0 的表示不同，这本身就是矛盾的。

第二，原码与反码表示解决不了符号位变成数字之后参与运算的问题。以 8 位为例，在原码表示中，计算：$1+(-1)=(0000\ 0001)_原+(1000\ 0001)_原=(1000\ 0010)_原=-2$，不正确；在反码表示中，计算：$(-1)+(-2)=(1111\ 1110)_反+(1111\ 1101)_反=(1111\ 1011)_反=(1000\ 0100)_原=-4$，这也不正确。

第三，补码表示可以解决以上问题。首先，没有+0、-0 问题，如表 1-3 所示，而且可以将原码中的-0(1000 0000)在补码中表示为-128，形成了-128，-127，…，-1，0，1，…，127 共 256 个 8 位有符号数的完整表达。其次，以 8 位为例，在补码表示中，计算：$1+(-1)=0000\ 0001+1111\ 1111=0000\ 0000=0$，正确。又用补码表示计算：$(-1)+(-2)=(1111\ 1111)_补+(1111\ 1110)_补=(1111\ 1101)_补=(1000\ 0011)_原=-3$，正确。

第四，使用补码表示，可以将真值的减法运算变为机器中的加法运算，从而使 CPU 内部不再需要设计减法器。例如，$1-2=1+(-2)=(0000\ 0001)_补+(1111\ 1101)_补=(1111\ 1111)_补=(1000\ 0001)_原=-1$，正确。

这里从举例角度说明了机器数选用补码的可行性，虽然谈不上是严格的证明，但很容易理解。读者通过上述说明，可以基本理解为什么设计补码这种表示方式。

2．对补码设计原理的简明理解

机器数补码表示的设计，有效地解决了符号位参与运算这一问题，且将减法变成了加法，简化了 CPU 内运算器的设计。那么，补码设计的基本数学原理是什么呢？

首先，理解"模（Modulo）"的概念。以生活中具有 1～12 小时指针的机械闹钟为例，到 12 小时后，又从 0 开始（12 就是 0），即超过 12 就溢出了。18 点，即 6 点，18/12 的余数是 6，数学上称之为模运算，符号"mod"，即 18 mod 12 = 6，读作"18 模 12 的结果为 6"。

现在我们假设机械闹钟指针指向 8 点，要把它拨到指向 5 点，有两种方法。

方法一：回拨，即逆时针拨 3 小时，即用减法：8-3=5；

方法二：正拨，即顺时针拨 9 小时，即用加法：8+9=5（我们会认为 8+9 等于 5 是不对的，但对于这个闹钟而言，这样的操作是对的）。其实际数学过程为：(8+9) mod 12 =5，即 8-3 与 8+9 具有等同效果，减法运算变成了加法运算。同时，注意这里的 9=12-3 反映了顺时针拨多少小时的一个求法，可以表示成：8-3 与 8+(12-3)是等效的[①]。

现在类比到计算机中。若用 8 位表示机器数，超过 256 就溢出了（256 就是 0）。类似上述方法：要计算 1-2，通过类比，1-2 与 1+(256-2)是等效的，从 8 位机器数来看，这个 254 就

---

① 从数学角度看，5、17、29、…对 12 来说，余数是相同的，这些余数相同的数被称为"同余数"。不失一般性表述：两个整数 a，b，若它们除以整数 m 所得的余数相等，则称 a，b 对于模 m 同余，记作 $a \equiv b\,(\mathrm{mod}\,m)$，读作 a 与 b 对于模 m 同余。同余数理论被用于机器数的补码设计，解决了减法变加法及符号位参与运算问题。

称为−2的"补码"。利用这种方法，减法被加法替代了。这种分析，也给出了负数补码的一种简便求法，例如，−2的补码：256−2=254。特别是−128的补码：256−128=128，−128就是8位机器数（补码）能表示的最小数字了。

这里只给出一种简明的理解方式，不是严格证明，严格的证明不容易理解。微机原理的学习需要这种直观的理解。

3. 求补码的简单方法及由补码求真值的简单方法

求一个真值的补码可以获得该值在计算机中实际的存储形式，由补码求真值可以通过分析机器码实现。这两个技能均是微机原理学习的基本要求，是程序底层调试过程中的必备知识。

（1）由真值求补码的简单方法

这里根据上述分析给出一种补码的简单求法。对应 n 位字长[1]，模 $m=2^n$，整数表达范围：$-2^{n-1} \sim (2^{n-1}-1)$，设真值为 x_z，对于在此范围内的任意正数，$x_z \geq 0$，其补码 $x_b = x_z$；对于在此范围内的任意负数，$x_z \leq 0$，其补码 $x_b = 2^n - |x_z|$。用公式表达如式（1-1）所示。

$$x_b = \begin{cases} x_z, & x_z \geq 0 \\ 2^n - |x_z|, & x_z \leq 0 \end{cases} \qquad (1\text{-}1)$$

实际计算机一般为8、16、32、64、128等位，举例如下。

对于8位字长，模 $m=2^8=256$，整数表达范围：$-128 \sim 127$，正数 $x_z \geq 0$ 的补码 $x_b = x_z$；负数 $x_z \leq 0$ 的补码 $x_b = 256 - |x_z|$。如−1的补码=256−1=255，−2的补码=256−2=254，……，−127的补码=256−127=129，−128的补码=256−128=128。

对于16位字长，模 $m=2^{16}=65536$，整数表达范围：$-32768 \sim 32767$，正数 $x_z \geq 0$ 的补码 $x_b = x_z$；负数 $x_z \leq 0$ 的补码 $x_b = 65536 - |x_z|$。如−1的补码=65536−1=65535，−2的补码=65536−2=65534，……，−32767的补码=65536−32767=32769，−32768的补码=65536−32768=32768。

数字太大，用十进制书写就变得不太直观了，难以一眼看出，这时可以改用十六进制书写。

对于16位字长，模 $m=2^{16}=$ 0x10000，整数表达范围：$-$0x8000 $\sim$ 0x7FFF，正数 $x_z \geq 0$ 的补码 $x_b = x_z$；负数 $x_z \leq 0$ 的补码 $x_b =$ 0x10000$-|x_z|$。如−0x0001的补码=0x10000−0x0001=0xFFFF，−0x0002的补码=0x10000−0x0002=0xFFFE，……，−0x7FFF的补码=0x10000−0x7FFF=0x8001，−0x8000的补码=0x10000−0x8000=0x8000。

类比可以得出32、64、128位字长的补码计算方法。

【练习1-9】 写出32位字长的整数表达范围与补码计算方法。

【练习1-10】 利用AHL-GEC-IDE开发工具[2]查找补码的步骤如下。

① 打开"Exam1_1"工程[3]，界面如图1-4所示；

② 从图1-4可以看出，main函数中定义了2个有符号的16位数整数（int_16类型），并赋了初值，即x1=−2，x2=−32767；

③ 编译该工程；

---

① 注意：讲补码，一定要先知道字长，否则不知道"模"。

② "AHL-GEC-IDE开发工具"具体使用方法见本书配套的电子资源。

③ 本书提供的所有程序均放在网上光盘AHL-MCP-CD的"04-Software"文件夹内，并以Exam为前缀命名，随后为"章"号，文件名尾为本章样例序号。

④ 打开工程结构图中 Debug 文件夹下的 Exam1_1.lst 文件；

⑤ 在 Exam1_1.lst 中，进行操作"编辑"→"查找和替换"→"文件查找/替换"，在查找内容框中输入 x1=-2；

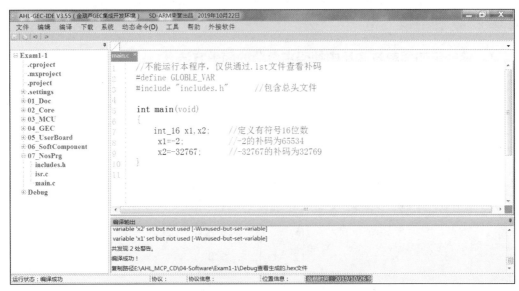

图1-4　利用 AHL-GEC-IDE 打开工程 Exam1_1 后的界面

⑥ 观察 x1=-2 之后的反汇编代码，可以查找到图 1-5 所示的相关代码。

```
      x1=-2;              //-2的补码为65534
8010242:  f64f 73fe    movw    r3,  #65534  ; 0xfffe
8010246:  80fb         strh    r3,  [r7, #6]
E:\AHL_MCP_CD\04-Software\Exam1-1\Debug\srcc/main.c:9
      x2=-32767;          //-32767的补码为32769
8010248:  f248 0301    movw    r3,  #32769  ; 0x8001
```

图1-5　补码的查找

从图 1-5 可以看出，−2 的补码的十进制表示为 65534，十六进制表示为 0xfffe；而−32767 的补码的十进制表示为 32769，十六进制表示为 0x8001。由此可知，在计算机中，整数的存储形式是其补码形式。

【练习 1-11】 参照"Exam1_1"工程，找出−1 和 113 的补码。

（2）由补码求真值的简单方法

对应 n 位字长，模 $m=2^n$，已知其补码 x_b，求其真值 x_z。根据上述由真值求补码的简单方法，反过来，可以得出由补码求真值的简单方法：若 $0 \leqslant x_b \leqslant (2^{n-1}-1)$，则 $x_z=x_b$；若 $2^{n-1} \leqslant x_b \leqslant (2^n-1)$，则 $x_z=x_b-2^n$。用公式表达如式（1-2）所示。

$$x_z = \begin{cases} x_b, & 0 \leqslant x_b \leqslant 2^{n-1}-1 \\ x_b - 2^n, & 2^{n-1} \leqslant x_b \leqslant 2^n-1 \end{cases} \qquad (1\text{-}2)$$

举例如下。

对于 8 位字长，模 $m=2^8=256$，若 $0 \leqslant x_b \leqslant 127$，则 $x_z=x_b$；若 $128 \leqslant x_b \leqslant 255$，则 $x_z=x_b-256$。

如补码 128 的真值=128−256=−128，补码 129 的真值=129−256=−127，……，补码 254 的真值=254−256=−2，补码 255 的真值=255−256=−1。

【练习 1-12】 写出 16 位字长由补码求真值的计算方法。

4．有符号整数与无符号整数的取值范围

了解了补码的概念后，就可以讨论计算机中有符号整数与无符号整数的取值范围了。计算机中的所有信息用 0 和 1 存储，计算机中的数用补码表示。因此，若用 1 个字节表达有符号整数，由表 1-3 可知，其范围是 −128 ~ +127。类似地可以推导出，用 2 个字节表达有符号整数，其范围是 −32768 ~ +32767。而用 1 个字节表达无符号整数，其范围是 0 ~ 255，用 2 个字节表达无符号整数，其范围是 0 ~ 65535。

【练习 1-13】 试着类比，用 4 个字节、8 个字节表达有符号整数与无符号整数，其范围分别是多少？

【提示】 用 n 位数表达有符号整数的范围是 -2^{n-1} ~ $(2^{n-1}-1)$，表达无符号整数的范围是 0 ~ (2^n-1)。

1.4.3　实数在计算机中的浮点数表示方法

数学上，实数是带有小数点的数，那么，计算机中如何存储如 23.86539 这种类型的数呢？

一种方法是约定某一固定位置就是这个 "."，此即为定点表示法，简称定点数（Fixed-point Number）。通俗地说，定点数是约定小数点隐含在某一个固定位置上的表示方法。

实际上，计算机并不存储小数点，但其要有一个明确的位置，否则计算机无法获取真实数值。这就需要一种约定，例如，对于 8 位字长的机器，若规定从左至右第一位为符号位，接着后五位表示整数部分，后两位表示小数部分，那么 18.3 的实际存储形式为 0100101**1**。这种方法表示的实数范围和精度非常有限。因此，实际计算机中并不使用这种表示方式，C 语言中也没有定点数类型。

另一种方法是引入小数点位置可以 "浮动的" 浮点数（Floating Point Number）存储概念。高级计算机语言中大多采用浮点数表示方法来存储数学中带小数点的数，例如，C 语言一般使用单精度浮点数（用 float 标识）类型来表示。下面详细介绍计算机中的浮点数存储方式。

IEEE[①]于 1985 年制订了二进制浮点运算标准 IEEE754（IEEE Standard for Binary Floating-Point Arithmetic，ANSI/IEEE Std 754-1985），后经修订，标准号改为 IEC 60559。该标准规定：从逻辑上用三元组 $\{S, E, M\}$ 来表示一个数 V，其中符号位 S 决定数是正数（$S=0$）还是负数（$S=1$），占 1 位；M 是二进制小数，是通过把二进制数中的小数点向左移 n 位，直到小数点的左边只有 1 位且为 1 而得到的，占 23 位，被称为尾数位；指数位 $E=127+n$，占 8 位，它决定了小数点的实际位置。以单精度浮点数（32 位）为例，表 1-4 列出了其存储格式，从中可以看出存储值展开成二进制形式就是 S、E、M 三者的组合。

【练习 1-14】 利用 AHL-GEC-IDE 开发工具查找浮点数存储值的步骤：

（1）打开 "Exam1_2" 工程；

---

① 电气和电子工程师协会（Institute of Electrical and Electronics Engineers，IEEE），是美国的一个电子技术与信息科学领域的工程师协会。

表 1-4　单精度浮点数（32 位）存储格式

	字段 1（1 位）	字段 2（8 位）	字段 3（23 位）	存储值（十六进制）
数据位	D31	D30…D23	D22…D0	
用途	符号位	指数位	尾数位	
记号	S	E	M	
例 1：32.125	0	10000100	00000001000000000000000	0x42008000
例 2：−64.75	1	10000101	00000011000000000000000	0xc2818000
例 3：0.015625	0	01111001	00000000000000000000000	0x3c800000
例 4：−0.0078125	1	01111000	00000000000000000000000	0xbc000000

（2）在 main 函数中定义了 f_1=32.125 和 f_2=−0.0078125 两个浮点数（float 类型）；

（3）编译该工程；

（4）打开工程结构图中 Debug 文件夹下的 Exam1_2.lst 文件；

（5）在 Exam1_2.lst 中，进行操作"编辑"→"查找和替换"→"文件查找/替换"，在查找内容框中输入 f1=32.125；

（6）观察 f1=32.125 之后的反汇编代码，可以查找到如图 1-6 所示的相关代码。

```
  f1=32.125;
8010242:  4b06      ldr   r3, [pc, #24]   ; (801025c <main+0x20>)
8010244:  607b      str   r3, [r7, #4]
E:\AHL_MCP_CD\04-Software\Exam1-2\Debug\srcc\main.c:9
  f2=-0.0078125;
8010246:  f04f 433c  mov.w  r3, #3154116608 ; 0xbc000000
801024a:  603b      str   r3, [r7, #0]
801024c:  2300      movs   r3, #0
E:\AHL_MCP_CD\04-Software\Exam1-2\Debug\srcc\main.c:10
}
801024e:  4618      mov   r0, r3
8010250:  370c      adds   r7, #12
8010252:  46bd      mov   sp, r7
8010254:  f85d 7b04  ldr.w  r7, [sp], #4
8010258:  4770      bx   lr
801025a:  bf00      nop
801025c:  42008000  .word  0x42008000
```

图 1-6　浮点数存储值的查找

从图 1-6 中可以看出，32.125 存放在 801025C 这个地址中，存储内容为 0x42008000；−0.0078125 的存储值为 0xbc000000。

【练习 1-15】　参照"Exam1_2"工程，查找−64.75 和 0.015625 的存储值。

有兴趣了解浮点数的具体计算方法的读者，可参阅电子资源中的"…\ 02-Document\《微型计算机原理及应用——基于 Arm 微处理器》"辅助阅读材料。

1.5　文字在计算机中的存储方式——字符编码

虽然计算机处理的一切信息用"0、1"两个符号存储，但却能处理英文、汉字及其他文字信息。人们把"a、b、c、你、我、他……"这类信息称为字符（Character）。计算机要进行处理，必须用二进制表示这些字符，给出一些规则，即规定"a"的二进制表示，"b"的二进制表示等，这种方式称为字符编码（Character Encoding）。

因历史发展与应用场合不同，字符编码存在许多不同方式，如 ASCII、EBCDIC、GB2312、UTF-8、Base64、Unicode 等，了解它们的编码及存储方式，可以解决一些在编程时由编码不匹配引起的显示乱码等问题。常用的英文编码方式主要为 ASCII，常用的中文编码方式主要为 GB2312，下面对它们进行简单介绍。

1.5.1 英文编码——ASCII

1. ASCII 的发布者及发布时间

美国信息交换标准代码（American Standard Code for Information Interchange，ASCII），最初为美国国家标准，供不同计算机在相互通信时用作共同遵守的西文字符编码标准，后来被国际标准化组织（International Organization for Standardization, ISO）定为国际标准，称为 ISO 646 标准，适用于所有拉丁文字字母。ASCII 由美国国家标准学会（American National Standard Institute，ANSI）于 1967 年第一次规范发布，1986 年为其最近一次更新时间。

2. ASCII 的内容概要

ASCII 使用 1 个字节进行编码，分为标准 ASCII 与扩展 ASCII。标准 ASCII 也叫基础 ASCII，规定最高位为 0，其他 7 位表示数值，其范围为 0 ~ 127，包括编码 32 个控制符、10 个数字、52 个大小写字母及其他符号。表 1-5 列出了标准 ASCII 概括总结[①]，为了直观清晰，在排版不至于引起误解的情况下，一些书写方式被简化了。扩展 ASCII 使用了整个字节，共有 256 个值，包括标准 ASCII 值和扩充的 128 个字符、图形符号的 ASCII 值。

表 1-5 标准 ASCII 概括总结

分类	十六进制值	二进制值	十进制值	符号
32 个控制符	0x00	0000 0000	0	NUL（null）空字符
	……	……	……	
	0x1F	0001 1111	31	US（unit separator）单元分隔符
空格及 15 个标点符号	0x20	0010 0000	32	（space）空格
	0x21～0x2F	0010 0001～0010 1111	33～47	! " # $ % & （右单引号）( ) * + , - . /
10 个数字	**0x30**～0x39	0011 0000 ~ 0011 1001	**48**～57	0～9
6 个符号	0x3A～0x40	0011 1010～0100 0000	58～64	: ; < = ? @
26 个大写字母	**0x41**～0x5A	0100 0001～0101 1010	**65**～90	大写字母：A ~ Z
5 个符号	0x5B～0x60	0101 1010～0110 0000	91～96	\（反斜杠） ］（右中括号）^（脱字符）_（下划线）'（左单引号）
26 个小写字母	**0x61**～0x7A	0110 0001～0111 1010	**97**～122	小写字母：a ~ z
4 个符号	0x7B ~ 0x7E	0111 1011 ~ 0111 1110	123 ~ 126	{ | } ~
删除符号	0x7F	0111 1111	127	DEL (delete)

---

① 作为教材，为了便于学习归纳，这里列出概括总结表，若需要查看完整表，可在网络上以"ASCII"为关键词进行搜索，即可获得。

从表 1-5 可知，数字的 ASCII 从十六进制 0x30（十进制 48）开始，大写字母的 ASCII 从十六进制 0x41（十进制 65）开始，小写字母的 ASCII 从十六进制 0x61（十进制 97）开始。

1.5.2 中文编码——GB2312 及 GBK

1. GB2312 及 GBK 的发布者与发布时间

中文编码《信息交换用汉字编码字符集》是由中国国家标准总局在 1980 年发布的，标准号是 GB 2312-1980。GB2312 码适用于汉字处理、汉字通信等系统之间的信息交换，通行于中国大陆，新加坡等地也采用此编码。中国大陆几乎所有的中文系统和国际化的软件都支持 GB2312。GB2312 标准共收录了 6763 个汉字，同时收录了包括拉丁字母、希腊字母、日文平假名及片假名字母、俄语西里尔字母在内的 682 个全角字符[①]。为了表示更多的汉字，1995 年我国又颁布了《汉字编码扩展规范》（GBK）。GBK 与 GB2312 标准兼容，同时支持 ISO/IEC 10646-1 和 GB 13000-1 中的全部中、日、韩（CJK）汉字，共计 20902 个汉字。目前最新的是 GB 18030-2005《信息技术-中文编码字符集》，其收录了 70244 个汉字。

2. GB2312 及 GBK 的内容概要

GB2312 基本集共收入汉字 6763 个和非汉字图形字符 682 个，每个汉字用两个字节编码，分区进行，区号 01-94，每区含有 94 个位号，这种编码方式也称为区位码。01-09 区为特殊符号，16-55 区为一级汉字，按拼音排序，56-87 区为二级汉字[②]，按部首/笔画排序，10-15 区及 88-94 区则未用。

举例说明。"啊"字是 GB2312 中的第一个汉字，它的区码为 16，位码为 01，分别用十六进制表示，分放在高低字节，成为两字节的区位码 0x1001，区位码加上 0x2020 就是国标码 0x3021，再加上 0x8080 就是存储在计算机中的机器码 0xB0A1，这就是汉字的计算机编码。

为什么不直接使用国标码将汉字存储在计算机内部呢？因为国标码的前后字节的最高位为 0，与 ASCII 发生冲突，如"保"字，国标码为 0x31 和 0x23，而西文字符"1"和"#"的 ASCII 也为 0x31 和 0x23，若内存中有两个字节分别为 0x31 和 0x23，就无法分辨到底是一个汉字还是两个西文字符"1"和"#"，这就出现了二义性。所以，国标码不适合在计算机内部直接使用。于是，汉字的机器码采用变形的国标码，即在国标码上加 0x8080，也就是把高低两个字节的最高位由 0 改 1，其余 7 位不变。例如，"保"字的国标码 0x3123，加上 0x8080，就成了机器码 0xB1A3。这样，汉字机器码的每个字节都大于 128，解决了国标码与西文字符的 ASCII 冲突的问题，也给编程判断提供了依据。

3. 编码的查看

对于具体的汉字或字符，如何快速获得它们的编码呢？可以利用 Word 软件来获取，单击"插入"→"符号"→"其他符号"，在"来自"组合框中选择"简体中文 GB（十六进制）"，通过选择不同的汉字或字符，就可以在"字符代码"中看到相应的十六进制值。如图 1-7 所示，"事"的编码为 817E。

[①] 全角字符占两个字节，半角字符占一个字节。

[②] 语言文字研究机构研究了汉字使用频度，筛选了最常用的 3755 个汉字（称为一级汉字），筛选了次常用的 3008 个汉字（称为二级汉字）。

微型计算机原理及应用——基于 Arm 微处理器

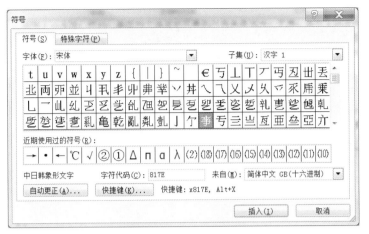

图 1-7　汉字或字符编码的查找

【练习 1-16】 利用图 1-7 查找"来"和"A"的编码。

1.6 习题

（1）从性能、体积、主要用途 3 个角度，简述超级计算机与微型计算机的不同点。

（2）微型计算机出现以后，为何会分化为通用计算机与嵌入式计算机两个发展方向？

（3）简述冯·诺依曼结构的特点，并说明其与哈佛结构的区别。

（4）从功能与编程两个角度分别阐述 CPU 的基本知识要点。

（5）简述计算机中的三总线概念，描述向 RAM 中地址为 9856 的地址单元写入一个字节数（如 213）的过程。

（6）将下列各十进制数分别转换为十六进制数、二进制数。

    A. 256　　　　　B. 4098　　　　　C. 65532　　　　　D. 32769

（7）将下列十六进制数分别转换为十进制数、二进制数。

    A. 0x6A　　　　B. 0xFFFE　　　　C. 0xFCDE8C　　　D. 0x86ECFD6A

（8）将下列二进制数分别转换为十六进制数、十进制数。

    A. 0b1011101　B. 0b11011011　C. 0b101010011101　D. 0b1011001111001010011

（9）分别列出 8 位字长、64 位字长补码能表示的真值范围，并举例说明由真值求补码的方法，以及由补码求真值的方法。

（10）列出 32 位单精度浮点数的表示范围，并说明缘由。

（11）在计算机编程中，如何正确区分一段文字中的汉字与英文字母？

（12）为什么说程序执行过程中，CPU 对内部寄存器的操作速度比对 RAM 中变量的操作速度快？

微型计算机的硬件系统

02

chapter

第 1 章从一般意义上给出了微型计算机的基本结构以及信息在计算机中的表示方法，本章将介绍微型计算机的外部可见实体，即微型计算机的硬件系统。虽然阐述的是硬件系统，但不可避免地要涉及微型计算机内部 CPU 中的寄存器。除此之外，还要介绍微型计算机存储器映像、硬件最小系统等概念。同时，会以意法半导体 Arm Cortex-M4 内核的 STM32L431RC[①]为例，介绍微型计算机硬件最小系统的构件化设计方法。

---

① 本书的 STM32L4 均指 STM32L431RC。

微型计算机的名称极多，数不胜数，它们反映了微型计算机的不同种类、不同用途，如个人计算机、桌面计算机（Desktop Computer）、多媒体应用处理器（Multimedia Application Processor，MAP）、微控制器（Microcontroller，MCU）、单片机、工控机（Industrial Personal Computer，IPC）、笔记本计算机（Notebook Computer）等。本节主要介绍微型计算机的硬件共性结构及基本性能指标。

2.1.1 微型计算机的硬件共性结构

从物理视角看，微型计算机硬件体系包含 CPU、存储器、定时器/计数器及多种 I/O 接口这样的共性结构，如图 2-1 所示。

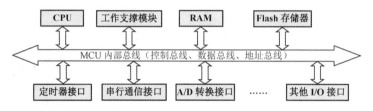

图 2-1 微型计算机的一般硬件组成框图

微型计算机的硬件共性结构可以简单地表述为：微型计算机是在内部集成了中央处理单元、存储器（RAM/ROM 等）、定时器/计数器及多种 I/O 接口的比较完整的数字处理系统。

在"1.1.3 节"阐述微型计算机的冯·诺依曼结构时给出了类似的框图，这里更具体化。下面从微型计算机的角度对其做一些补充说明。

1. 关于 CPU 的补充说明

中央处理器是一种集成电路，是一台计算机的运算核心和控制核心，一般被用于解释计算机指令以及处理计算机软件中的数据。CPU 主要由控制器和运算器两部分组成（还有一些支撑电路），用于完成指令的解释与执行。运算器部分由算术逻辑单元、累加器（Accumulator，AC）、数据缓冲寄存器（Data Register，DR）和标志寄存器（Flags Register，FR）组成，它是计算机的数据加工处理部件。控制部分由指令计算器（Instruction Counter，IC）、指令寄存器（Instruction Register，IR）、指令译码器（Instruction Decoder，ID）及相应的操作控制部件组成，它所产生的各类控制信号使计算机各部件得以协调工作，是计算机的指令执行部件。在计算机的体系结构中，CPU 对计算机的所有硬件资源进行控制调配，是执行通用运算的核心硬件单元。

2. 关于存储器的补充说明

存储器是可以用来存储数据和指令的记忆部件，其主要功能是存储程序和各种数据，并能够在计算机运行过程中高速、自动地完成程序或数据的存取。计算机中的信息，包括输入的原始数据、计算机程序、中间运算结果和最终的运行结果都保存在存储器中，它采用具有两种稳定状态的物理器件来存储信息，并在计算机中采用只有两个数码"0"和"1"的二进制来表示数据。

随机存取存储器，也称为主存，是可以和 CPU 直接进行数据交换的内部存储器，具有随时读写、速度快的特点，一般用于存储操作系统和其他正在运行的程序的临时数据。RAM 在使用的过程中可以从任意指定的地址进行写入和读出操作，但它的数据保护性不够好，一旦断电，其所存储的数据就会消失。

Flash 存储器具有不易失性、电擦除、可在线编程、存储密度高、功耗低和成本低等特点。随着 Flash 技术的逐步成熟，Flash 存储器已经成为 MCU 的重要组成部分。Flash 存储器的不易失性与磁存储器（Magnetoresistive Random Access Memory，MRAM）相似，不需要后备电源来保持数据。Flash 存储器可在线编程，可取代电擦除可编程只读存储器（Electrically Erasable Programmable Read-Only Memory，EEPROM），用于保存运行过程中的参数。对 Flash 存储器的读写不同于对一般 RAM 的读写，它需要专门的编程过程。Flash 编程的基本操作有两种：擦除（Erase）和写入（Program），擦除操作的含义是将存储单元的内容由二进制的 0 变成 1，而写入操作的含义是将存储单元的某些位由二进制的 1 变成 0。

关于 I/O 接口的补充说明参见本书 4.3.1 节。

2.1.2 微型计算机的基本性能指标

微型计算机的基本性能指标主要有字长、主频、存储容量、外设扩展能力、软件配置情况等。

1. 字长

字长是计算机内部一次可以处理的二进制数的位数，一般计算机的字长取决于它的通用寄存器、内存储器、ALU 的位数和数据总线的宽度。目前，微型计算机的字长一般有 16 位、32 位或 64 位。

2. 主频

主频是指微型计算机中 CPU 的时钟频率，也就是 CPU 运算时的工作频率。一般来说，主频越高，一个时钟周期内完成的指令数越多，当然 CPU 的速度也就越快。目前 CPU 的主频已达到 MHz、GHz 级别。

3. 存储容量

存储容量是衡量微型计算机存储能力的一个指标，它包括内存容量和外存容量。内存容量由 CPU 的地址总线的位数决定，目前已达到 MB、GB 级别；外存容量主要是指硬盘（Hard Disk）容量，目前已达到 GB、TB 级别。

4. 外设扩展能力

一台微型计算机可配置的外部设备的数量以及类型，对整个系统的性能有重大影响。如显示器的分辨率、多媒体接口功能和打印机型号等，都是外部设备选择中要考虑的问题。

5. 软件配置情况

软件配置情况直接影响微型计算机系统的使用和性能的发挥，通常应配置的软件有操作系统、计算机语言以及工具软件等，另外还可配置数据库管理系统和各种应用软件。

2.2 Arm Cortex-M 微处理器概述

2.2.1 Arm Cortex 系列微处理器系列概述

1985 年 4 月 26 日，第一个 Arm 原型在英国剑桥的 Acorn 计算机有限公司诞生，并由美国加州 San Jose VLSI 技术公司制造。20 世纪 80 年代后期，Arm 很快开发了 Acorn 的台式机产品，该产品形成了英国的计算机教育基础，1990 年 Arm 公司成立。20 世纪 90 年代，Arm 的 32 位嵌入式 RISC（Reduced Lnstruction Set Computer）处理器扩展到世界各地。Arm 处理器具有耗电少、功能强、16 位/32 位双指令集和众多合作伙伴等特点。它占据了低功耗、低成本和高性能的嵌入式系统应用领域的领先地位。目前，采用 Arm 技术知识产权（Intellectual Property，IP）的微处理器，即我们通常所说的 Arm 处理器，已遍及工业控制、消费类电子产品、通信系统、网络系统、无线系统等各类嵌入式产品市场，基于 Arm 技术的微处理器的应用，占据了 32 位 RISC 微处理器 75% 以上的市场份额，Arm 技术正在逐步渗入我们生活的各个方面。但 Arm 作为设计公司，本身并不生产芯片，而是采用转让许可证制度，由合作伙伴生产芯片。

当前 Arm 体系结构的扩充包括：为了改善代码密度扩充了 Thumb16 位指令集；DSP 应用的算术运算指令集；Jazeller 允许直接执行 Java 字节码。Arm 处理器系列提供的解决方案有：无线、消费类电子和图像应用的开放平台；存储、自动化、工业和网络应用的嵌入式实时系统；智能卡和 SIM 卡的安全应用。Arm 公司经典处理器 Arm11 以后的产品统一改用 Cortex 命名，并分成 A50、A、R 和 M 四类，旨在为各种不同的市场提供服务。

1. Arm Cortex-A50 系列处理器

Arm Cortex-A50 系列是基于最新 Armv8A 架构基础的处理器，面向高效的低功耗服务器市场领域，包括 Cortex-A57、Cortex-A53 处理器。该系列支持 AArch64（高效能 64 位执行状态，是现有 32 位 Arm 处理器的执行状态的增强版本），即 32 位处理器兼具 64 位计算能力，表现在 AArch32 执行状态时 Armv7 架构下的 32 位代码处理能力，以及在 AArch64 执行状态时支持 64 位数据和更大虚拟地址空间。这个系列处理器将推动手势控制功能、增强现实技术、移动游戏、Web 2.0 技术等领域技术的发展。

2. Arm Cortex-A 系列处理器

Arm Cortex-A 系列是基于 Armv7A 架构基础的处理器，面向尖端的基于虚拟内存的操作系统和用户应用。作为开放式操作系统的高性能的应用程序处理器，在高级工艺节点中可实现高达 2GHz 及以上标准频率的卓越性能，从最新技术的移动 Internet 必备设备（如智能手机、移动计算平台、超便携的上网计算机或智能计算机等）到汽车信息娱乐系统、企业网络、打印机、服务器和下一代数字电视系统无处不在。因而 Arm Cortex-A 系列处理器适用于具有高计算要求、运行丰富操作系统以及提供交互媒体和图形体验的应用领域。

3. Arm Cortex-R 系列处理器

Arm Cortex-R 系列是基于 Armv7R 架构基础的处理器，面向实时系统的应用，为具有严格的实时响应限制的嵌入式系统提供高性能计算解决方案。目标应用包括智能手机、硬盘驱动器、数字电视、医疗行业、工业控制、汽车电子等。Arm Cortex-R 处理器是专为高性能、可靠性和容错能力而设计的，其行为具有高确定性，同时保持很高的能效和成本效益。

4．Arm Cortex-M 系列处理器

Arm Cortex-M 系列是基于 Arm v7M/v6M 架构基础的处理器，面向微控制器的应用，是一系列可向上兼容的高能效、易于使用的处理器，这些处理器旨在帮助开发人员满足将来的嵌入式应用的需要。Arm Cortex-M 系列针对成本、功耗敏感的 MCU 和终端应用（如智能测量、人机接口设备、汽车和工业控制系统、大型家用电器、消费性产品和医疗器械等）的混合信号设备进行优化。

2.2.2　Arm Cortex-M4 微处理器

2010 年 Arm 公司发布了 Arm Cortex-M4 处理器，以单精度浮点单元（Floating Point Unit，FPU）作为内核的可选模块，如果在 Cortex-M4 内核中包含了 FPU，则称它为 Cortex-M4F。Cortex-M4 与 Arm 在 2005 年发布的 Cortex-M3 处理器都是基于 Armv7M 架构的，从功能上来看，可以认为 Cortex-M4 是 Cortext-M3 加上 DSP 指令与可选的 FPU，所以它们之间有许多共同点：

（1）32 位处理器，内部寄存器、数据总线都为 32 位；

（2）采用 Thumb-2 技术，同时支持 16 位与 32 位指令；

（3）哈佛总线架构[①]，32 位寻址，最多支持 4G 存储空间，三级流水线设计；

（4）片上接口基于高级微控制器总线架构（Advanced Microcontroller Bus Architecture，AMBA）技术，能进行高吞吐量的流水线总线操作；

（5）集成嵌套向量中断控制器（Nested Vectored Interrupt Controller，NVIC），根据不同的芯片设计，支持 8～256 个中断优先级，最多支持 240 个中断请求；

（6）可选的存储器保护单元（Memory Protection Unit，MPU）具有存储器保护特性，如访问权限控制，提供时钟嘀嗒、主栈指针、线程栈指针等操作系统特性；

（7）具有多种低功耗特性和休眠模式。

Cortex-M3 处理器和 Cortex-M4 处理器都提供了数据操作指令、转移指令、存储器数据传送指令等基本指令，这些基本指令在第 3 章中将会详细介绍。此外 Cortex-M4 还支持单指令多数据（Single Instruction Multiple Date，SIMD）、快速 MAC 和乘法、饱和运算等数字信号处理（Digital Signal Processing，DSP）相关指令，以及单精度的浮点指令。

相比其他架构的 32 位微控制器，Cortex-M4 具有较高的性能、较低的功耗和优秀的能耗效率，Cortex-M3 和 Cortex-M4 处理器性能可达到 3CoreMark/MHz、1.25DMIPS/MHz（基于 Dhrystone2.1 平台[②]），Cortex-M3 和 Cortex-M4 处理器还进行了低功耗的优化。由于采用了 Thumb 指令架构（Instruction Architecture，ISA），在 Cortex-M3 和 Cortex-M4 处理器

---

① Cortex-M3/M4 采用哈佛结构，而 Cortex-M0+采用的是冯·诺依曼结构。区别在于它们是不是具有独立的程序指令存储空间和数据存储地址空间，如果有则为哈佛结构，如果没有则为冯·诺依曼结构。而具有独立的地址空间也就意味着在地址总线和控制总线上至少要有一种总线则为必须是独立的，这样才能保证地址空间的独立性。

② Dhrystone 是测量处理器运算能力的最常见基准程序之一，常用于处理器的整型运算性能的测量。

上编程，可以获得较高的代码密度。

Cortex-M3 和 Cortex-M4 处理器易于使用，它们采用的架构针对 C 语言编译器进行了优化，可以使用标准的 ANSIC 完成绝大多数的编程代码；Cortex-M3 和 Cortex-M4 还提供了程序运行暂停、单步调试、捕获程序流、数据变动等调试手段，使代码调试更加方便。

Cortex-M3 和 Cortex-M4 处理器具有高性能、低功耗等特点，可广泛应用于微控制器、汽车、数据通信、工业控制、消费电子、片上系统、混合信号设计等方面。

Cortex-M4F 处理器的组件结构如图 2-2 所示，下面简要介绍其各部分内容。

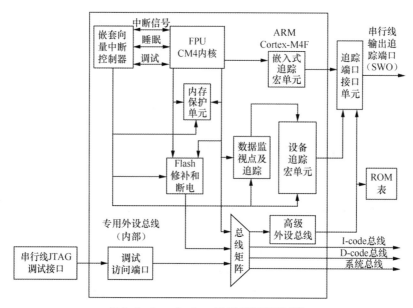

图 2-2　Arm Cortex-M4F 处理器组件结构

1. M4F 内核

Arm Cortex-M4F 是一种低功耗、高性能、高速度的处理器，支持 Thumb 指令集，同时采用 Thumb2 技术[1]，且拥有符合 IEEE 754 标准的单精度浮点单元。其硬件支持除法指令，提供了中断处理程序（Interrupt Service Routine，ISR）和线程两种模式，具有指令和调试两种状态。在处理中断方面，M4F 可自动保存处理器状态和回复低延迟中断。Cortex-M4F 处理器可提供更高性能，如定点运算的速度是 M3 内核的两倍，浮点运算速度比 M3 内核快 10 倍以上，同时功耗只有 M3 内核的一半[2]。

2. 嵌套向量中断控制器

嵌套向量中断控制器是一个在 Cortex M4F 中内建的中断控制器。在 STM32L4 芯片中，非内核中断源数目为 83，优先等级范围为 7 ~ 89，其中 7 等级对应最高中断优先级。更细化的是，可以对优先级进行分组，这样在选择中断时，可以选择抢占和非抢占级别。对于 Cortex-M4F 处理器而言，在 NVIC 中实现中断尾链和迟到功能意味着两个相邻的中断不用再处理状态保存和恢复了。处理器自动保存中断入口，并自动恢复，没有指令开销。在超低功耗睡眠模式下，

---

① Thumb 是 Arm 架构中的一种 16 位指令集，而 Thumb2 则是 16/32 位混合指令集。
② 此性能评估结果出自 TEXAS INSTRUMENTS 网站。

可唤醒中断控制器。NVIC 还采用了向量中断的机制，在中断发生时，它会自动取出对应的服务例程入口地址，并且直接调用，无须软件判定中断源，从而缩短了中断延时。为优化低功耗设计，NVIC 还集成了一个可选唤醒中断控制器（Wake Interrupt Controller，WIC），在睡眠模式或深度睡眠模式下，芯片可快速进入超低功耗状态，且只能被 WIC 唤醒源唤醒。NVIC 中还包含一个 24 位倒计时定时器（SysTick），即使系统在睡眠模式下该计时器也能工作，若将其作为实时操作系统（Real Time Operating System，RTOS）的时钟，则可以给 RTOS 在同类内核芯片间移植带来便利。

3．存储器保护单元

存储器保护单元是指可以对一个选定的内存单元进行保护。它将存储器划分为 8 个子区域，这些子区域的优先级均是可自定义的。处理器可以使指定的区域禁用或使能。

4．调试解决方案

Arm Cortex-M4F 处理器可以对存储器和寄存器进行调试访问，具有 SWD 或 JTAG 调试访问接口，或两种都包括。Flash 修补和断点单元（Flash Patch and Breakpoint，FPB）用于实现硬件断点和代码修补。数据观察点和触发单元（Data Watchpoint and Trace，DWT）用于实现点的观察、资源触发和系统分析。指令跟踪宏单元（Instrumentation Trace Macrocell，ITM）用于提供对 printf() 类型调试的支持。跟踪端口接口单元（Trace Port Interface Unit，TPIU）用于连接跟踪端口分析仪，包括单线输出模式。

5．总线接口

Arm Cortex-M4F 处理器提供先进的高性能总线（AHB-Lite）接口，包括 ICode 存储器接口、DCode 存储器接口、系统接口和基于高性能外设总线（Advanced Peripheral Bus，APB）的私有外设总线（Private Peripheral Bus，PPB）。

6．浮点运算单元

Arm Cortex-M4F 处理器可以处理单精度 32 位指令数据，结合了乘法和累积指令以提高计算的精度。此外，硬件能够进行加减法、乘除法以及平方根等运算操作，同时也支持所有的 IEEE 数据四舍五入模式；拥有 32 个专用 32 位单精度寄存器，也可作为 16 个双字寄存器寻址，并且通过采用解耦三级流水线加快了处理器运行速度。

2.3　CPU 内部寄存器与存储器映像

2.3.1　寄存器基础知识及相关基本概念

以程序员视角从底层学习一个 CPU 并理解其内部寄存器用途是重要一环。计算机所有指令运行均由 CPU 完成，CPU 内部寄存器负责信息暂存，其数量与处理能力直接影响 CPU 的性能。本小节先从一般意义上阐述寄存器基础知识及相关基本概念，下一小节将介绍 Arm Cortex-M4 微处理器的内部寄存器。

从共性知识角度及功能来看，CPU 内至少应该有数据缓冲类寄存器、栈指针（Stack Pointer）类寄存器、程序指针类寄存器、程序运行状态类寄存器及其他功能寄存器。

1. 数据缓冲类寄存器

CPU 内数量最多的寄存器是具有数据缓冲功能的寄存器，它的名字由寄存器的英文 Register 的首字母加数字组成，如 R0、R1、R2 等，不同 CPU 的寄存器的种类不同。例如，8086 中的通用寄存器有 8 个，分别是 AX、BX、CX、DX、SP、BP、SI、DI；Intel X86 系列的通用寄存器也有 8 个，分别是 EAX、EBX、ECX、EDX、ESP、EBP、ESI、EDI。

2. 栈指针类寄存器

在微型计算机的编程中，有全局变量与局部变量的概念。从存储器角度看，对于一个具有独立功能的完整程序来说，全局变量具有固定的地址，每次读写地址不变。而在一个子程序中开辟的局部变量所用的 RAM 中的地址不是固定的，须采用"后进先出（Last In First Out，LIFO）"原则使用一段 RAM 区域，这段 RAM 区域被称为栈区[①]。栈底的地址是一开始就确定的，当有数据进栈或出栈时，地址会自动连续变动[②]，避免数据存放到同一个存储地址中，CPU 中需要有个地方保存这个不断变化的地址，这就是栈指针寄存器，简称 SP。

3. 程序指针类寄存器

计算机的程序存储在存储器中，CPU 中指示"将要执行的指令在存储器中的位置"的寄存器，称为程序指针类寄存器。在许多 CPU 中，它的名字叫作程序计数寄存器。在"1.1.3 节"中谈及 CPU 时就指出，PC 负责告诉 CPU 将要执行的指令在存储器的什么地方。

4. 程序运行状态类寄存器

CPU 在进行计算时，会出现诸如进位、借位、结果为 0、溢出等情况，CPU 内需要有个地方把它们保存下来，以便下一条指令结合这些情况进行处理，这类寄存器就是程序运行状态类寄存器。在不同 CPU 中其名称不同，如标志寄存器、程序状态字寄存器等。在这类寄存器中，常用单个英文字母表示其含义，例如，N 表示有符号运算中结果为负（Negative）、Z 表示结果为零（Zero）、C 表示有进位（Carry）、V 表示溢出（Overflow）等。

5. 其他功能寄存器

不同 CPU 中，除了具有数据缓冲类、栈指针类、程序指针类、程序运行状态类等寄存器之外，还有表示浮点数运算、中断屏蔽[③]等的寄存器。

2.3.2 Arm Cortex-M4 内部寄存器

1. 通用寄存器 R0~R12

R0 ~ R12 是最具"通用目的"的 32 位通用寄存器，用于数据缓冲操作。该类寄存器分为两组：一组被称为低位寄存器，R0~R7，它们能够被所有通用寄存器指令访问；另一组被称

---

① 栈（Stack），在单片微型计算机中基本含义是 RAM 中存放临时变量的一段区域。现实生活中，Stack 的原意是指临时堆放货物的地方，但是堆放的方法是一个一个码起来的，最后放好的货物必须先取下来后，先放的货物才能取，否则无法取。在计算机科学的数据结构学科中，栈是允许在同一端进行插入和删除操作的特殊线性表。允许进行插入和删除操作的一端称为栈顶（Top），另一端称为栈底（Bottom）；栈底固定，而栈顶浮动；栈中元素个数为零时，栈称为空栈。插入一般称为进栈（PUSH），删除则称为出栈（POP）。栈也称为后进先出表。

② 地址变动方向是增还是减，取决于不同计算机。

③ 中断是暂停当前正在执行的程序，先去执行另一段更加紧急程序的一种技术。它是计算机中的一个重要概念，将在第 8 章对其进行较为详细的阐述。中断屏蔽标志即是否允许某种中断进来的标志。

为高位寄存器，R8～R12，它们能够被所有 32 位通用寄存器指令访问，而不能被所有 16 位通用寄存器指令访问。

2．栈指针

寄存器 R13 被用作栈指针，用于访问 RAM 中的栈区。在 Arm 架构中，SP 的最低两位被忽略，相当于 SP 的最低两位永远是 0，所以 SP 的值是 4 的整数倍，那么 SP 指向的 RAM 地址也是 4 的整数倍，即是按照 4 字节对齐的。Arm 是 32 位机，机器字长为 32 位，4 字节对齐表示栈中的数据存储是按照字对齐的。

在图 2-3 中，SP（R13）右侧的箭头"→"指向了 SP 的两个名字：PSP、MSP。主栈指针 MSP 是复位后缺省使用的栈指针，用于操作系统内核以及异常处理例程（包括中断处理程序）。"Handler"模式[①]通常使用主栈指针（Main Stack Pointer，MSP），但是也可以使用进程栈指针（Processor Stack Pointer，PSP）。

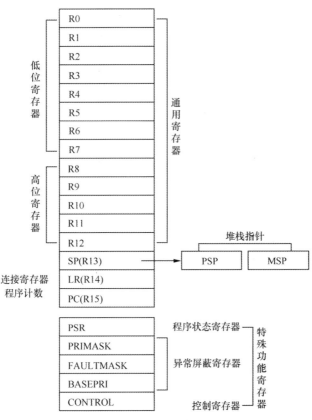

图 2-3　CM4F 的寄存器

3．连接寄存器

寄存器 R14 也称作连接寄存器（Link Rigister，LR），用于保存函数或子程序调用时的返回地址。LR 也被用于异常返回。在其他情况下，可以将 R14 作为通用寄存器来使用。

4．程序计数寄存器

寄存器 R15 是程序计数寄存器，指示将要执行的指令在存储器中的位置。复位的时候，

---

①　Handler 模式也称为处理模式，执行中断处理程序等异常处理；Thread 模式也称为线程模式，执行普通的用户程序。

处理器的硬件机制自动将复位向量值放入 PC。如果修改它的值，就能改变程序的执行流。该寄存器的第 0 位若为 0，则指令总是按照字对齐或者半字对齐。PC 能以特权[1]或者非特权模式进行访问。

5. 程序状态字寄存器（xPSR）

程序状态字寄存器在内部分为 3 个子寄存器：APSR、IPSR、EPSR。3 个子寄存器既可以被单独访问，也可以将两个或三个组合到一起访问。使用三合一方式访问时，把该寄存器称为 xPSR，各个寄存器组合名称与读写属性如表 2-1 所示。其中 xPSR、IPSR 和 EPSR 寄存器只能够在特权模式下被访问，而 APSR 寄存器能够在特权或者非特权模式下被访问，具体描述详见《CM4 用户指南》。

表 2-1 Arm Cortex-M4 程序状态寄存器（xPSR）

寄存器	类型	结合
xPSR	RW[2][3]	APSR、IPSR、和 EPSR
IEPSR	RO	IPSR 和 EPSR
IAPSR	RW[2]	APSR 和 IPSR
EAPSR	RW	APSR 和 EPSR

程序状态字的各位定义如表 2-2 所示。

表 2-2 CM4F 程序状态字寄存器（xPSR）

数据位	31	30	29	28	27	26~25	24	23~20	19~16	15~10	9	8~0
APSR	N	Z	C	V	Q				GE[3:0]			
IPSR												异常号
EPSR						ICI/IT	T			ICI/IT		
xPSR	N	Z	C	V	Q	ICI/IT	T			ICI/IT		异常号

（1）应用程序状态寄存器（APSR）：显示算术运算单元 ALU 状态位的一些信息。

负标志 N：若结果最高位为 1，相当于有符号运算中结果为负，则置 1，否则清 0。零标志 Z：若结果为 0，则置 1，否则清 0。进位标志 C：若有最高位的进位（减法为借位），则置 1，否则清 0。溢出标志 V：若溢出，则置 1，否则清 0。以上各位在 Cortex-M 系列处理器中同 M0、M0+、M3、M4 的定义是一样的。这些位会在条件转移指令中被用到，复位之后是随机的。

饱和[4]标志位 Q：在实现 DSP 扩展的处理器中，如果在运算中出现饱和，处理器就会将该位置 1，此即为饱和。该位只在 Cortex-M3、Cortex-M4 中存在。

---

① 特权模式是指当处理器使用特殊寄存器进行访问时的模式。

② 处理器忽略了写入 IPSR 位。

③ EPSR 位的读数归零，并且处理器忽略写入这些位。

④ 所谓饱和，就是在信号处理中信号的幅度超出了允许的输出范围。这时如果只是简单地将数据的最高位去掉，就会引起很大的畸变。例如，将 32 位有符号数 0x00010000 饱和为 16 位数，结果为 0x7FFF，Q 位为 1，这时如果只是简单将高位去掉，则结果为 0x0000，这会引起很大的信号畸变。

大于或等于标志位 GE：仅用于 DSP 扩展，SIMD 指令①更新这些标志用以指明结果来自操作的单个字节或半字。该位只在 Cortex-M4 中存在。更多信息请参考《Armv7-M 参考手册》。

（2）中断程序状态寄存器（IPSR）：每次异常处理完成之后，处理器会实时更新 IPSR 内的异常号，相关值只能被 MRS 指令读写。进程模式下（可以理解为处于无操作系统的主循环中，或者有操作系统情况下的某一任务程序中），值为 0。Handler 模式（处理异常的模式，可简单地理解为中断状态）下，存放当前异常的异常号。复位之后，寄存器被自动清零。复位异常号是一个暂时值，复位时，其是不可见的。在 Cortex-M 系列处理器中 M0 和 M0+的异常号占用 0～5 位，M3、M4 使用 0～8 位，这与处理器所能支持的异常或中断数量有关。

（3）执行程序状态寄存器（EPSR）：T 标志位指示当前运行的是否为 Thumb 指令，该位是不能被软件读取的，运行复位向量对应的代码时置 1。如果该位为 0，会发生硬件异常，并进入硬件中断处理程序。在 Cortex-M 系列处理器中这一位的定义相同。

ICI/IT 标志位：指示异常可继续指令状态或保存的 IT 状态，该位存在于 Cortex-M3 与 Cortex-M4 中。该位的更多信息请参考《Armv7-M 参考手册》。

6. 特殊功能寄存器

（1）中断屏蔽寄存器（PRIMASK）

使用特殊指令（MSR，MRS）可以访问中断屏蔽寄存器，当其某些位被置位时，除不可屏蔽中断和硬件错误外，其余所有中断都会被屏蔽。

（2）错误屏蔽寄存器（FAULTMASK）

FAULTMASK 与 PRIMASK 的区别在于 FAULTMASK 能够屏蔽掉优先级更高的硬件错误（HardFault）异常。

（3）基本优先级屏蔽寄存器（BASEPRI）

BASEPRI 提供了一种更加灵活的中断屏蔽机制，通过设置该寄存器可以屏蔽特定优先级的中断，当该寄存器设置为一个非零值时，所有优先级值（中断的优先级数值越大优先级越低）大于或等于该值的中断都会被屏蔽，当该寄存器为零时不起作用。寄存器只能在特权模式下访问。复位时，基本优先级屏蔽寄存器被清除。

（4）控制寄存器（CONTROL）

CONTROL 用于控制和确定处理器的操作模式以及当前执行任务的特性。

7. 浮点控制寄存器

浮点控制寄存器只在 Cortex-M4F 处理器中存在，其中包含了用于浮点数据处理与控制的寄存器，在这里只进行简单的介绍，详细内容请参考《CM3/4 权威指南》《Armv7-M 参考手册》。此外，浮点单元中还引入一些经过存储器映射的寄存器，如协处理器访问控制寄存器（CPACR）等。需要注意的是，为降低功耗，浮点单元默认是被禁用的，如须使用浮点运算就要通过设置 CPACR 来启用浮点单元。

由于中断屏蔽、错误屏蔽、基本优先级屏蔽、控制和浮点等寄存器比较复杂，也不常用，书中不再介绍，需要深入了解的读者可参阅电子资源中的 "…\ 02-Document\《微型计算机原

---

① SIMD 能够复制多个操作数，并把它们打包在大型寄存器的一组指令集。

理及应用——基于 Arm 微处理器》辅助阅读材料"。

2.3.3 Arm Cortex-M4 存储器映像

Arm Cortex-M4 处理器直接寻址空间为 4GB，地址范围是 0x0000_0000 ~ 0xFFFF_FFFF。这里所说的存储器映像是指把这 4GB 空间当作存储器来看待，分成若干个区间，以安排一些实际的物理资源。Arm 制定的"条条框框"是粗线条的，它依然允许芯片制造商灵活地分配存储器空间，以制造出各具特色的 MCU 产品。

图 2-4 给出了 CM4 的存储器空间地址映像。CM4 的存储器系统支持小端配置和大端配置[①]。具体某款芯片在出厂时一般已经被厂商定义过了，如 STM32L4 采用小端格式。

【练习 2-1】 利用 AHL-GEC-IDE 开发工具。

（1）打开"Exam2_1"工程；

（2）在 main 函数中定义两个字的数 num1 和 num2，如图 2-5 所示；

系统保留	511MB	0xFFFFFFFF 0xE0100000
私有外部总线-外部	16MB	0XE0FFFFFF 0xE0040000
私有外部总线-内部	256KB	0XE003FFFF 0xE0000000
外部设备	1.0GB	0xDFFFFFFF 0xA0000000
外 RAM	1.0GB	0x9FFFFFFF 0x60000000
外围设备	0.5GB	0x5FFFFFFF 0x40000000
SRAM	0.5GB	0x3FFFFFFF 0x20000000
代码	0.5GB	0x1FFFFFFF 0x00000000

图 2-4 CM4 的存储器空间地址映像　　　　图 2-5 定义两个数据

（3）编译该工程；

（4）打开 Debug\ Exam2_1.hex 文件；

（5）进行操作"菜单编辑"→"查找和替换"→"文件查找/替换"，在查找内容框中输入 78563412，可以定位到 num1 和 num2 的小端存储格式，内容为"10FAD0007856341298BADCFE0038014000440040E9"。

该行内容可被拆开看作"10 FAD0 00 78 56 34 12 98 BA DC FE 00 38 01 40 00 44 00 40 E9"。10 表示这一行共有 16 个数，FAD0 表示数据存放的开始偏移位置，"78 56 34 12"表示 num1，因为是按小端存储，故实际存储值为 12345678，同理"98 BA DC FE"表示 num2，其实际值为 FEDCBA98。有关.hex 文件机器码的分析详见 4.2.3 节。

---

① 小端格式：字的低字节存储在低地址中，字的高字节存储在高地址中。大端格式：字的低字节存储在高地址中，字的高字节存储在低地址中。

Arm Cortex-M4 内核的微型计算机芯片实例

本节以 STM32L4 的 MCU 为例，简要阐述该控制器的硬件最小系统。

2.4.1　STM32L4 系列 MCU 简介

Arm Cortex-M4 内核采用 FPU 32 位 RISC 处理器，具有出色的代码效率，提供的高性能满足 8 位和 16 位存储器大小的 Arm 内核，处理器支持一组 DSP 指令，允许有效的信号处理和复杂的算法执行。该处理器具有单精度浮点单元，支持所有 Arm 单精度数据处理指令和数据类型，是嵌入式系统的最新一代 Arm 处理器。它的开发旨在提供一个低成本平台，满足 MCU 实现的需求，减少引脚数和低功耗，提供出色的计算性能和对中断的高级响应，实现一整套 DSP 指令和一个内存保护单元，可增强应用程序的安全性。

STM32L4 的 MCU 是基于高性能 Arm Cortex-M4 的 32 位 RISC 内核、带 FPU 处理器的超低功耗微控制器，工作频率高达 80MHz，与所有 Arm 工具和软件兼容。

STM32 系列的命名格式为："STM32 F AAA Y B T C"，各字段说明如表 2-3 所示。本书所使用的芯片型号为 STM32L431RCT6。

表 2-3　STM32 系列芯片命令字段说明

字段	说明	取值
STM32	芯片家族	STM32 表示的是 32 位的 MCU
F	产品类型	F 表示基础型，L 表示超低功耗型，H 表示高性能型
AAA	具体特性	取决于产品系列
Y	引脚数目	C 表示 48，R 表示 64，V 表示 100，Z 表示 144，B 表示 208，N 表示 216
B	Flash 大小	8 表示 64 个，C 表示 256 个，E 表示 512 个，I 表示 2048 个
T	封装类型	T 表示 QFP 封装
C	温度范围	6/A 表示-40～85℃，7/B 表示-40～105℃，3/C 表示-40～125℃，D 表示-40～150℃

2.4.2　STM32L4 存储映像与中断源

1. STM32L4 存储映像

STM32L4 把 M4 内核之外的模块，用类似存储器编址的方式，统一分配地址。在 4G 的存储映射空间内，片内 Flash、静态存储器（Static Random Access Memory，SRAM）、系统配置寄存器以及其他外设如通用型输入/输出（General Purpose Input/Output，GPIO），被分配给独立的地址，以便 M4 内核进行访问，表 2-4 介绍了本书使用的 STM32L4 存储映射表。

表 2-4　STM32L4 存储映射表

32 位地址范围	对应内容	说明
0x0000_0000~0x0003_FFFF	Flash，系统存储器或 SRAM	取决于 BOOT 配置
0x0004_0000~0x07FF_FFFF	保留	
0x0800_0000~0x0803_FFFF	Flash 存储器	256KB

32 位地址范围	对应内容	说明
0x0804_0000~0x0FFF_FFFF	保留	
0x1000_0000~0x1000_3FFF	保留	可用作 SRAM2
0x1000_4000~0x1FFE_FFFF	保留	
0x1FFF_0000~0x1FFF_73FF	OTP 区域和系统存储器	
0x1FFF_7400~0x1FFF_77FF	保留	
0x1FFF_7800~0x1FFF_780F	选项字节	
0x1FFF_7810~0x1FFF_FFFF	保留	
0x2000_0000~0x2000_BFFF	SRAM1	48KB
0x2000_C000~0x2000_FFFF	SRAM2	16KB
0x2001_0000~0x3FFF_FFFF	保留	
0x4000_0000~0x5FFF_FFFF	系统总线和外围总线	GPIO(0x4800_0000~0x4800_1FFF)
0x6000_0000~0x8FFF_FFFF	保留	
0x9000_0000~0xBFFF_FFFF	QUADSPI 闪存块和寄存器	
0xC000_0000~0xDFFF_FFFF	保留	
0xE000_0000~0xFFFF_FFFF	带 FPU 的 M4 内部外设	

关于存储空间的使用，主要须记住片内 Flash 区和片内 RAM 区存储映像。因为中断向量、程序代码、常数放在片内 Flash 中，在源程序编译后的链接阶段需要使用的链接文件中应含有目标芯片 Flash 的地址范围、用途等信息，才能顺利生成机器码。在产生的链接文件中还需要包含 RAM 的地址范围、用途等信息，以便生成机器码来准确定位全局变量、静态变量的地址及堆栈指针。

（1）片内 Flash 区存储映像[①]

STM32L4 片内 Flash 大小为 256KB，与其他芯片不同，Flash 区的起始地址并不是0x0000_0000，而是 0x0800_0000，其地址范围是 0x0800_0000～0x0803_FFFF。Flash 区中扇区大小为 2KB，扇区数量为 128 个。

（2）片内 RAM 区存储映像[②]

STM32L4 片内 RAM 为静态随机存储，即 SRAM，大小为 64KB，分为 SRAM1 和 SRAM2，地址范围分别为 0x2000_0000～0x2000_BFFF 和 0x2000_C000～0x2000_FFFF，片内 RAM 一般用来存储全局变量、静态变量、临时变量（堆栈空间）等。该芯片的堆栈空间的使用方向是向小地址方向进行的，因此将堆栈的栈顶（Stack Top）设置为 RAM 地址的最大值。这样，全局变量及静态变量从 RAM 的低地址向高地址方向使用，堆栈从 RAM 的最高地址向低地址方向使用，从而就可以减少重叠错误。

---

① 参见《RM0394_STM32L4xx 参考手册》第 3 章（第 77～78 页）。

② 参见《RM0394_STM32L4xx 参考手册》2.2.2 节（第 67～70 页）。

（3）其他存储映像[1]

与其他芯片不同的是，STM32L4 芯片在 Flash 区前驻留了 BootLoader 程序，地址范围为 0x0000_0000 ~ 0x07FF_FFFF。用户可以根据 BOOT0、BOOT1 引脚的配置，设置程序复位后的启动模式，在 STM32L4 芯片中，BOOT0 为引脚 PTH3，无 BOOT1。其他存储映像，如外设区存储映像（如 GPIO 等）、私有外设总线存储映像、系统保留段存储映像等，只须了解即可，实际使用时由芯片头文件给出宏定义。

2. STM32L4 中断源

中断是计算机发展中的一个重要技术，它的出现很大程度上解放了处理器，提高了处理器的执行效率。所谓中断，是指 MCU 正常运行程序时，由于 MCU 内核异常或者 MCU 各模块发出请求事件，引起 MCU 停止正在运行的程序，而转去处理异常或外部事件的程序（又称中断处理程序）。

这些引起 MCU 中断的事件称为中断源。STM32L4 的中断源分为两类，一类是内核中断，另一类是外部中断，如表 2-5 所示。内核中断主要是异常中断，也就是说，当出现错误的时候，这些中断会复位芯片或是做出其他处理。外部中断是指 MCU 各个模块引起的中断，MCU 执行完中断处理程序后，又回到刚才正在执行的程序，从停止的位置继续执行后续的指令。外部中断又称为可屏蔽中断，这类中断可以通过编程控制开启或关闭。

表 2-5　STM32L4 中断向量表[2]

中断类型	中断号	中断向量号	优先级	中断源	引用名
内核中断		1		_estack	
		2	−3	重启	Reset
	−14	3	−2	NMI	NMI Interrupt
	−13	4	−1	硬性故障	HardFault Interrupt
	−12	5	0	内存管理故障	MemManage Interrupt
	−11	6	1	总线故障	Bus Fault Interrupt
	−10	7	2	用法错误	Usage Fault Interrupt
		8~11		保留	
	−5	12	3	SVCall	SV Call Interrupt
	−4	13	4	调试	Debug Interrupt
		14		保留	
	−2	15	5	PendSV	Pend SV Interrupt
	−1	16	6	Systick	SysTick Interrupt
外部中断	0	17	7	看门狗	WWDG
	1	18	8	PVD_PVM	CS Interrupt
	2	19	9	RTC_TAMP_STAM	RTC_TAMP_STAM Interrupt
	3	20	10	RTC_WKUP	RTC_WKUP Interrupt

---

[1]　参见《RM0394_STM32L4xx 参考手册》2.6 节（第 74 ~ 75 页）。

[2]　参见《RM0394_STM32L4xx 参考手册》12.3 节（第 321 ~ 324 页）。

中断类型	中断号	中断向量号	优先级	中断源	引用名
	4	21	11	Flash	Flash Interrupt
	5	22	12	RCC	RCC Interrupt
	6~10	23~27	13~17	EXTI	EXTIn Interrupt（n 为 1~5）
	11~17	28~34	18~24	DMA1	DMA1 channel n Interrupt
	18	35	25	ADC	ADC Interrupt
	19~22	36~39	26~29	CAN	CANn Interrupt
	23	40	30	EXTI9_5	EXTI9_5 Interrupt
	24~27	41~44	31~34	TIM1	TIM1 Interrupt
	28	45	35	TIM2	TIM2 Interrupt
		47	37	保留	
	31~34	48~51	38~41	I2C	I2C Interrupt
	35~36	52~53	42~43	SPI	SPI Interrupt
	37~39	54~56	44~46	USART	USARTn Interrupt（n 为 1~3）
	40	57	47	EXTI15_10	EXTI15_10 Interrupt
	41	58	48	RTC_ALArm	RTC_ALArm Interrupt
		59~65	49~55	保留	
	49	66	56	SDMMC1	SDMMC1 Interrupt
外部中断		67	57	保留	
	51	68	58	SPI3	SPI3 Interrupt
		69~70	60	保留	
	54	71	61	TIM6	TIM6 Interrupt
	55	72	62	TIM7	TIM7 Interrupt
	56~60	73~77	63~67	DMA2	DMA2 channel n Interrupt
		78~80	70	保留	
	64	81	71	COMP	COMP Interrupt
	65~66	82~83	72~73	LPTIM	LPTIM Interrupt
		84	74	保留	
	68	85	75	DMA2_CH6	DMA2 channel 6 Interrupt
	69	86	76	DMA2_CH7	DMA2 channel 7 Interrupt
	70	87	77	LPUART	LPUART Interrupt
	71	88	78	QUADSPI	QUADSPI Interrupt
	72	89	79	I2C3_EV	I2C3_EV Interrupt
	73	90	80	I2C3_ER	I2C3_ER Interrupt
	74	91	81	SAI	SAI Interrupt
		92	82	保留	
	76	93	83	SWPMI1_IRQn	SWPMI1 Interrupt

中断类型	中断号	中断向量号	优先级	中断源	引用名
外部中断	77	94	84	TSC_IRQn	TSC Interrupt
		95	85	保留	
		96	86	保留	
	80	97	87	RNG_IRQn	RNG Interrupt
	81	98	88	FPU_IRQn	Floating Interrupt
	82	99	89	CRS_IRQn	CRS Interrupt

2.4.3　STM32L4 的引脚功能

本书以 64 引脚 LQFP 封装的 STM32L431RCT6 芯片为例，阐述 Arm Cortex-M4 架构的 MCU 的编程与应用。图 2-6 所示为 64 引脚 LQFP 封装的 STM32L4 的引脚图。

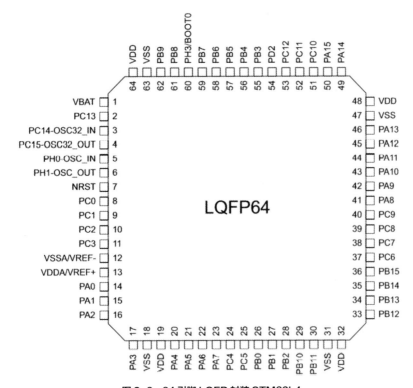

图 2-6　64 引脚 LQFP 封装 STM32L4

1. 硬件最小系统引脚

STM32L4 硬件最小系统引脚是我们需要为芯片提供服务的引脚，包括电源类引脚、复位引脚、晶振引脚等，表 2-6 中列出了 STM32L4 的硬件最小系统引脚。STM32L4 芯片电源类引脚在 LQFP 封装中有 11 个，芯片使用多组电源引脚为内部电压调节器、I/O 引脚驱动、AD 转换电路等供电，内部电压调节器为内核和振荡器等供电。为了提供稳定的电源，MCU 内部包含多组电源电路，同时给出多处电源引脚，便于外接滤波电容。为了平衡电源，MCU 提供了内部有共同接地点的多处电源引脚，供电路设计使用。

表 2-6 STM32L4 硬件最小系统引脚

分类	引脚名	引脚号	功能描述
电源输入	VDD	19,32,48,64	电源，典型值：3.3V
	VSS	18,31,47,63	地，典型值：0V
	VDDA,VSSA	12,13	AD 模块的输入电源，典型值：（3.3V，0V）
	VBAT	1	内部 RTC 备用电源引脚
复位	NRST	7	双向引脚，有内部上拉电阻；作为输入，拉低可使芯片复位
晶振	PTC14-OSC32_IN,PTC15-OSC32_OUT	3,4	分别为无源晶振输入，输出引脚
SWD 接口	SWD_IO	34	SWD 时钟信号线
	SWD_CLK	35	SWD 数据信号线
引脚个数统计			硬件最小系统引脚均为 16 个

2. 对外提供服务的引脚

除了为芯片自身提供服务的引脚（硬件最小系统引脚）外，芯片的其他引脚是为我们提供服务的，称之为 I/O 端口资源类引脚，如表 2-7 所示，这些引脚一般具有多种复用功能。

表 2-7 STM32L4 对外提供的 I/O 端口资源类引脚

端口号	引脚数	引脚名
A	16	PTA[0～15]
B	16	PTB[0～15]
C	16	PTC[0～15]

STM32L4（64 引脚 LQFP 封装）具有 48 个 I/O 引脚（包含 2 个 SWD 的引脚），这些引脚均具有多个功能，在复位后它们会立即被配置为高阻状态，且为通用输入引脚，有内部上拉功能。

2.4.4 STM32L4 硬件最小系统原理图

MCU 的硬件最小系统是指包括电源、晶振、复位、写入调试器接口等可使内部程序得以运行的、规范的、可复用的核心构件系统。使用一个芯片，必须完全理解其硬件最小系统。当 MCU 工作不正常时，首先就要查找硬件最小系统中可能出错的元件。一般情况下，MCU 的硬件最小系统由电源、晶振及复位等电路组成。芯片要正常工作，必须有电源与工作时钟；而复位电路则提供不掉电情况下 MCU 重新启动的手段。随着 Flash 存储器制造技术的发展，大部分芯片提供了在板或在线系统（On System）的写入程序功能，即把空白芯片焊接到电路板上后，再通过写入器把程序下载到芯片中。这样，硬件最小系统应该把写入器的接口电路也包含在其中。基于这个思路，STM32L4 芯片的硬件最小系统包括电源电路、复位电路、与写入器相连的 SWD 接口电路及可选晶振电路。图 2-7 所示为 STM32L4 硬件最小系统原理图。读者须彻底理解该原理图的基本内涵。

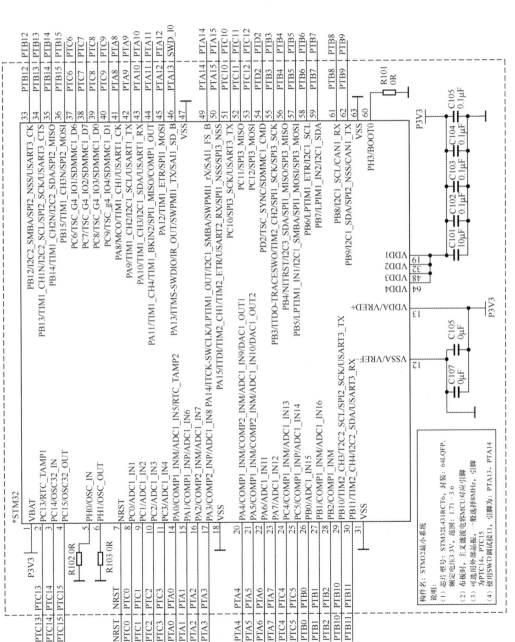

图 2-7 STM32L4 硬件最小系统原理图

1. 电源及其滤波电路

电路中需要大量的电源类引脚，用来提供足够的电流容量，同时保持芯片电流平衡。所有的电源引脚必须外接适当的滤波电容以抑制高频噪音。

电源（VDDx）与地（VSSx）包括很多引脚，如 VDDA、VSSA、VDD、VSS、VBAT等。之所以外接电容，是因为集成电路制造技术有限，无法在集成电路（Integrated Circuit，IC）内部通过光刻的方法制造这些电容。去耦是指对电源采取进一步的滤波措施，去除两级间信号通过电源互相干扰的影响。电源滤波电路可改善系统的电磁兼容性、降低电源波动对系统的影响、增强电路工作的稳定性。针对为标识系统通电与否，可以增加一个电源指示灯。

需要强调的是，虽然硬件最小系统原理图（图 2-7）中的许多滤波电容被画在了一起，但实际布板时，需要各自接到靠近芯片的电源与地之间，这样才能起到良好的效果。

2. 复位电路及复位功能

复位，意味着 MCU 一切重新开始，其引脚为 RESET。若复位引脚有效（低电平），则会引起 MCU 复位。复位电路原理如下：正常工作时，复位引脚 RESET 通过一个 10kΩ 的电阻接到电源正极，所以应为高电平。若按下复位按钮，则 RESET 引脚接地为低电平，导致芯片复位。若系统重新上电，则芯片内部电路会使 RESET 引脚拉低，进而使芯片复位。

从引起 MCU 复位的内部与外部因素来区分，复位可分为外部复位和内部复位两种。外部复位有上电复位、按下"复位"按钮复位。内部复位有"看门狗"定时器复位、低电压复位、软件复位等。

从复位时芯片是否处于上电状态来区分，复位可分为冷复位和热复位。芯片从无电状态到上电状态的复位属于冷复位，芯片处于带电状态时的复位为热复位。冷复位后，MCU 内部 RAM 的内容是随机的。而热复位后，MCU 内部 RAM 的内容同复位前的内容一致，即热复位并不会引起 RAM 中内容的丢失。

从 CPU 响应快慢来区分，复位可分为异步复位与同步复位。异步复位源的复位请求一般表示一种紧急事件，因此复位控制逻辑会立即有效，不会等到当前总线周期结束后再复位。异步复位源有上电、低电压复位等。同步复位的处理方法与异步复位不同：当一个同步复位源给出复位请求时，复位控制器并不使之立即起作用，而是会等到当前总线周期结束之后才复位，这是为了保护数据的完整性。在该总线周期结束后的下一个系统时钟的上升沿时，复位才有效。同步复位源有"看门狗"定时器、软件等。

3. 晶振电路

STM32L4xx 芯片可使用内部晶振和外部晶振两种方式为 MCU 提供工作时钟。

STM32L4xx 芯片含有内部时钟源（如 HSI16、MSI 和 LSI）。其中 HSI16 时钟信号频率为 16MHz；MSI 时钟信号频率默认为 4MHz，其频率范围可通过软件使用时钟控制寄存器（RCC_CR）中的 MSIRANGE[3:0]位进行调整，提供 12 种频率，即 100kHz、200kHz、400kHz、800kHz、1MHz、2MHz、4MHz（默认）、8MHz、16MHz、24MHz、32MHz 和 48MHz、LSI 时钟信号频率为 32kHz。使用内部时钟源可略去外部晶振电路。

若时钟源需要更高的精度，可自行选用外部晶振，例如，图 2-8 所示为外接 8MHz 无源晶振的晶振电路接法，晶振连接在晶振输入引脚 XTAL0（OSC_IN）与晶振输出引脚 EXTAL0（OSC_OUT）之间。

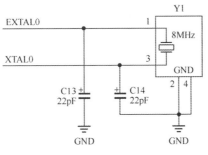

图 2-8　晶振电路

4．SWD 接口电路

STM32L4 芯片的调试接口 SWD 基于 CoreSight 架构，该架构在限制输出引脚和其他可用资源的情况下，提供了最大的灵活性。CoreSight 是 Arm 定义的一个开放体系结构，以使 SOC 设计人员能够将其他 IP 内核的调试和跟踪功能添加到 CoreSight 基础结构中。通过 SWD 接口可以实现程序下载和调试功能。SWD 接口只需两根线，数据输入/输出线（DIO）和时钟线（CLK）。在 STM32L4 芯片中，DIO 为引脚 PTA13，CLK 为引脚 PTA14。可根据实际需要增加地、电源以及复位信号线。

2.5　由 STM32L431 构建的通用嵌入式计算机

嵌入式人工智能的重要载体是智能终端，它是微型计算机的重要种类之一，承载着传感器采样、滤波处理、边缘计算、融合计算、嵌入式人工智能算法、通信、控制执行机构等功能。然而，智能终端开发方式存在软硬件开发颗粒度低、可移植性弱等问题，芯片生产厂家不得不配备一本厚厚的参考手册，少则几百页，多则可达近千页。许多厂家也提供了庞大的软件开发包（Software Development Kit，SDK），但设计人员需要花费许多精力从中析出个体需要。智能终端开发人员通常花费太多的精力在基于芯片级硬件设计及基于寄存器级的底层驱动设计上。

要解决上述问题，必须提高硬件设计颗粒度、软件设计颗粒度及软硬件的可移植性。下面首先介绍通用嵌入式计算机的概念。

一个具有特定功能的通用嵌入式计算机（General Embedded Computer，GEC），其性能体现在硬件与软件两个方面。在硬件方面，把 MCU 硬件最小系统及面向具体应用的共性电路封装成一个整体，为用户提供 SOC 级芯片的可重用的硬件实体，并按照硬件构件要求进行原理图绘制、文档撰写及硬件测试用例设计。在软件方面，把嵌入式软件分为基本输入/输出系统（Basic Input/Output System，BIOS）程序与 User 程序两部分。BIOS 程序先于 User 程序固化于 MCU 内的非易失存储器（如 Flash）中。软件启动时，BIOS 程序先运行，随后转向 User 程序。BIOS 提供工作时钟及面向知识要素的底层驱动构件，并为 User 程序提供函数原型级调用接口。与 MCU 对比，GEC 具有硬件直接可测性、用户软件编程快捷性与可移植性 3 个基本特点。

本书以 ST 的 STM32L431 为核心构建一种通用嵌入式计算机，命名为 AHL-STM32L431，以此作为微机原理的实验基础。基于 GEC 概念，软件可移植性得以大幅度提高。本书介绍的所有源程序，在使用时只要遵循基本命名规范，便可实现主程序及中断处理程序在 Arm

Cortex-M 系列微处理器间的移植。

图 2-9 所示为 AHL-STM32L431 的引脚布局图，其引脚功能如表 2-8 所示。

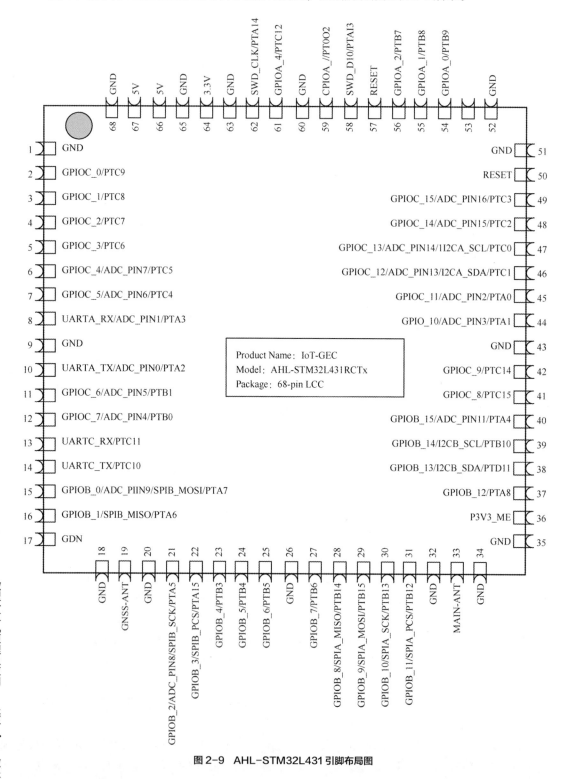

图 2-9　AHL-STM32L431 引脚布局图

表 2-8　AHL-STM32L4 引脚功能

引脚号	不可编程引脚	GPIO	AD	通信	PWM/TSI	备注	STM32L4
GEC_1	GND						GND
GEC_2		GPIOC_0					PTC9
GEC_3		GPIOC_1					PTC8
GEC_4		GPIOC_2					PTC7
GEC_5		GPIOC_3					PTC6
GEC_6		GPIOC_4	ADC_PIN7				PTC5
GEC_7		GPIOC_5	ADC_PIN6				PTC4
GEC_8			ADC_PIN1	UARTA_RX			PTA3
GEC_9	GND						GND
GEC_10			ADC_PIN0	UARTA_TX			PTA2
GEC_11		GPIOC_6	ADC_PIN5				PTB1
GEC_12		GPIOC_7	ADC_PIN4				PTB0
GEC_13				UARTC_RX		BIOS 保留串口更新使用	PTC11
GEC_14				UARTC_TX			PTC10
GEC_15		GPIOB_0	ADC_PIN9	SPIB_MOSI			PTA7
GEC_16		GPIOB_1		SPIB_MISO		STM32L4 版可引出 ADC	PTA6
GEC_17	GND						GND
GEC_18	GND						GND
GEC_19	GNSS-ANT					GPS/北斗天线接入	
GEC_20	GND						GND
GEC_21		GPIOB_2	ADC_PIN8	SPIB_SCK	PWM_PIN5		PTA5
GEC_22		GPIOB_3		SPIB_PCS	PWM_PIN4		PTA15
GEC_23		GPIOB_4			PWM_PIN3		PTB3
GEC_24		GPIOB_5					PTB4
GEC_25		GPIOB_6					PTB5
GEC_26	GND						GND
GEC_27		GPIOB_7					PTB6
GEC_28		GPIOB_8		SPIA_MISO			PTB14
GEC_29		GPIOB_9		SPIA_MOSI			PTB15
GEC_30		GPIOB_10		SPIA_SCK			PTB13
GEC_31		GPIOB_11		SPIA_PCS			PTB12
GEC_32	GND						GND

引脚号	不可编程引脚	GPIO	AD	通信	PWM/TSI	备注	STM32L4
GEC_33	MAIN_ANT					NB 天线接入	
GEC_34	GND						GND
GEC_35	GND						GND
GEC_36	3.3V					3.3V 输出（监测用）	
GEC_37		GPIOB_12			PWM_PIN2		PTA8
GEC_38		GPIOB_13		I2CB_SDA	PWM_PIN1	较 KL36 缺 ADC_PIN10	PTB11
GEC_39		GPIOB_14		I2CB_SCL	PWM_PIN0	较 KL36 缺 ADC_PIN12	PTB10
GEC_40		GPIOB_15	ADC_PIN11				PTA4
GEC_41		GPIOC_8					PTC15
GEC_42		GPIOC_9					PTC14
GEC_43	GND						GND
GEC_44		GPIOC_10	ADC_PIN3				PTA1
GEC_45		GPIOC_11	ADC_PIN2				PTA0
GEC_46		GPIOC_12	ADC_PIN13	I2CA_SDA			PTC1
GEC_47		GPIOC_13	ADC_PIN14	I2CA_SCL			PTC0
GEC_48		GPIOC_14	ADC_PIN15				PTC2
GEC_49		GPIOC_15	ADC_PIN16				PTC3
GEC_50	RESET（DBG_TXD）					RESET/（保留打孔）NB 串口-TX, 不接 GEC 脚	NRST
GEC_51	GND						GND
GEC_52	GND						GND
GEC_53	（DBG_RXD）					（保留打孔）NB 串口-RX, 不接 GEC 脚	
GEC_54		GPIOA_0					PTB9
GEC_55		GPIOA_1				（保留）BIOS 指示	PTB8
GEC_56		GPIOA_2					PTB7
GEC_57	NMI					（保留）NMI, STM32L4 无 NMI, 接 NRST	NRST
GEC_58	SWD_DIO					SWD 数据输入	PTA13

引脚号	不可编程引脚	GPIO	AD	通信	PWM/TSI	备注	STM32L4
GEC_59		GPIOA_3					PTD2
GEC_60	GND						GND
GEC_61		GPIOA_4					PTC12
GEC_62	SWD_CLK					SWD 时钟信号	PTA14
GEC_63	GND						GND
GEC_64	3.3V					3.3V 输出（150mA）	
GEC_65	GND						GND
GEC_66	5V					5V 输入	
GEC_67	5V					5V 输入	
GEC_68	GND						GND

说明：① DBG_TXD 与 RESET 引脚冲突，故 DBG_TXD、DBG_RXD 未连接引脚，仅各引出一个测试孔。

② STM32L4 无 NMI，故原接脚 GEC_57 现接复位引脚 NRST。

③ STM32L4 芯片中，片选脚 SPI_NSS 对应表中 SPI_PCS。

④ STM32L4 中 GEC_38、GEC_39 较 KL36 系列缺少 ADC_PIN 功能。

⑤ STM32L4 中 GEC_16 可引出 ADC_PIN 功能。

⑥ 为方便测试，在 PCB 板中，MCU_TDX、MCU_RDX（通信模组的 TX/RX）、GND、P3V3、P5V、SWD_IO、SWD_CLK 各打一孔引出。

⑦ STM32L4 中引脚 PTA9、PTA10 为与通信模组的交互串口，其中 PTA9 为 TX，PTA10 为 RX。

⑧ STM32L4 中为保证程序烧录后自运行，须将引脚 PTH0 接地。使用内部晶振可将 PTH1、PTH2 接地（测试不接地也无影响）。

⑨ STM32L4 中的使用引脚 PTC13 来控制通信模组电源模块。

⑩ STM32L4 中引脚 PTB9 为蓝灯引脚、引脚 PTB8 为绿灯引脚、引脚 PTB7 为红灯引脚。

2.6 习题

（1）所学芯片的内部微处理器有哪些寄存器？简述各寄存器的作用。

（2）RAM 存储区和 Flash 存储区的访问特点是什么？简述某一芯片的 RAM 存储区和 Flash 存储区的大小及地址范围。

（3）简述微处理器中存储器映像的含义，写出某一芯片某一接口模块的存储器映像地址（范围）。

（4）什么是芯片的硬件最小系统？它由哪几部分组成？

（5）在芯片的电源电路中，一般靠近芯片引脚接有滤波电容，简述滤波电容的作用及工作原理，并说明电容大小与滤波频率的关系。

（6）简述栈指针的基本作用，举例说明所学芯片初始 SP 应设置的值。

（7）简述通用嵌入式计算机的概念。

（8）为什么基于通用嵌入式计算机的概念可提高智能终端软件设计的可移植性？

03

chapter

指令系统

　　CPU 是微机的运算和控制核心，其功能主要是解释指令、执行指令和处理数据。一个 CPU 能识别哪些指令是由 CPU 的设计者给定的，指令系统一般使用英文简写描述。一般来说，只要掌握任何一种 CPU 的指令系统，当遇到新的 CPU 时就不会感到陌生，因为其本质并不会发生变化。学习指令系统的基本方法是理解寻址方式、掌握几个简单指令、利用汇编语言编程练习。本章将介绍 Arm Cortex-M 的基本指令系统，下一章将在认识了汇编语言基本语法、编程框架及实践环境之后，开始进行编程实践，通过实践帮助读者理解并巩固这些基本指令。在本章的学习中，读者可以通过汇编环境了解指令对应的机器码，直观地理解助记符与机器指令之间的对应关系。

3.1.1 指令保留字简表

CPU 的功能是从外部设备获得数据，对数据进行处理，再把处理结果输送到 CPU 的外部世界。设计一个 CPU，首先需要设计一套可以执行特定功能的操作命令，这种操作命令称为指令（Instruction）。CPU 所能执行的各种指令的集合，称为该 CPU 的指令系统。一条 CPU 指令可以包含指令代码及操作数（Operand），编写汇编程序时，指令代码用英文简写或缩写的助记符表示，这个助记符称为指令保留字。

本节列出了 Arm Cortex-M 微处理器的基本指令简表，目的是让读者简单了解表中简写字及其含义，以便能够快速了解指令功能，为指令系统学习做好铺垫，也帮助读者在复习时收拢知识。

表 3-1 介绍了数据传送类、数据操作类、跳转控制类及其他基本指令共 4 类 57 条基本指令的保留字及其含义。在介绍完寻址方式后，将各辟一节对各类指令进行介绍。利用这些基本指令可完成大部分程序功能。作为教学用书，本书不再介绍其他较为复杂的指令，读者如有需要可查阅《Armv7-M 参考手册》。

表 3-1　基本指令保留字简表

类型		保留字	含义
数据传送类		LDR、LDRH、LDRB、LDRSB、LDRSH、LDM	取数指令（寄存器←存储器）
		STR、STRH、STRB、STM	存数指令（存储器←寄存器）
		MOV、MOVS、MVN	寄存器间数据传送指令
		PUSH、POP	栈操作指令（进栈、出栈）
		ADR	生成与 PC 指针相关的地址
数据操作类	算术运算类	ADC、ADD、RSB、SBC、SUB、MUL	算术运算（加、减、乘）
		CMN、CMP	比较指令
	逻辑运算类	AND、ORR、EOR、BIC	逻辑运算（按位与、或、异或、位段清零）
	移位类	ASR、LSL、LSR、ROR	算术右移、逻辑左移、逻辑右移、循环右移
	位操作类	TST	测试位指令
	数据序转类	REV、REVSH、REVH	反转字节序
	扩展类	SXTB、SXTH、UXTB、UXTH-40	无符号扩展字节、有符号扩展字节
跳转控制类		B、BL、BX、BLX	跳转指令
其他指令		BKPT、CPSIE、CPSID、DMB、DSB、ISB、MRS、MSR、NOP、SEV、SVC、WFE、WFI	

表中的保留字即为机器指令编码的助记符，它们一般为英文的简写或缩写，在后面完成各类指令的学习之后，读者会发现对该表不再陌生。

那么应该如何记忆英文简写或缩写的助记符呢？如 LDR，其含义是"存储器中内容加载到寄存器中"，其中，LD 是 Load（加载）的缩写，R 是 Register（寄存器）的缩写，通过分析，

LDR 的含义就明确了。读者可以把这些保留字当作新的英文单词记住，这也是学习指令系统的措施之一。当然，更重要的是在编程实践中慢慢熟悉它们，这与自然语言在实际交流中逐步熟练是一样的道理。

3.1.2　寻址方式

指令是对数据的操作，通常把指令中所要操作的数据称为操作数。操作数可能来自寄存器、指令代码或存储单元。而确定指令中所需操作数来源的各种方法称为寻址方式（Addressing Mode）。不同计算机所支持的寻址方式不同，Arm Cortex-M 支持立即数寻址方式（Immediate Addressing Mode）、寄存器直接寻址方式（Register Direct Addressing Mode）、直接地址寻址方式（Direct Address Addressing Mode）、寄存器加偏移间接寻址方式（Register Plus Offset Indirect Addressing Mode）等。

1．立即数寻址方式

在立即数寻址方式中，操作数直接通过指令给出，数据包含在指令中，随着指令一起被汇编成机器码，存储于程序空间中。将"#"作为立即数的前导标识符。

```
MOV R0,#0xFF    //立即数 0xFF 装入 R0 寄存器    机器码：20ff
SUB R1,R0,#1    //R1←R0-1                      机器码：1e41
```

得出机器码比较简单的方法是通过汇编环境，汇编后在.lst 文件中可找到机器码。在.lst 文件中看到的机器码要注意大小端存放问题（在 2.3.3 节已经阐述过大端、小端存储方式的概念）。

2．寄存器直接寻址方式

在寄存器直接寻址方式中，操作数来自于寄存器。

```
MOV R1,R2      //R1←R2        机器码：1c11
SUB R0,R1,R2   //R0←R1-R2     机器码：1a88
```

3．直接地址寻址方式

在直接地址寻址方式中，操作数来自于存储单元，指令中直接给出存储单元地址。指令码中，显式表明了数据的位数，有字（4 字节）、半字（2 字节）、单字（1 字节）3 种情况。

```
LDR   R1,label    //从 label 处连续读取 4 字节至寄存器 R1 中
LDRH  R1,label    //从 label 处连续读取 2 字节至寄存器 R1 中
LDRB  R1,label    //从 label 处读取 1 字节至寄存器 R1 中
```

4．寄存器加偏移间接寻址方式

在偏移寻址中，操作数来自存储单元，指令中通过寄存器及偏移量给出存储单元的地址，偏移量为 0 的偏移寻址也称为寄存器间接寻址。

```
LDR R3,[PC, #100]    //从地址（PC + 100）处读取 4 字节到 R3 中  机器码：4b19
LDR R3,[R4]          //以 R4 中内容为地址，读取 4 字节到 R3 中   机器码：6823
```

【练习 3-1】　利用 AHL-GEC-IDE 开发工具验证以上指令的机器码步骤。

（1）打开"Exam3_1"工程；

（2）在标号"main: 与.end"之间依次输入以上指令；

（3）编译该工程；

（4）打开 Debug\Exam3_1.lst 文件；

（5）执行操作"菜单编辑"→"查找和替换"→"文件查找/替换"，在查找内容框中输入查找机器码的指令；

（6）观察反汇编代码，可以找到图 3-1 所示的机器码。

指令			机器码
MOV R0, #0xFF			20ff
800db00: 20ff	movs	r0, #255	
SUB R1,R0, #1			1e41
800db02: 1e41	subs	r1, r0, #1	
LDR R3, [PC, #100]			4b19
800db04: 4b19	1dr r3, [pc, #100]		
LDR R3,[R4]			6823
800db06: 6823	1dr r3, [r4, #0]		

图 3-1　机器码的查找

【练习 3-2】　利用开发环境给出"ADC   r2,r3""AND   r1,r2""TST   r1,r2"这 3 条指令的机器码。

3.2　基本指令系统

表 3-1 中的 57 个保留字加上所支持的寻址方式，就形成了 68 条具体指令。为了方便理解，我们把它们分成数据传送类、数据操作类、跳转控制类及其他 4 类基本指令。本章将依次介绍 Arm Cortex-M 系列微处理器的这 4 类基本指令系统。

需要说明的是，指令格式中的"{}"表示其中为可选项，如 LDRH   Rt, [Rn {, #imm}]，表示有"LDRH   Rt, [Rn]""LDRH   Rt, [Rn , #imm]"两种指令格式。指令中的"[ ]"表示其中的内容为地址，"//"表示注释。

3.2.1　数据传送类指令

数据传送类指令的功能是将数据从一个地方复制到另一个地方[①]。有两种情况，一是取存储器地址空间中的数据传送到寄存器中，二是将寄存器中的数据传送到另一寄存器或存储器地址空间中。基本数据传送类基本指令有 16 条。

1. 取数指令

存储器（RAM 或 Flash）用地址进行表征。把存储器中的内容加载到 CPU 内部寄存器中的指令被称为取数指令，如表 3-2 所示。其中，LDR、LDRH、LDRB 指令分别表示取存储器单元的一个字、半字和单字节（不足部分以 0 填充）到 CPU 内部寄存器中；LDRSH 和 LDRSB

---

① 特别提示：计算机中的数据传送实质是复制，与现实世界的物质传送存在区别。

指令表示取存储器单元的半字、单字节（有符号数扩展成 32 位）到指定寄存器 Rt（寄存器是 32 位的）。

表 3-2　取数指令

编号	指令	说明
（1）	LDR　Rt, [<Rn | SP> {, #imm}]	从 SP/Rn+ #imm 地址处取字到 Rt，imm=0,4,8,…,1020
	LDR　Rt,[Rn, Rm]	从 Rn+Rm 地址处读取字到 Rt
	LDR　Rt, label	从 label 指定的存储器单元取数到寄存器，label 必须在当前指令的 −4～4KB 范围内，且应 4 字节对齐
（2）	LDRH　Rt, [Rn {, #imm}]	从 Rn+ #imm 地址处，取半字到 Rt，imm=0,2,4,…,62
	LDRH　Rt,[Rn, Rm]	从 Rn+Rm 地址处读取半字到 Rt
（3）	LDRB　Rt, [Rn {, #imm}]	从 Rn+ #imm 地址处，取字节到 Rt，imm=0～31
	LDRB　Rt,[Rn, Rm]	从 Rn+Rm 地址处读取字节到 Rt
（4）	LDRSH　Rt,[Rn, Rm]	从 Rn+ Rm 地址处读取半字到 Rt，并带符号扩展成 32 位
（5）	LDRSB　Rt,[Rn, Rm]	从 Rn+ Rm 地址处读取字节到 Rt，并带符号扩展成 32 位
（6）	LDM　Rn{!}, reglist	从 Rn 地址处读取多个字并加载到 reglist 列表寄存器中，每读一个字后 Rn 自增一次

需要说明的是：

（1）LDR 指令支持 3 种寻址方式，LDRH、LDRB 各支持两种寻址方式，LDRSH、LDRSB、LDM 各支持一种寻址方式；

（2）当用 LDR 将一个立即数或符号常量存储到寄存器中时，若立即数或符号常量的值大于或等于 256，则必须在该立即数或符号常量前增加"="前缀；

（3）在 LDM Rn{!},reglist 指令中，Rn 表示存储器单元起始地址的寄存器；reglist 可包含一个或多个寄存器，若包含多个寄存器，则必须以","分隔，外面用"{}"标识；"!"是一个可选的回写后缀，reglist 列表中包含 Rn 寄存器时不要回写后缀，否则须带回写后缀"!"。带后缀时，在数据传送完毕后，将最后的地址写回到 Rn=Rn+4×(n−1)，n 为 reglist 中寄存器的个数。Rn 不能为 R15，reglist 可以为 R0～R15 的任意组合，Rn 寄存器中的值必须字对齐。这些指令不影响 N、Z、C、V 状态标志。

【练习 3-3】 LDRB、LDRSH、LDM 各由什么英文单词缩写而来？

2. 存数指令

将 CPU 内部寄存器中的内容存储至存储器中的指令被称为存数指令，如表 3-3 所示。STR、STRH 和 STRB 指令将 Rt 寄存器中的字、低半字或低字节存储至存储器单元。存储器单元地址由 Rn 与 Rm 之和决定。Rt、Rn 和 Rm 必须为 R0～R7 之一。

其中，STM Rn!, reglist 指令将 reglist 列表寄存器内容以字存储至 Rn 寄存器中的存储单元地址，以 4 字节访问存储器地址单元，访问地址从 Rn 寄存器指定的地址值到 Rn+4×(n−1)，n 为 reglist 中寄存器的个数。按寄存器编号递增顺序访问，最低编号使用最低地址空间，最高编号使用最高地址空间。对于 STM 指令，若 reglist 列表中包含了 Rn 寄存器，则 Rn 寄存器必须位于列表首位；若列表中不包含 Rn，则将位于 Rn+4×n 地址的指令回写到 Rn 寄存器中。这些指令不影响 N、Z、C、V 状态标志。

表 3-3　存数指令

编号	指令	说明
（7）	STR　Rt, [<Rn | SP> {, #imm}]	把 Rt 中的字存储到地址 SP/Rn+#imm 处，imm=0,4,8,…,1020
	STR　Rt, [Rn, Rm]	把 Rt 中的字存储到地址 Rn+ Rm 处
（8）	STRH　Rt, [Rn {, #imm}]	把 Rt 中的低半字存储到地址 SP/Rn+#imm 处，imm=0,2,4,…,62
	STRH　Rt, [Rn, Rm]	把 Rt 中的低半字存储到地址 Rn+ Rm 处
（9）	STRB　Rt, [Rn {, #imm}]	把 Rt 中的低字节存储到地址 SP/Rn+#imm 处，imm=0,1,2…,31
	STRB　Rt, [Rn, Rm]	把 Rt 中的低字节存储到地址 Rn+ Rm 处
（10）	STM　Rn!, reglist	存储多个字到 Rn 处，每存一个字后 Rn 自增一次

3. 寄存器间数据传送指令

MOV 指令用于 CPU 内部寄存器之间的数据传送，如表 3-4 所示。Rd 表示目标寄存器；imm 为立即数或符号常量，注意其范围是 0x00～0xFF。这些指令影响 N、Z 状态标志，但不影响 C、V 状态标志。当 MOV 指令中的目标寄存器 Rd 为程序计数器时，传送值的第 0 位被清零，然后进入程序计数器，这样 MOV 指令就变成了跳转指令。但跳转一般不使用 MOV 指令，而是使用跳转类指令（见"3.2.3 节"）。

表 3-4　寄存器间数据传送指令

编号	指令	说明
（11）	MOV　Rd, Rm	Rd←Rm，Rd 只可以是 R0～R7
（12）	MOVS　Rd, #imm	Rd←#imm，立即数范围是 0x00～0xFF；MOV 指令也可用这种格式
（13）	MVN　Rd, Rm	将寄存器 Rm 中的数据取反，并传送给寄存器 Rd

4. 栈操作指令

栈操作指令如表 3-5 所示。PUSH 指令将寄存器值存于栈中，最低编号寄存器使用最低存储地址空间，最高编号寄存器使用最高存储地址空间；POP 指令将值从栈中弹回寄存器，最低编号寄存器使用最低存储地址空间，最高编号寄存器使用最高存储地址空间。执行 PUSH 指令后，更新 SP 寄存器值 SP=SP−4；执行 POP 指令后更新 SP 寄存器值 SP=SP+4。若 POP 指令的 reglist 列表中包含了 PC 寄存器，则 POP 指令在执行完成后会跳转到 PC 所指地址处。该值最低位通常用于更新 xPSR 的 T 位，此位必须置 1 才能确保程序正常运行。

表 3-5　栈操作指令

编号	指令	说明
（14）	PUSH　reglist	进栈指令，SP 递减 4，reglist 为 R0-R7，LR
（15）	POP　reglist	出栈指令，SP 递增 4，reglist 为 R0-R7，PC

例如：

```
PUSH {R0,R4-R7}   //将 R0, R4, R5, R6, R7 寄存器值存入栈
PUSH {R2,LR}      //将 R2, LR 寄存器值存入栈
POP {R0,R6,PC}    //出栈值存入 R0, R6, PC 中，同时程序跳转至 PC 所指向的地址开始执行
```

5. 生成与指针 PC 相关的地址指令

ADR 指令如表 3-6 所示，用于将 PC 值加上一个偏移量得到的地址写进目标寄存器中。若

利用 ADR 指令将生成的目标地址用于跳转指令 BX 或 BLX,则必须确保该地址最后一位为 1。Rd 为目标寄存器, label 为与 PC 相关的表达式。在该指令下, Rd 必须为 R0 ~ R7, label 的值必须字对齐且在当前 PC 值的 1024 字节以内。此指令不影响 N、Z、C、V 状态标志。这条指令主要供汇编阶段使用,一般可将其看成一条伪指令。

表 3-6　ADR 指令

编号	指令	说明
(16)	ADR　Rd, label	生成与 PC 相关的地址,将 label 相对于当前指令的偏移地址值与 PC 相加或相减(label 有前后,即负、正)后写入 Rd 中

3.2.2　数据操作类指令

数据操作主要指算术运算、逻辑运算、移位等。相对应的指令有算术运算类指令、逻辑运算类指令、移位类指令等。本节将对不同类型的各类指令进行介绍。

1. 算术运算类指令

算术运算类指令有加、减、乘、比较等,如表 3-7 所示。

表 3-7　算术运算类指令

编号	指令	说明
(17)	ADC　{Rd, } Rn, Rm	带进位加法。Rd←Rn+Rm+C,影响 N、Z、C 和 V 标志位
(18)	ADD　{Rd } Rn, <Rm | #imm>	加法。Rd←Rn+Rm,影响 N、Z、C 和 V 标志位
(19)	RSB　{Rd, } Rn, #0	反向减法。Rd←0−Rn,影响 N、Z、C 和 V 标志位(部分汇编环境不支持)
(20)	SBC　{Rd, }Rn, Rm	带借位减法。Rd←Rn−Rm−C,影响 N、Z、C 和 V 标志位
(21)	SUB　{Rd } Rn, <Rm | #imm>	常规减法。Rd←Rn−Rm/ #imm,影响 N、Z、C 和 V 标志位
(22)	MUL　Rd, Rn Rm	常规乘法。Rd←Rn×Rm,同时更新 N、Z 状态标志,不影响 C、V 状态标志。该指令所得结果与操作数是否为无符号数、有符号数无关。Rd、Rn、Rm 寄存器必须为 R0 ~ R7,且 Rd 与 Rm 须一致
(23)	CMN　Rn, Rm	加比较指令。Rn+Rm,更新 N、Z、C 和 V 标志,但不保存所得结果。Rn、Rm 寄存器必须为 R0 ~ R7
(24)	CMP　Rn, #imm CMP　Rn, Rm	(减)比较指令。Rn−Rm/#imm,更新 N、Z、C 和 V 标志,但不保存所得结果。Rn、Rm 寄存器为 R0 ~ R7,立即数 imm 的范围 0 ~ 255

加、减指令对操作数的限制条件如表 3-8 所示。

表 3-8　ADC、ADD、RSB、SBC 和 SUB 操作数限制条件

指令	Rd	Rn	Rm	imm	限制条件
ADC	R0 ~ R7	R0 ~ R7	R0 ~ R7		Rd 和 Rn 必须相同
ADD	R0 ~ R15	R0 ~ R15	R0 ~ PC		Rd 和 Rn 必须相同 Rn 和 Rm 不能同时指定为 PC 寄存器
	R0 ~ R7	SP 或 PC		0 ~ 1020	立即数必须为 4 的整数倍
	SP	SP		0 ~ 508	立即数必须为 4 的整数倍

指令	Rd	Rn	Rm	imm	限制条件
ADD	R0 ~ R7	R0 ~ R7		0 ~ 7	
	R0 ~ R7	R0 ~ R7		0 ~ 255	Rd 和 Rn 必须相同
	R0 ~ R7	R0 ~ R7	R0 ~ R7		
RSB	R0 ~ R7	R0 ~ R7			
SBC	R0 ~ R7	R0 ~ R7	R0 ~ R7		Rd 和 Rn 必须相同
SUB	SP	SP		0 ~ 508	立即数必须为 4 的整数倍
SUB	R0 ~ R7	R0 ~ R7		0 ~ 7	
	R0 ~ R7	R0 ~ R7		0 ~ 255	Rd 和 Rn 必须相同
	R0 ~ R7	R0 ~ R7	R0 ~ R7		

2. 逻辑运算类指令

逻辑运算类指令如表 3-9 所示。AND、EOR 和 ORR 指令把寄存器 Rn、Rm 的值逐位与、异或和或操作；BIC 指令是将寄存器 Rn 的值与 Rm 的值的反码按位做逻辑"与"操作，结果保存到 Rd 中，作用是实现 Rn 中对应 Rm 为 1 的位清零功能。这些指令更新 N、Z 状态标志，不影响 C、Z 状态标志。

Rd、Rn 和 Rm 必须为 R0 ~ R7，其中 Rd 为目标寄存器，Rn 为存放第一个操作数寄存器且必须和目标寄存器 Rd 一致（即 Rd 就是 Rn），Rm 为存放第二个操作数寄存器。

表 3-9　逻辑运算类指令

编号	指令		说明	举例
（25）	AND	{Rd, } Rn, Rm	按位与	AND　R2, R2, R1
（26）	ORR	{Rd, } Rn, Rm	按位或	ORR　R2, R2, R5
（27）	EOR	{Rd, } Rn, Rm	按位异或	EOR　R7, R7, R6
（28）	BIC	{Rd, } Rn, Rm	位段清零	BIC　R0, R0, R1

3. 移位类指令

移位类指令如表 3-10 所示。ASR、LSL、LSR 和 ROR 指令，将寄存器 Rm 的值由寄存器 Rs 或立即数 imm 决定移动位数，执行算术右移、逻辑左移、逻辑右移和循环右移操作。这些指令中，Rd、Rm、Rs 必须为 R0 ~ R7。对于非立即数指令，Rd 和 Rm 必须一致。Rd 为目标寄存器，若省去 Rd，则其值与 Rm 寄存器一致；Rm 为存放被移位数据寄存器；Rs 为存放移位长度寄存器；imm 为移位长度，ASR 指令的移位长度范围为 1 ~ 32，LSL 指令的移位长度范围为 0 ~ 31，LSR 指令的移位长度范围为 1 ~ 32。

表 3-10　移位类指令

编号	指令		操作	举例
（29）	ASR	{Rd, } Rm, Rs		算术右移
	ASR	{Rd, } Rm, #imm	b31　　　　　b0	ASR　R7, R5, #9

编号	指令	操作	举例
（30）	LSL {Rd, } Rm, Rs LSL {Rd, } Rm, #imm	C←□□□□……□□□□←0 b31 b0	逻辑左移 LSL R1, R2, #3
（31）	LSR {Rd, } Rm, Rs LSR {Rd, } Rm, #imm	0→□□□□……□□□□→C b31 b0	逻辑右移 LSR R1, R2, #3
（32）	ROR {Rd, } Rm, Rs	→□□□□……□□□□→C b31 b0	循环右移 ROR R4, R4, R6

（1）单向移位指令

算术右移指令 ASR 比较特别，它把要操作的字节当作有符号数，而符号位（b31）保持不变，其他位右移一位，即首先将 b0 位移入 C 中，其他位（b1～b31）右移一位，相当于操作数除以 2。为了保证符号不变，ASR 指令使符号位 b31 返回本身。逻辑右移指令 LSR 把 32 位操作数右移一位，首先将 b0 位移入 C 中，其他一位右移一位，0 移入 b31。根据结果，ASR、LSL、LSR 指令对标志位 N、Z 有影响；最后移出位更新 C 标志位。

（2）循环移位指令

在循环移位指令 ROR 中，将 b0 位移入 b31 中的同时也移入 C 中，其他位右移一位，从 b31～b0 内部看循环右移了一位。根据结果，ROR 指令对标志位 N、Z 有影响；最后移出位更新 C 标志位。

4. 位测试指令

位测试指令如表 3-11 所示。

表 3-11　位测试指令

编号	指令	说明
（33）	TST Rn, Rm	将 Rn 寄存器值逐位与 Rm 寄存器值进行与操作，但不保存所得结果。为测试寄存器 Rn 某位为 0 或 1，将 Rn 寄存器某位置 1，其余位清零。寄存器 Rn、Rm 必须为 R0～R7。该指令根据结果，更新 N、Z 状态标志，但不影响 C、V 状态标志

5. 数据序转指令

数据序转指令如表 3-12 所示。该指令用于改变数据的字节顺序，Rn 为源寄存器，Rd 为目标寄存器，且必须为 R0～R7 之一。REV 指令将 Rn 中 32 位大端数据转为小端或将 32 位小端数据转为大端存放到 Rd 中；REV16 指令将 Rn 中 32 位数据划分成两个 16 位大端数据并将其转为小端存放到 Rd 中，或将 Rn 中 32 位数据划分成两个 16 位小端数据并将其转为大端存放到 Rd 中；REVSH 指令将 16 位带符号大端数据转为 32 位带符号小端数据或将 16 位带符号小端数据转为 32 位带符号大端数据，如图 3-2 所示。这些指令不影响 N、Z、C、V 状态标志。

表 3-12　数据序转指令

编号	指令	说明
（34）	REV　Rd, Rn	将 32 位大端数据转为小端存放，或将 32 位小端数据转为大端存放
（35）	REV16　Rd, Rn	将一个 32 位数据划分成两个 16 位大端数据，将这两个 16 位大端数据转为小端存放；或将一个 32 位数据划分成两个 16 位小端数据，将这两个 16 位小端数据转为大端存放
（36）	REVSH　Rd, Rn	将 16 位带符号大端数据转为 32 位带符号小端数据，或将 16 位带符号小端数据转为 32 位带符号大端数据

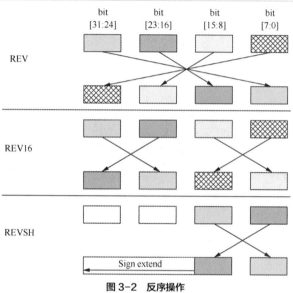

图 3-2　反序操作

6. 扩展类指令

扩展类指令如表 3-13 所示。寄存器 Rm 存放待扩展操作数，寄存器 Rd 为目标寄存器，Rm、Rd 必须为 R0 ~ R7。这些指令不影响 N、Z、C、V 状态标志。

表 3-13　扩展类指令

编号	指令	说明
（37）	SXTB　Rd, Rm	将操作数 Rm 的 bit[7:0]带符号扩展到 32 位，结果保存到 Rd 中
（38）	SXTH　Rd, Rm	将操作数 Rm 的 bit[15:0]带符号扩展到 32 位，结果保存到 Rd 中
（39）	UXTB　Rd, Rm	将操作数 Rm 的 bit[7:0]无符号扩展到 32 位，结果保存到 Rd 中
（40）	UXTH　Rd, Rm	将操作数 Rm 的 bit[15:0]无符号扩展到 32 位，结果保存到 Rd 中

3.2.3　跳转控制类指令

跳转控制类指令如表 3-14 所示，这些指令不影响 N、Z、C、V 状态标志。

表 3-14　跳转控制类指令

编号	指令	跳转范围	说明
（41）	B{cond}　label	−256B ~ +254B	转移到 Label 处对应的地址。可以带（或不带）条件，所带条件见表 3-15（如 BEQ 表示标志位 Z=1 时转移）

编号	指令	跳转范围	说明
（42）	BL　label	−16MB～+16MB	转移到 Label 处对应的地址，并且把转移前的下条指令地址保存到 LR，置寄存器 LR 的 bit[0]为 1，保证随后执行 POP {PC} 或 BX 指令时成功返回分支
（43）	BX　Rm	任意	转移到由寄存器 Rm 给出的地址，寄存器 Rm 的 bit[0]必须为 1，否则会导致硬件故障
（44）	BLX　Rm	任意	转移到由寄存器 Rm 给出的地址，并且把转移前的下条指令地址保存到 LR。寄存器 Rm 的 bit[0]必须为 1，否则会导致硬件故障

跳转控制类指令举例如下，特别注意 BL 用于 ±16MB 以内相对调用子程序。

```
BEQ  label      //条件转移，标志位 Z=1 时转移到 label
BL   func       //调用子程序 funC，把转移前的下条指令地址保存到 LR
BX   LR         //返回到函数调用处
```

B 指令所带条件众多，形成不同条件下的跳转，但只在前 256 至后 254 字节地址范围内跳转。B 指令所带的条件如表 3-15 所示。

表 3-15　跳转指令 B 所带的条件

条件后缀	标志位	含义	条件后缀	标志位	含义
EQ	Z=1	相等	HI	C=1 并且 Z=0	无符号数大于
NE	Z=0	不相等	LS	C=1 或 Z=1	无符号数小于或等于
CS 或者 HS	C=1	无符号数大于或等于	GE	N=V	带符号数大于或等于
CC 或者 LO	C=0	无符号数小于	LT	N!=V	带符号数小于
MI	N=1	负数	GT	Z=0 并且 N=V	带符号数大于
PL	N=0	正数或零	LE	Z=1 并且 N!=V	带符号数小于或等于
VS	V=1	溢出	AL	任何情况	无条件执行
VC	V=0	未溢出			

3.2.4　其他基本指令

未列入数据传输类、数据操作类、跳转控制类的指令，归为其他基本指令这一类，其他基本指令如表 3-16 所示。其中，spec_reg 表示特殊寄存器：APSR、IPSR、EPSR、IEPSR、IAPSR、EAPSR、PSR、MSP、PSP、PRIMASK、CONTROL。

表 3-16 中的中断指令（使能总中断指令"CPSIE　i"，禁止总中断指令"CPSID　i"）为编程必用指令。实际编程时，其由宏函数给出。

表 3-16　其他基本指令

类型	编号	指令	说明
断点指令	（45）	BKPT #imm	如果调试被使能，则进入调试状态（停机）；如果调试监视器异常被使能，则调用一个调试异常，否则调用一个错误异常。处理器忽视立即数 imm，立即数范围为 0～255，表示断点调试的信息。不影响 N、Z、C、V 状态标志
中断指令	（46）	CPSIE　i	除了 NMI，使能总中断，不影响 N、Z、C、V 标志
	（47）	CPSID　i	除了 NMI，禁止总中断，不影响 N、Z、C、V 标志

类型	编号	指令	说明
屏蔽指令	（48）	DMB	数据内存屏蔽（与流水线、MPU 和 cache 等有关）
	（49）	DSB	数据同步屏蔽（与流水线、MPU 和 cache 等有关）
	（50）	ISB	指令同步屏蔽（与流水线、MPU 等有关）
特殊寄存器操作指令	（51）	MRS　Rd, spec_reg1	加载特殊功能寄存器值到通用寄存器。若当前执行模式不为特权模式，除 APSR 寄存器外，读其余所有寄存器值为 0
	（52）	MSR　spe_reg, Rn	存储通用寄存器的值到特殊功能寄存器。Rd 不允许为 SP 或 PC 寄存器，若当前执行模式不为特权模式，除 APSR 外，任何试图修改寄存器的操作均被忽视。影响 N、Z、C、V 标志
空操作	（53）	NOP	空操作，但无法保证能够延迟时间，处理器可能在执行阶段之前就将此指令从线程中移除。不影响 N、Z、C、V 标志
发送事件指令	（54）	SEV	发送事件指令。在多处理器系统中，向所有处理器发送一个事件，也可置位本地寄存器。不影响 N、Z、C、V 标志
操作系统服务调用指令	（55）	SVC　#imm	操作系统服务调用，带立即数调用代码。SVC 指令触发 SVC 异常。处理器忽视立即数 imm，若需要，该值可通过异常处理程序重新取回，以确定哪些服务正在请求。执行 SVC 指令期间，当前任务的优先级大于或等于 SVC 指令调用处理程序时，将产生一个错误。不影响 N、Z、C、V 标志
休眠指令	（56）	WFE	休眠并且在发生事件时被唤醒。不影响 N、Z、C、V 标志
	（57）	WFI	休眠并且在发生中断时被唤醒。不影响 N、Z、C、V 标志

　　下面对两条休眠指令 WFE 与 WFI 做简要说明。这两条指令，均只用于低功耗模式，并不产生其他操作（这一点类似于 NOP 指令）。休眠指令 WFE 执行情况由事件寄存器决定，若事件寄存器为 0，则只有在发生如下事件时才执行：发生异常，且该异常未被异常屏蔽寄存器或当前优先级屏蔽；在进入异常期间，系统控制寄存器的 SEVONPEND 置位[①]；在使能调试模式时，触发调试请求；外围设备（Peripheral Equipment）发出一个事件或在多重处理器系统中另一个处理器使用 SVC 指令。若事件寄存器为 1，WFE 指令请求该寄存器后立刻执行。休眠指令 WFI 执行条件为：发生异常或 PRIMASK.PM 被清零，产生的中断将会先占，或发生触发调试请求（不论调试是否被使能）。

3.3　指令集与机器码对应表

　　本节给出 CM4F 部分指令与机器码对应表，目的是满足一些深入细致的调试分析需要，便于调试分析工作的进行。初学者了解即可。

　　CM4F 处理器部分指令集与机器码的对应关系如表 3-17 所示。"机器码"列中，v 代表 immed_value，n 代表 Rn，m 代表 Rm，s 代表 Rs，r 代表 register_list，c 代表 condition，d 代表 Rd，l 代表 label。机器码均为大端对齐方式，即高位字节在低地址中，这样便于从左到右顺序阅读。

---

① 参见《Armv7-M Architecture Reference Manual》。

表 3-17 指令集与机器码对应表

分类		序号	助记符	指令格式	机器码	实例 指令	实例 机器码
数据传送类指令	取数指令	1	LDR	LDR Rd,[RN,RM]	0101 100m mmnn nddd	LDR r4,[r4,r5]	5964
				LDR Rd,label	0100 1ddd vvvv vvvv	LDR r5,=runpin	4D0A
				LDR Rd,[<RN|SP>{,#imm}]	0110 1vvv vvnn nddd	LDR r1,[r5,#0]	6829
		2	LDRH	LDRH Rd,[Rn{,#imm}]	1000 1vvv vvnn nddd	LDRH r4,[r4,#30]	8be4
				LDRH Rd,[Rn,Rm]	0101 101m mmnn nddd	LDRH r4,[r4,r5]	5b64
		3	LDRB	LDRB Rd,[Rn{,#imm}]	0111 1vvv vvnn nddd	LDRB r4,[r4,#30]	7FA4
				LDRB Rd,[Rn,Rm]	0101 110m mmnn nddd	LDRB r4,[r4,r5]	5D64
		4	LDRSH	LDRSH Rd,[Rn,Rm]V	0101 111m mmnn nddd	LDRSH r4,[r4,r5]	5F64
		5	LDRSB	LDRSB Rd,[Rn,Rm]	0101 011m mmnn nddd	LDRSB r4,[r4,r5]	5764
		6	LDM	LDM Rn{!},Reglist	1100 1nnn rrrr rrrr	LDM r0,{r0,r3,r4}	C819
	存数指令	7	STR	STR Rd,[<RN|SP>{,#imm}]	0110 0vvv vvnn nddd	STR r0,[r5,#4]	6068
				STR Rd,[Rn,Rm]	0101 000m mmnn nddd	STR r0,[r5,r4]	5128
		8	STRH	STRH Rd,[Rn{,#imm}]	1000 0vvv vvnn nddd	STRh r0,[r5,#4]	80A8
				STRH Rd,[Rn,Rm]	0101 001m mmnn nddd	STRh r0,[r5,r4]	5328
		9	STRB	STRB Rd,[Rn{,#imm}]	0111 0vvv vvnn nddd	STRB r0,[r5,#4]	7128
				STRB Rd,[Rn,Rm]	0101 010m mmnn nddd	STRB r0,[r5,r4]	5528
		10	STM	STM Rn!,reglist	1100 0nnn rrrr rrrr	STMIA r0,{r0,r3,r4}	C019
	寄存器间	11	MOV	MOV Rd,Rm	0001 1100 00nn nddd	MOV r1,r2	1C11
		12	MOVS	MOVS Rd,#imm	0010 0ddd vvvv vvvv	MOVS r1,#8	2108
		13	MVN	MVN Rd,Rm	0100 0011 11mm mddd	MVN r1,r3	43D9
	栈操作	14	PUSH	PUSH reglist	1011 010R rrrr rrrr	PUSH {r1}	B402
		15	POP	POP reglist	1011 110R rrrr rrrr	POP {r1}	BC02
	指针	16	ADR	ADR Rd,label	1010 0ddd vvvv vvvv	ADR R3,loop	A303
数据操作类指令	算术运算	17	ADC	ADC {Rd} Rn,Rm	0100 0001 01mm mddd	ADC r2,r3	415A
		18	ADD	ADD {Rd} Rn<Rm|#imm>	0001 100m mmnn nddd	ADD r2,r3	18D2
				ADD Rn,#imm	0011 0ddd vvvv vvvv	ADD r2,#12	320C
				ADD Rd,Rn,#imm	0001 110v vvnn nddd	ADD r2,r3,#1	1C5A
				ADD Rd,Rn,#imm	0001 100m mmnn nddd	ADD r2,r3,r4	191A
		19	RSB	RSB {Rd},Rn,Rm	32 位指令	RSB r5,#2	C5F1 0205
		20	SBC	SBC {Rd,} Rn, Rm	0100 0001 10mm mnnn	SBC R7,R7,R1	418F
		21	SUB	SUB Rd,#imm	0011 1ddd vvvv vvvv	SUB r4,#1	3C01
				SUB Rd,Rn,#imm	0001 111v vvnn nddd	SUB r3,r4,#1	1E63
				SUB Rd,Rn,Rm	0001 101m mmnn nddd	SUB r3,r4,r1	1A63
		22	MUL	MUL Rd,Rn,Rm	0100 0011 01mm mddd	MUL r1,r2,r1	4351
		23	CMN	CMN Rn,Rm	0100 0010 11mm mnnn	CMN r1,r2	42D1
		24	CMP	CMP Rn,#imm	0010 1nnn vvvv vvvv	CMP r4,#1	2C01
				CMP Rn,Rm	0100 0010 10mm mnnn	CMP r4,r1	428C

分类		序号	助记符	指令格式		机器码	实例	
							指令	机器码
数据操作类指令	逻辑运算	25	AND	AND	{Rd,}Rn,Rm	0100 0000 00mm mddd	AND r1,r2	4011
		26	ORR	ORR	{Rd,}Rn,Rm	0100 0011 00mm mddd	ORR r1,r2	4311
		27	EOR	EOR	{Rd,}Rn,Rm	0100 0000 01mm mddd	EOR r1,r2	4051
		28	BIC	BIC	{Rd,}Rn,Rm	0100 0011 10mm mddd	BIC r1,r2	4391
	移位	29	ASR	ASR	{Rd,}Rm,Rs	0100 0001 00ss smmm	ASR r3,r3,r5	412B
				ASR	{Rd,}Rm,#imm	0001 0vvv vvmm mddd	ASR r7,r5,#6	11AF
		30	LSL	LSL	{Rd,}Rm,Rs	0100 0000 10ss smmm	LSL r5,r6	40B5
				LSL	{Rd,}Rm, #imm	0000 0vvv vvmm mddd	LSL r5,r6,#6	01B5
		31	LSR	LSR	{Rd,}Rm,Rs	0100 0000 11ss sddd	LSR r5,r6	40F5
				LSR	{Rd,}Rm, #imm	0000 1vvv vvmm mddd	LSR r5,r6,#6	09B5
		32	ROR	ROR	{Rd,}Rm,Rs	0100 0001 11ss sddd	ROR r5,r6	41F5
	位测试	33	TST	TST	Rn,Rm	0100 0010 00mm mnnn	TST r1,r2	4211
	数据序转	34	REV	REV	Rd,Rn	1011 1010 00nn nddd	REV r1,r2	BA11
		35	REV16	REV16	Rd,Rn	1011 1010 01nn nddd	REV16 r3,r3	BA5B
		36	REVSH	REVSH	Rd,Rn	1011 1010 11nn nddd	REVSH r4,r3	BADC
	扩展	37	SXTB	SXTB	Rd,Rm	1011 0010 01mm mddd	SXTB r4,r3	B25C
		38	SXTH	SXTH	Rd,Rm	1011 0010 00mm mddd	SXTH r4,r3	B21C
		39	UXTB	UXTB	Rd,Rm	1011 0010 11mm mddd	UXTB r4,r3	B2DC
		40	UXTH	UXTH	Rd,Rm	1011 0010 10mm mddd	UXTH r4,r3	B29C
跳转类指令		41	B	B	label	1110 0vvv vvvv vvvv	B loop	E006
				B{cond}	label	1101 cccc vvvv vvvv	BNE loop	D106
		42	BL	BL	label	32 位指令	BL loop	F807 F000
		43	BX	BX	Rm	0100 0111 00mm m000	BX r1	4708
		44	BLX	BLX	Rm	0100 0111 10mm m000	BLX r1	4788
其他基本指令		45	BKPT	BKPT	#imm	1011 1110 vvvv vvvv	BKPT	BE00
		46	CPSIE	CPSIE	i	1011 0110 0110 0010	CPSIE i	B662
		47	CPSID	CPSID	i	1011 0110 0111 0010	CPSID i	B672
		48	DMB	DMB		32 位指令	DMB	F3BF 8F5F
		49	DSB	DSB		32 位指令	DSB	F3BF 8F4F
		50	ISB	ISB		32 位指令	ISB	F3BF 8F6F
		51	MRS	MRS	Rd,spec_reg1	32 位指令	MRS R5,PRIMASK	F3EF 8510
		52	MSR	MSR	spec_reg,Rn	32 位指令	MSR PRIMASK,R5	F385 8810
		53	NOP	NOP			NOP	46C0
		54	SEV	SEV		1011 1111 0100 0000	SEV	BF40
		55	SVC	SVC	#imm	1101 1111 vvvv vvvv	SVC #12	DF0C
		56	WFE	WFE		1011 1111 0010 0000	WFE	BF20
		57	WFI	WFI		1011 1111 0011 0000	WFI	BF30

以上是部分指令对应的机器码，读者还可以通过对指令进行汇编，自行查看.lst 文件对应指令的机器码。基本方法是：将指令按照正确的格式进行书写，写入 main 函数中进行汇编，汇编结束后查看.lst 文件，最后找到指令对应的十六进制机器码。注意，由于芯片不同，这里可能存在大端小端的问题，本表给出的是大端格式，在记录时注意改成小端格式并换算成二进制。注意须对每个变量取不同的值，多次进行汇编记录，然后找出规律，确定每个变量变化所改变的机器码的部分，从而完全确定这个指令所对应的机器码。

3.4 GUN 汇编器的基本语法

本书给出的所有样例程序，均是在 AHL-GEC-IDE 开发环境下实现的，AHL-GEC-IDE 内嵌 GNU v4.9.3 汇编器[①]，汇编语言格式满足 GNU 汇编语法，下面简称其为 Arm-GUN 汇编。为了有助于解释涉及的汇编指令，下面将介绍一些汇编语法的基本信息[②]。

3.4.1 汇编语言概述

能够在计算机内部直接执行的指令序列是二进制描述的机器码，显示时通常为十六进制。最初，人们就用它书写程序，存储到计算机存储器中，交由计算机执行，这就是第一代计算机语言，即机器语言。由于记忆起来极其困难，因此人们改用助记符来表示机器指令以便于记忆，前面给出的指令均是用助记符书写的。人们利用助记符代替机器指令的操作码，用标号代替指令及操作数的地址，这就形成了汇编语言（Assembly Language）。它是介于机器语言与高级语言之间的计算机语言，被人们称为第二代计算机语言。

但是，用汇编语言写成的程序不能直接放入计算机内部的存储器中去执行，必须先转为机器语言。把用汇编语言写成的源程序"翻译"成机器语言的工具称为汇编程序或汇编器（Assembler），以下统称作汇编器。

汇编语言源程序可以用通用的文本编辑软件编辑，以文本形式存盘。不同的汇编器中的汇编语言源程序的格式有所区别。同时，汇编器除了识别计算机指令系统外，为了能够正确地产生目标代码以及方便汇编语言的编写，还提供了一些在汇编时使用的命令和操作符号。在编写汇编程序时，也必须正确使用它们。由于汇编器提供的指令仅是对把汇编语言源程序"翻译"成机器码工作的辅助，并不产生运行阶段执行的机器码，因此这些指令被称为伪指令（Pseudo Instruction）。例如，伪指令会告诉汇编器从哪里开始汇编，到何处结束，汇编后的程序如何放置等相关信息。当然，这些相关信息必须包含在汇编源程序中，否则汇编器就难以汇编好源程序，难以生成正确的目标代码。

3.4.2 GUN 汇编书写格式

汇编语言源程序以行为单位进行设计，每一行最多可以包含以下 4 部分。

标号：	操作码	操作数	注释

---

① GNU. C 语言编译器（GNU C Compiler,GCC），原本只能处理 C 语言。GCC 很快地扩展，变得可处理 C++。后来又扩展到能够支持更多编程语言，如 Fortran、Pascal、Objective-C、Java、Ada、Go 以及各类处理器架构上的汇编语言等，所以改名 GNU 编译器套件（GNU Compiler Collection）。

② 参见《GNU 汇编语法》。

1. 标号（Label）

标号表示地址位置，是可选的。有些指令的前面可能会有标号，通过这个标号可以得到指令的地址，如在跳转语句转移的位置前就应该加标号。标号也可以用于表示数据地址，如在字符串前可以放一个标号来表示该字符串的首地址，这个标号有点类似 C 语言中的数组名。

对于标号有下列要求及说明。

（1）如果一个语句有标号，则标号必须书写在汇编语句的开头部分；标号后必须带冒号":"；标号是区别字母大小写的，但指令不区分字母大小写；一个标号在一个文件（程序）中只能定义一次，否则其会被视为重复定义，不能通过汇编；一行语句只能有一个标号，代表当前指令的存储地址。

（2）可以组成标号的字符有英文大小写字母、数字 0～9、下划线 "_"、美元符号 "$"，但第一个符号不能为数字或$。

（3）标号长度基本上不受限制，但实际使用时最好不要超过 20 个字符。若希望标号能被更多的汇编器识别，建议标号（或变量名）的长度小于 8 个字符。

2. 操作码（Opcodes）

操作码可以是指令和伪指令，其中伪指令是指 Arm-GUN 汇编器可以识别的伪指令（详见 "3.4.3 节" 内容）。对于有标号的行，必须用至少一个空格或制表符（即 TAB 键）将标号与操作码隔开。对于没有标号的行，不能从第一列开始写指令码，应以空格或制表符开头。汇编器不区分操作码中字母的大小写。

3. 操作数（Operands）

操作数可以是地址、标号或指令码定义的常数，也可以是由表 3-18 所列出的伪运算符构成的表达式。若一条指令或伪指令有操作数，则操作数与操作码之间必须用空格隔开书写。操作数多于一个时，操作数之间用英文逗号 "," 分隔。操作数中一般都有一个存放结果的寄存器，这个寄存器位于操作数的最前面。

表 3-18　Arm-GUN 汇编器识别的伪运算符

运算符	功能	类型	实例	
+	加法	二元	mov　r3,#30+40	等价于 mov　r3,#70
−	减法	二元	mov　r3,#40−30	等价于 mov　r3,#10
*	乘法	二元	mov　r3,#5*4	等价于 mov　r3,#20
/	除法	二元	mov　r3,#20/4	等价于 mov　r3,#5
%	取模	二元	mov　r3,#20%7	等价于 mov　r3,#6
||	逻辑或	二元	mov　r3,#1||0	等价于 mov　r3,#1
&&	逻辑与	二元	mov　r3,#1&&0	等价于 mov　r3,#0
<<	左移	二元	mov　r3,#4<<2	等价于 mov　r3,#16
>>	右移	二元	mov　r3,#4>>2	等价于 mov　r3,#1
^	按位异或	二元	mov　r3,#4^6	等价于 mov　r3,#2
&	按位与	二元	mov　r3,#4^2	等价于 mov　r3,#0
|	按位或	二元	mov　r3,#4|2	等价于 mov　r3,#6
==	等于	二元	mov　r3,#1==0	等价于 mov　r3,#0

运算符	功能	类型	实例	
!=	不等于	二元	mov r3,#1!=0	等价于 mov r3,#1
<=	小于等于	二元	mov r3,#1<=0	等价于 mov r3,#0
>=	大于等于	二元	mov r3,#1>=0	等价于 mov r3,#1
+	正号	一元	mov r3,#+1	等价于 mov r3,#1
–	负号	一元	ldr r3,= −325	等价于 ldr r3,=0xfffffebb
~	取反运算	一元	ldr r3,=~325	等价于 ldr r3,= 0xfffffeba
>	大于	一元	mov r3,#1>0	等价于 mov r3,#1
<	小于	一元	mov r3,#1<0	等价于 mov r3,#0

关于操作数，有以下几点补充说明。

（1）圆点"."的用法。若圆点"."单独出现在语句的操作码之后的操作数位置上，则代表当前程序计数器的值被放置在圆点的位置。例如：b .指令代表转向本身，相当于永久循环，在调试时若希望程序停留在某个地方，则可以添加这种语句，调试之后应删除。

（2）操作数中常数的进制表示：十进制（默认不需要前缀标识）、十六进制（前缀标识 0x）、二进制（前缀标识 0b）。

（3）立即数的表示方法：常数前添加"#"时表示一个立即数，不加"#"时表示一个地址；当立即数大于或等于 256 时，若使用 LDR 指令，则立即数前应加"="。需要注意的是，初学时常常会将立即数前的"#"遗漏，汇编器识别不到这种错误，且只有在只能使用立即数的指令时，汇编器才会提示错误。

```
mov     r3, 1     //给寄存器 r3 赋值为 1（这个语句是错误的）
```

汇编时会提示"immediate expression requires a # prefix – ' mov r3,1' "，故其应该改为：

```
mov     r3,#1     //寄存器 r3 赋值为 1（这个语句是正确的）
```

4．注释（Comments）

注释即说明文字，是对汇编指令的作用和功能进行解释，有助于对指令的理解，可以采用单行边注释和整行注释，建议使用"//"引导。以 "/*"开始和"*/"结束的注释用于保留调试时屏蔽语句行。

3.4.3　GUN 汇编常用伪指令

不同集成开发环境下的伪指令不同。伪指令书写格式与所使用的汇编器有关，读者可参照具体的工程样例"照葫芦画瓢"。

伪指令主要有常量、宏的定义、条件判断、文件包含等，在 Arm-GUN 下，所有的伪指令都是以"."开头的。

1．系统预定义的段

汇编语言程序在经过汇编和链接之后，最终生成可执行文件。.elf 可执行文件是以段为单位来组织文件的，通常划分为.text、.data 和.bss 等段。其中，.text 是只读的代码段，是程序存放的地方，实际代码存储在 flash 区；.data 是可读可写的数据段，而.bss 则是可读可写且没有初始化的数据段，启动时会清零，两者都是用来存放变量的，实际数据存储在 RAM 区。这些段分别从哪个地址开始，这在链接文件中会指明。

```
.data        //已初始化的数据段
.bss         //未初始化的数据段
.text        //代码段
```

2. 常量的定义

在汇编程序中使用常量定义，能够提高程序代码的可读性，并且可使代码维护更加简单。常量的定义可以使用.equ 或.set 伪指令，其格式如下。

```
.equ(或.set)   常量名,表达式
```

下面是 GNU 汇编器的一个常量定义的例子。

```
.equ _NVIC_ICER, 0xE000E180 //定义常量名_NVIC_ICER=0xE000E180
LDR  R0,=_NVIC_ICER          //将常量名_NVIC_ICER的值0xE000E180放到R0中
.set ROM_size, 128 * 102     //定义常量 ROM_size
```

3. 数据定义

类似高级语言可以有不同的数据类型，在汇编语言中也允许有字、半字、字节、字符串等数据类型，其伪指令如表 3-19 所示。

表 3-19　数据定义伪指令

数据类型	长度	举例	备注
.word	字（4 字节）	.word 0x12345678	定义多个数据时，数据间用 "," 隔开
.hword	半字（2 字节）	.hword 0x1234	定义多个数据时，数据间用 "," 隔开
.byte	字节（1 字节）	.byte 0x12	定义多个数据时，数据间用 "," 隔开
.ascii	字符串	.ascii "hello\n\0"	定义的字符串不以 "\0" 结尾，要自行添加 "\0"
.asciz 或.string	字符串	.asciz "hello\n"	定义的字符串以 "\0" 结尾

在定义一个数据类型之前，一般会给一个标号（相当于 C 语言中的变量名或数组名），该标号表示这个数据的起始地址，然后利用这个标号通过直接寻址方式就可以访问到这个数据，具体用法如下。

```
LDR R3,=NUMNER        //得到 NUMNER 的存储地址
LDR R4,[R3]           //将 0x123456789 读到 R4 中

    ……
    LDR R0,=HELLO_TEXT //得到 HELLO_TEXT 的起始地址
    BL  PrintText      //调用 PrintText 函数以显示字符串
    ……
    ALIGN 4
NUMNER:
```

```
        .word  0x123456789
HELLO_TEXT:
        .asciz "hello\n"                //以'\0'结束的字符
```

4. 条件伪指令

.if 条件伪指令后面紧跟着一个恒定的表达式（即该表达式的值为真），并且最后要以.endif 结尾。中间如果有其他条件，可以用.else 填写汇编语句。其格式如下。

```
.ifdef 表达式       //当表达式为真时，执行代码 1
    代码 1
.else              //否则，表示表达式为假，执行代码 2
    代码 2
.endif
```

5. 文件包含伪指令

类似高级语言中的文件包含一样，在汇编语言中也可以使用".include"进行文件包含。.include 是一个附加文件的链接指示命令，利用它可以把另一个源文件插入当前的源文件一起汇编，成为一个完整的源程序。其格式如下。

```
        .include "filename"
```

其中，filename 是一个文件名（以.s 或.inc 为扩展名），可以包含文件的绝对路径或相对路径，建议同一工程的相关文件统一放到同一个文件夹中，更多的时候使用相对路径。具体例子参见第 4 章的第一个汇编实例程序。

6. 其他常用伪指令

除了上述的伪指令外，GNU 汇编还有其他常用的伪指令。

（1）.section 伪指令：用户可以通过.section 伪指令来自定义一个段。

格式：.section <段名>{,"<标志>"}

其中，标志可选 a（允许段）、w（可写段）和 x（执行段）。

```
    .section .isr_vector, "a"  //定义一个.isr_vector 段，"a"表示允许段
```

（2）.global 伪指令：可以用来定义一个全局符号。

格式：.global   symbol,

```
    .global  main    //定义一个全局符号 main
```

（3）.extern 伪指令：声明一个外部函数，调用的时候可以遍访所有文件以找到该函数，并且使用它。

格式：.extern   symbol,

```
    .extern  main    //声明 main 为外部函数
    bl  main         //调用 main 函数
```

（4）.align 伪指令：可以通过添加填充字节，使当前位置满足一定的对齐方式。

格式：.align [exp[, fill]]，其中，exp 的取值必须是 2 的幂指数，$2^0 \sim 2^{31}$ 都是合法的，表示下一条指令或数据对齐至 exp 个字节地址。若未指定，则将当前位置对齐到下一个字的位置，fill 指出为对齐而填充的字节值，其可省略，默认为 0x00。

> .align 2 //确保下一条指令或数据对齐到 2 字节地址

（5）.end 伪指令：声明汇编文件的结束。

此外，还有有限循环、宏定义和宏调用等伪指令，需要深入了解的读者，可以参见《GNU 汇编语法》。

3.5 习题

（1）通过汇编环境，写出以下指令的机器码。

    ① ADD   r5,#20   ② AND   r6,r7   ③ BX   r2

（2）若 r2=0x1234，r3=0x5678，r5=0x9A4B，当源寄存器采用大端格式或小端格式时，分别写出以下指令执行后目标寄存器的值。

    ① REV   r1,r2   ② REV16   r3,r3   ③ REVSH   r4,r5：r4=0xFFB4

（3）写出把存储器的一个地址（label1）中的数据存储到另一个地址（label2）的指令代码。

（4）写出指令代码，判断 r1 第 3 位是否为 0，若为 0，则将其转到 label1。

（5）若 r2=80000001H，r3=90000005H，N、Z、C 和 V 标志位的值都为 0，则写出以下指令执行后 r2 的结果，并指出 N、Z、C 和 V 标志位的值。

    ① ADC   r2,r3   ② SUB   r2,r3   ③ LSR   r2,r3,#3

（6）若 sp=20002000H，r1=1234H，r2=5678H，r3=9ABCH，r4=DEF0，则试说明执行下面指令后，sp、r5 和 r6 各等于多少，并画图指出堆栈中各单元的内容。

    push {r1-r4}

    pop {r5,r6}

04 chapter

汇编语言框架

　　汇编语言通常被应用在底层硬件操作和要求较高的程序优化场合，如硬件驱动程序、操作系统以及对程序运行实时性要求较高的场合。如果想要从底层透明地理解微型计算机运行的基本原理，则需要打好利用汇编语言进行简单程序设计的基础。很多人认为汇编语言难以掌握，实际上只要掌握了基本方法，规范编程，勤于实践，就会发现它没有那么难。

为了降低学习难度，本节以 3.4.1 节汇编语言概述为基础，直接运行一个汇编语言模板帮助读者初步了解其运行过程，随后在各节中阐述主要知识点。

本章的汇编工程按照软件工程的基本思想和构件化的设计原则，介绍了汇编工程框架模板（详见"4.2.1 节"介绍），读者可以利用该模板进行快速的汇编语言程序开发。下面首先介绍本工程框架实现的方法，然后提供 main 函数完整的代码注释，最后对 main 函数中的相关指令进行说明。

1. 工程框架实现的方法

按照 AHL-GEC-IDE 安装及基本使用指南（可从人邮教育社区获取）中介绍的方法打开汇编工程框架模板"Exam4_1"，该汇编工程主要实现对 GPIO（控制小灯）、串口（输出信息）等外设初始化，使能串口接收中断、每秒切换一次红灯的亮暗。将其汇编后下载到目标板上，一方面可以在目标板上观察到红灯每隔 1s 亮暗一次的现象，另一方面可在串口更新界面中看到程序运行的信息，并且可对红灯的亮暗进行计数，具体运行结果如图 4-1 所示。为了帮助读者更好地理解汇编工程，我们也提供了一个与汇编工程具有相同功能的 C 语言工程，详见"Exam4_1_C"工程。

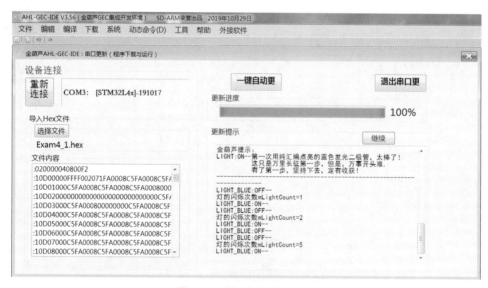

图 4-1 汇编工程模板运行结果

2. main 函数完整代码注释

```
//================================================================
//文件名称：main.s
//功能概要：汇编编程调用 GPIO 构件控制小灯闪烁（利用 printf 输出提示信息）
//版权所有：SD-Arm(sumcu.suda.edu.cn)
//版本更新：20180810-20191022
```

```
//================================================================
.include "include.inc"          //总头文件, 只包含 user.inc
//（0）数据段与代码段的定义
//（0.1）定义数据存储从 data 段开始，实际数据存储在 RAM 中
.section .data
//（0.1.1）定义需要输出的字符串，标号为字符串首地址，\0 为字符串的结束标志
hello_information:              //字符串标号
    .ascii "---------------------------------------------------\n"
    .ascii "金葫芦提示：                                        \n"
    .ascii "LIGHT:ON--第一次用纯汇编点亮的蓝色发光二极管, 太棒了!   \n"
    .ascii "          这只是万里长征第一步，万事开头难，          \n"
    .ascii "          有了第一步，坚持下去，定有收获!             \n"
    .ascii "---------------------------------------------------\n\0"
data_format:
    .ascii "%d\n\0"                     //printf 使用的数据格式控制符
light_show1:
    .ascii "LIGHT_BLUE:ON--\n\0"         //灯亮状态提示
light_show2:
    .ascii "LIGHT_BLUE:OFF--\n\0"        //灯暗状态提示
light_show3:
    .ascii "灯的闪烁次数 mLightCount=\0"    //灯亮状态提示
//（0.1.2）定义变量
.align 4                    //.word 格式 4 字节对齐
mMainLoopCount:            //定义主循环次数变量
    .word 0
mFlag:                     //定义灯的状态标志, 1 为亮, 0 为暗
    .byte 'A'
.align 4
mLightCount:               //定义灯亮的次数
    .word 0
.equ MainLoopNUM,5566770   //主循环次数设定值（常量）

//（0.2）定义代码存储从 text 段开始，实际代码存储在 Flash 中
.section   .text
.syntax unified            //指示下方指令为 Arm 和 Thumb 的通用格式
.thumb                     //Thumb 指令集
.type main function        //声明 main 为函数类型
.global main               //将 main 定义成全局函数, 便于芯片初始化后调用
.align 2                   //指令和数据采用 2 字节对齐, 兼容 Thumb 指令集
//----------------------------------------------------------------
```

```
//声明使用到的内部函数
//main.c 使用的内部函数声明处
//----------------------------------------------------------------
//主函数，一般情况下可以认为程序从此开始运行（实际上有启动过程）
main:
//（1）======启动部分（开头）主循环前的初始化工作======================
//（1.1）声明 main 函数使用的局部变量
//（1.2）【不变】关总中断
    cpsid i
//（1.3）给主函数使用的局部变量赋初值
//（1.4）给全局变量赋初值
//（1.5）用户外设模块初始化
//   初始化蓝灯，r0、r1、r2 是 gpio_init 的入口参数
    ldr r0,=LIGHT_BLUE     //r0←端口和引脚（用=是因为常量>=256，且要用
                           //ldr 指令）
    mov r1,#GPIO_OUTPUT    //r1←引脚方向为输出
    mov r2,#LIGHT_ON       //r2←引脚的初始状态为亮
    bl  gpio_init          //调用 gpio_init 初始化函数
//（1.6）使能模块中断
//（1.7）【不变】开总中断
    cpsie  i
    ldr r0,=hello_information    //r0=待显示字符串
    bl  printf                   //调用 printf 显示字符串
    //bl .   //在此打桩（.表示当前地址），思考发光二极管为何亮起来了？
//（1）======启动部分（结尾）==================================
//（2）======主循环部分（开头）==================================
main_loop:                        //主循环标签（开头）
//（2.1）主循环次数变量 mMainLoopCount+1
    ldr r2,=mMainLoopCount        //r2←mMainLoopCount 的地址
    ldr r1, [r2]
    add r1,#1
    str r1,[r2]
//（2.2）未达到主循环次数设定值，继续循环
    ldr r2,=MainLoopNUM
    cmp r1,r2
    blO main_loop                 //未达到主循环次数设定值，继续循环
//（2.3）达到主循环次数设定值，执行下列语句，进行灯的亮暗处理
//（2.3.1）清除循环次数变量
    ldr r2,=mMainLoopCount        //r2←mMainLoopCount 的地址
    mov r1,#0
```

```
    str r1,[r2]
//（2.3.2）若灯的状态标志 mFlag 为'L'，则灯的闪烁次数+1 并显示，改变灯的状态及标志，
    //判断灯的状态标志
    ldr r2,=mFlag
    ldr r6,[r2]
    cmp r6,#'L'
    bne main_light_off          //mFlag 不等于'L'
    //mFlag 等于'L'情况
    ldr r3,=mLightCount          //灯的闪烁次数 mLightCount+1
    ldr r1,[r3]
    add r1,#1
    str r1,[r3]
    ldr r0,=light_show3          //显示"灯的闪烁次数 mLightCount="
    bl printf

    ldr r0,=data_format          //显示灯的闪烁次数值
    ldr r2,=mLightCount
    ldr r1,[r2]
    bl printf
    ldr r2,=mFlag                //灯的状态标志改为'A'
    mov r7,#'A'
    str r7,[r2]
    ldr r0,=LIGHT_BLUE           //亮灯
    ldr r1,=LIGHT_ON
    bl gpio_set
    ldr r0, =light_show1         //显示灯亮提示
    bl printf
    //mFlag 等于'L'情况处理完毕
    b main_exit
//（2.3.3）若灯的状态标志 mFlag 为'A'，则改变灯状态及标志
main_light_off:
    ldr r2,=mFlag                //灯的状态标志改为'L'
    mov r7,#'L'
    str r7,[r2]
    ldr r0,=LIGHT_BLUE           //暗灯
    ldr r1,=LIGHT_OFF
    bl gpio_set
    ldr r0, =light_show2         //显示灯暗提示
    bl printf
main_exit:
    b main_loop                  //继续循环
```

```
//（2）======主循环部分（结尾）=============================================
.end            //整个程序结束标志（结尾）
```

3. 有关 main 函数中相关指令的说明

（1）字符串的定义方法

为了将程序的运行信息以直观的方式显示出来，必须将这些需要打印的信息定义成字符串，在字符串定义前一般会给出一个标号，它代表字符串的首地址。字符串的定义有 3 种方法：第一种方法是使用".ascii"定义字符串，这种方式定义的字符串不会自动在末尾添加"\0"，因此为了让字符串结束必须手动添加"\0"；第二种方法是使用".asciz"定义字符串，这种方式定义的字符串会自动在末尾添加"\0"；第三种方法是使用".string"定义字符串，它与第二种方法一样。为了使下一次显示的内容能从新的一行开始，一般在定义字符串时会在其末尾加上"\n"，起到换行的作用。第一种方法常用于一次性输出多行字符串的场合，而第二、第三种方法一般用于输入一行字符串的情况。

```
light_show1:
    .ascii  "LIGHT_BLUE:ON--\n\0"        //第一种方法定义字符串，要自行添加\0
light_show2:
    .asciz  "LIGHT_BLUE:ON--\n"          //与第一种方法的效果一样
light_show3:
    .string "LIGHT_BLUE:ON--\n"          //与第一种方法的效果一样
```

【练习 4-1】 上机练习，将工程中的 light_show2 标号对应的字符串改为用 asciz 定义，将 light_show3 标号对应的字符串改为用 string 定义。

（2）变量的定义

在程序中不可避免地会使用变量。在汇编语言中，变量名实际上是一个标号，它代表了变量的地址。变量的类型有字、半字、字节等。因此，当要同时定义多种不同类型的变量时，要在变量定义前指明对齐格式，否则会影响变量的存储。

```
.align 4                  //.word 格式 4 字节对齐
mMainLoopCount:           //定义主循环次数变量
    .word 0               //字类型
mFlag:                    //定义灯的状态标志，1 为亮，0 为暗
    .byte 'A'             //字节类型
.align 4
mLightCount:
    .word 0               //字类型
```

如何获得变量的值或将新的值存入变量中呢？一般是先将变量的地址存入寄存器中，然后通过寄存器间接寻址方式取出变量的值或将值存入变量中。

```
ldr  r2,=mMainLoopCount  //r2←变量 mMainLoopCount 的地址
ldr  r1, [r2]            //取变量的值
add  r1,#1
```

```
     str   r1,[r2]                    //新的值存入变量中
```

【练习 4-2】 上机练习，自行定义一个半字类型的数据，并在主程序中将它输出。

（3）常量的定义

为了使程序能有更好的可移植性，有时会在汇编语言中定义一些常量，它相当于 C 语言的宏定义，可以使用 ".equ" 或 ".set" 来定义常量。常量有两种使用方法：一种是当常量小于或等于 256 时，在常量前加 "#"；另一种是当常量大于 256 时，在常量前加 "="。

```
     .equ MainLoopNUM,556677        //主循环次数设定值（常量）
     .set MainNum,123
```

（4）函数调用方法

在使用汇编语言编程过程中，函数的定义不像高级语言那样可以显式地给出参数的类型、个数、顺序以及返回值的类型等，它对参数有如下规定：当参数个数小于或等于 4 时，通过寄存器 r0 ~ r3 来传递参数（r0 对应第 1 个参数，r1 对应第 2 个参数，r2 对应第 3 个参数，r3 对应第 4 个参数）；当参数个数超过 4 时，超过的参数可以使用堆栈来传递参数，但入栈的顺序要与参数的顺序相反；所有参数被看作存放在连续的内存字单元的字数据，它对函数返回结果有以下要求：结果为一个 32 位整数时，可以通过寄存器 r0 返回；结果为一个 64 位整数时，可以通过寄存器 r0 和 r1 返回。

① printf 函数的调用方法

为了能将提示信息（字符串）、变量值、常量值等内容打印出来，帮助读者更加直观、更好地理解程序的运行，我们设计了 printf 函数，它具有类 PC 的调试功能。对于字符串的输出，只须将待显示字符串的首地址作为参数存入 r0，然后再通过 bl 指令调用 printf 函数，就可以显示提示信息了；对于需要显示的数值或地址值，则须将数据显示格式控制符%d（十进制格式）或%x（十六进制格式）作为第一个参数存入 r0，把待显示的数值或地址值作为第二个参数存入 r1，然后再通过 bl 指令调用 printf 函数，就可以显示值了。

```
     ldr   r0,=hello_information   //r0=待显示字符串的首地址
     bl    printf                  //调用 printf 显示字符串
     ldr   r0,=data_format         //r0=数据显示格式控制符
     ldr   r2,=mLightCount         //r2←变量 mLightCount 的地址
     ldr   r1,[r2]                 //r1←变量 mLightCount 的值
     bl    printf
```

② GPIO 构件的调用方法

在本程序中涉及 GPIO 构件中的初始化函数 gpio_init 和灯的设置函数 gpio_set。gpio_init 函数涉及 3 个参数，第 1 个参数为灯所接的引脚要存入 r0，第 2 个参数为引脚方向要存入 r1，第 3 个参数为引脚的状态要存入 r2。gpio_set 函数涉及两个参数，第 1 个参数为灯所接的引脚要存入 r0，第 2 个参数为引脚的状态要存入 r1。

```
     ldr   r0,=LIGHT_BLUE  //r0←端口和引脚（用=是因为常量>=256，且要用 ldr 指令）
     mov   r1,#GPIO_OUTPUT //r1←引脚方向为输出
     mov   r2,#LIGHT_ON    //r2←引脚的初始状态为亮
     bl    gpio_init       //调用 gpio_init 初始化函数
```

```
ldr    r0,=LIGHT_BLUE  //亮灯
ldr    r1,=LIGHT_ON
bl     gpio_set
```

（5）打桩调试

在使用汇编语言程序编程时，难免会出现一些语法和语义上的错误，使程序在汇编时通不过。为了能快速找到错误，常采用打桩调试的方法进行定位排除，即在可能出错的语句前加上"bl ."指令（"."表示当前指令的地址，该指令相当于高级语言中的无限死循环）进行打桩。当执行到该指令时程序就会停止，此时我们就可以观察程序的执行情况，并以此来判断程序的错误。

```
bl .    //根据需要可以在不同位置打桩(.表示当前地址)，打桩调试后要将该指令注释掉
```

4. 有关头文件的说明

（1）总头文件

总头文件 include.inc 位于 07_NosPrg 文件夹下，它只包含 user.inc 一个头文件，是为了与C 语言工程框架保持一致而保留的。

（2）用户头文件

用户头文件 user.inc 位于 05_UserBoard 文件夹下，它包含各类与引脚和外设相关参数有关的常定义，是为了主程序和中断处理程序的可移植性而设置的。

```
//================================================================
//文件名称: user.inc
//功能概要: 包含工程中用到的头文件
//版权所有: SD-Arm(sumcu.suda.edu.cn)
//版本更新: 2019-09-01 V1.0
//================================================================
.include "gpio.inc"              //包含 GPIO 构件头文件
//指示灯端口及引脚定义
.equ LIGHT_RED,(PTB_NUM|7)       //红色 RUN 灯使用的端口/引脚
.equ LIGHT_GREEN,(PTB_NUM|8)     //绿色 RUN 灯使用的端口/引脚
.equ LIGHT_BLUE,(PTB_NUM|9)      //蓝色 RUN 灯使用的端口/引脚
//灯状态宏定义（灯亮、灯暗对应的物理电平由硬件接法决定）
.equ LIGHT_ON,0                  //灯亮
.equ LIGHT_OFF,1                 //灯暗
//串口宏定义
.equ UARTA, 2   //TX 引脚: GEC_10; RX 引脚: GEC_8(板上标识 uart0)
.equ UARTB, 1   //未引出（请勿使用）
.equ UARTC, 3   //TX 引脚: GEC_14; RX 引脚: GEC_13(板上标识uart2)，用于程序
                //更新 User 中无法使能接收中断
.equ UART_USER,  UARTA           //TX 引脚: GEC_10; RX 引脚: GEC_8
.equ UART_printf, UARTC          //UARTC 重定义为 UART_printf
```

```
//宏定义相关数据
.equ DELAY_NUM,1000000      //延时数（约1s），控制小灯闪烁频率
.equ UART_BAUD,115200       //串口波特率
//myprintf 重定义
.equ printf, myprintf
```

（3）其他头文件

其他头文件包括与 MCU 相关的底层硬件构件的头文件、与目标板相关的应用构件的头文件以及与应用相关的软件构件的头文件，各类构件的头文件要按照"分门别类、各有归处"的原则进行存放。

4.2 汇编工程框架及执行工程分析

本节以"Exam4_1"工程为例，阐述 STM32CubeIDE1.0.0 环境下 STM32 工程的组织及执行过程。若使用其他开发环境，也同样可以使用该工程框架。

嵌入式系统工程包含若干文件，如程序文件、头文件、与调试相关的文件、工程说明文件、开发环境生成文件等，文件数量众多。合理组织这些文件，规范工程组织，可以提高项目的开发效率、提高阅读清晰度、提高可维护性、降低维护难度。工程组织应体现嵌入式软件工程的基本原则与基本思想。这个工程框架也可被称为软件最小系统框架，因为它包含工程的最基本要素。软件最小系统框架是能够点亮一个发光二极管的，甚至带有串口调试构件，包含工程规范完整要素的可移植与可复用的工程模板。

4.2.1 汇编工程框架的基本内容

图 4-2 所示为以"Exam4_1"工程为例的树形工程结构模板，其物理组织与逻辑组织一致。该模板是 SD-Arm 在 STM32CubeIDE1.0.0 环境下开发的，是以 Arm Cortex-M4F 系列 MCU 为应用工程而设计的。

01_Doc	<文档文件夹>
02_CPU	<CPU 文件夹>
03_MCU	<MCU 文件夹>
04_GEC	<GEC 相关文件夹>
05_UserBoard	<用户板文件夹>
06_SoftComponent	<软件构件文件夹>
07_NosPrg	<无操作系统源程序文件夹>

图 4-2　工程结构文件夹基本含义

该工程模板与 STM32CubeIDE1.0.0 提供的工程模板相比，简洁易懂，省略了一些初学者不易理解或不必要的文件。同时，该工程模板采用嵌入式软件工程的基本思想和构件的基本设计原则，对程序结构进行了改进，重新分类组织了工程，目的是引导读者进行规范的文件组织与编程。

1. 工程名与新建工程

工程名的意义不大，因为通常是使用工程文件夹来标识工程的，不同工程文件夹能够区别不同工程。这样，工程文件夹内的文件中所含的工程名就不再具有标识意义，是否对其修改并不重要。建议新工程文件夹使用手动复制标准模板工程文件夹的方法来建立，这样做的好处是复用的构件已经存在，框架保留，体系清晰。不推荐使用 STM32CubeIDE1.0.0 或其他开发环境的新建功能来建立一个新工程。

2. 工程文件夹内的基本内容

除去 STM32CubeIDE1.0.0 环境保留的文件夹 Includes 与 Debug，工程文件夹内编号的 7个下级文件夹分别是 01_Doc、02_CPU、03_MCU、04_ GEC、05_UserBoard、06_ SoftComonnt、07_NoPrg，各文件夹的含义、简明功能及特点如表 4-1 所示。

表 4-1 工程文件夹内的基本内容

名称	文件夹		简明功能及特点
文档文件夹	01_Doc		工程改动时，及时记录
CPU 文件夹	02_CPU		与内核相关的文件
MCU 文件夹	03_MCU	linker_File	链接文件夹，存放链接文件
		MCU_drivers	MCU 底层构件文件夹，存放芯片级硬件驱动
		startup	启动文件夹、存放芯片头文件及芯片初始化文件
GEC 相关文件夹	04_GEC		GEC 芯片相关文件夹，存放引脚头文件
用户板文件夹	05_UserBoard		用户板文件夹，存放应用级硬件驱动，即应用构件
软件构件文件夹	06_SoftComponent		抽象软件构件文件夹，存放硬件不直接相关的软件构件
无操作系统源程序文件夹	07_NosPrg	include.inc	总头文件，包含各类宏定义
		isr.s	中断处理程序文件，存放各中断处理程序子函数
		main.s	主程序文件，存放芯片启动的入口函数 main

3. CPU（内核）相关文件简介

CPU（内核）相关文件包括内核外设访问层头文件、编译器头文件、Cortex-M SIMD头文件和微控制器软件接口标准头文件等，位于工程框架的"…\02_CPU"文件夹内。它们是 ST 公司提供的符合 Arm Cortex 微控制器软件接口标准（Cortex Microcontroller Software Interface Standard，CMSIS）的内核相关头文件，与供应商无关，任何使用该 CPU（内核）设计的芯片，该文件夹内容相同。使用 CMSIS 可简化程序的开发流程，提高程序的可移植性。

4. MCU（芯片）相关文件简介

MCU（芯片）相关文件包括芯片启动文件、芯片头文件和系统初始化文件等，位于工程框架的"…\03_MCU\ startup"文件夹内，这些文件名中都带有由芯片厂商提供的芯片型号，用户一般不需要进行修改，直接使用即可。

芯片头文件提供了芯片专用的寄存器地址映射，当设计面向直接硬件操作的底层驱动时，可由此获得映射寄存器对应的地址。该文件由芯片设计人员提供，嵌入式应用开发者一般不必修改该文件，只须遵循其中的命名即可。

启动文件主要完成复位 MCU、从 Flash 中将已初始化的数据复制到 RAM 中、清零 bss 段数据、初始化系统时钟、初始化标准库函数，最后转到 main 函数执行，其分析可参阅电子资源中的"⋯\ 02-Document\《微型计算机原理及应用——基于 Arm 微处理器》辅助阅读材料"。

系统初始化文件主要完成复位 RCC 时钟配置、中断向量表的设置、初始化系统时钟等任务。

5．应用程序源代码文件

在工程框架的"⋯\ 07_NosPrg"文件夹内放置着总头文件 include.inc、主程序文件 main.s 及中断处理程序文件 isr.s。

总头文件 include.inc 是 main.s 使用的头文件，内含常量、全局变量声明、外部函数及外部变量的引用。

主程序文件 main.s 是应用程序启动的总入口，main 函数即在该文件中实现。在 main 函数中包含了一个永久循环。对具体功能的实现代码一般都添加在该主循环中。

中断处理程序文件 isr.s 是中断处理函数编程的地方，有关中断编程问题将在"第 8 章：中断系统及定时器"中阐述。

一般来说，应用程序的执行有两条独立的路线：一条是运行路线，在 main 函数中实现，若有操作系统，则由 main 函数启动操作系统，转由操作系统进行任务的调度；另一条是中断路线，在 isr.s 中断处理程序中实现。

6．编译链接产生的其他相关文件简介

可执行链接格式文件（.elf）、映像文件（.map）与列表文件（.lst）位于"⋯\Debug"文件夹内，由编译链接产生。.elf 文件的介绍详见"4.2.3 节"，这里不再阐述。.map 文件提供了查看程序、堆栈设置、全局变量、常量等存放的地址信息。.map 文件中指定的地址在一定程度上是动态分配的（由编译器决定），工程的任何修改都有可能导致这些地址发生变动。.lst 文件提供了函数编译后机器码与源代码的对应关系，用于程序分析。

4.2.2 链接脚本文件的作用

脚本（Script）是指表演戏剧、拍摄电影等所依据的底本，又或者指书稿的底本，也可以说是故事的发展大纲，是用来确定故事到底是在什么地点、什么时间发生的，有哪些角色，角色的对白、动作、情绪如何等。而在计算机中，脚本是一种批处理文件的延伸，是一种纯文本保存的程序，是确定的一系列控制计算机进行运算操作动作的组合，在其中可以实现一定的逻辑分支。链接脚本文件（简称链接文件）是用于控制链接的过程，规定了如何把输入的中间文件中的 section 映射到最终目标文件内，并控制目标文件内各部分的地址分配。它为链接器提供链接脚本，是以.ld 或.lds 为扩展名的文件。

在汇编语言与 C 语言混合编程的汇编程序中，从源代码到最后生成可执行文件需要经过编译、汇编和链接 3 个过程。每个源代码文件在编译和汇编后都会生成一个可重定位的.o 目标文件（简称为中间文件），链接器根据链接文件提供的脚本为这些中间文件的 section 分配运行的地址，并放到最终可执行文件的合适的 section 中，为符号引用找到合适的定义，最终组合成可执行目标文件（简称为可执行文件），使函数调用顺利执行。如果调用了静态库中的变量

或函数，则链接过程中还会把库文件包含进来。图 4-3 演示了从汇编源代码到产生可执行文件的过程。

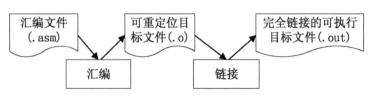

图 4-3 程序编译链接的过程

4.2.3 机器码解析

STM32CubeIDE 开发平台针对 STM32 系列 MCU，使用 GNU7.2.1 编译器在编译链接过程中生成针对 Arm CPU 的.elf 格式可执行代码，同时也可生成十六进制（.hex）格式的机器码。

.elf (Executable and Linking Format)，即"可执行链接格式"，最初由 UNIX 系统实验室（UNIX System Laboratories，USL）作为应用程序二进制接口（Application Binary Interface，ABI）的一部分而制定和发布。它最大的特点在于具有比较广泛的适用性，通用的二进制接口定义使之可以平滑地移植到多种不同的操作环境上。UltraEdit 软件工具可查看.elf 文件的内容。

.hex（Intel HEX）文件是由一行行符合 Intel HEX 文件格式的文本所构成的 ASCII 文本文件，在 Intel HEX 文件中，每一行包含一个 HEX 记录，这些记录由对应机器语言码（含常量数据）的十六进制编码数字组成。在 STM32CubeIDE 环境下，直接双击并点击"F5"进行刷新可查看该文件。

1. 记录格式

.hex 文件中的语句有 6 种不同的类型，但总体格式是一样的，根据表 4-2 所示格式来记录。

表 4-2 .hex 文件记录行语义

	字段 1	字段 2	字段 3	字段 4	字段 5	字段 6
名称	记录标记	记录长度	偏移量	记录类型	数据/信息区	校验和
长度	1 字节	1 字节	2 字节	1 字节	N 字节	1 字节
内容	开始标记":"		数据类型记录有效；非数据类型，该字段为"0000"	00：数据记录；01：文件结束记录；02：扩展段地址；03：开始段地址；04：扩展线性地址；05：链接开始地址	取决于记录类型	开始标记之后字段的所有字节之和的补码；校验和=0xFF-(记录长度+记录偏移+记录类型+数据段)+0x01

2. 实例分析

以"Exam4_1"工程中的 Exam4_1.hex 为例，截取该文件中的部分行进行简明分解，如表 4-3 所示。

表 4-3　User_Frame_ASM_STM32.hex 文件部分行分解

行	记录标记	记录长度	偏移量	记录类型	数据/信息区	校验和
1	:	02	0000	04	0800	F2
2	:	10	D000	00	FFFF002071FD0008C5FD0008C5FD0008	F8
626	:	10	FD70	00	DFF838D0002103E00D4B5B5843500431	CD
666	:	00	0000	01		FF

（1）第 1 行 ":02 0000 04 0800 F2"，以 ":" 开始，02 表示长度为 2 字节，"0000" 表示相对地址，"04" 代表记录类型为扩展线性地址，"0800" 与 "0000" 组成 "08000000" 代表代码段在 Flash 的起始地址，"F2" 为校验和。

（2）第 2 行，":10D00000FFFF002071FD0008C5FD0008C5FD0008F8"，进行语义分割为 ":10 D000 00 FFFF0020 71FD0008 C5FD0008 C5FD0008 F8"。分析如下：以 ":" 开始，长度为 "0x10"（16 个字节），"D000" 表示偏移量，后面的 "00" 代表记录类型为数据类型，数据段 "FFFF0020 71FD0008 C5FD0008 C5FD0008" 表示该数据段存放在偏移地址为 "D000" 的存储区的机器操作码中，也就是说，只有这些数据被写入 Flash 存储区。值得注意的是，这里的.hex 文件中，数据部分是以 "小端" 的方式存储的，这与 MCU 内部的存储方式有关。在这种格式中，字的低字节存储在低地址中，而字的高字节存放在高地址中，第一个字（4 个字节）是 "FF FF 00 20"，实际表示的数据内容为 "20 00 FF FF"，即堆栈栈顶（参见…\03_MCU\linker_file 下的.ld 或.lds 链接文件与编译后面的…\Debug 下的.map 映像文件），这 4 个字节也就是中断向量表中的开始内容（占用了 0 号中断位置），其在 MCU 启动时被 MCU 内部机制放入堆栈寄存器 SP 中（参见…\03_MCU\startup 下的启动文件）。后面来的一个字（4 个字节）"71 FD 00 08 → "08 00 FD 71"，占用中断向量表的 1 号中断位置（即复位向量），该数减 1，在 MCU 启动时被放入程序计数器中，那么就从存储器的 0x0800FD70 地址（见第 626 行）中取出指令，开始执行程序了。从源程序角度来看，即开始执行复位中断处理程序 Reset_Handler。可以从.map 文件、.lst 文件中找到相应信息并进行理解，例如，此时 Reset_Handler 的地址为 0x0800FD70，其转为机器码就变成了 0x0800FD71，这是因为 Cortex-M4F 处理器的指令地址为半字对齐，即 PC 寄存器的最低位必须始终为 0。但是，程序在跳转时，PC 的最低位必须被置为 1，以表明内核仍然处于 Thumb 状态，而不是 Arm 状态，参见《Arm-Cortex-M4F 权威指南》。

（3）第 666 行（最后一行）为文档的结束记录，记录类型为 "0x01"。"0xFF" 为本记录的校验和字段内容。

综合分析工程的.map 文件、.ld 文件、.hex 文件、.lst 文件，可以理解程序的执行过程，也可以对生成的机器码进行分析对比。

【练习 4-3】　打开 "Exam4_1.hex" 文件，根据实例分析情况进行验证。

4.2.4　执行过程分析

当 STM32 芯片上电启动或热复位后，系统程序的运行过程可分为两部分，即 main 函数之前的运行和 main 函数的运行。若读者须了解 main 函数之前的运行，则可参阅电子资源中的 "…\ 02-Document\《微型计算机原理及应用——基于 Arm 微处理器》辅助阅读材料"，下面主要介绍 main 函数的运行过程。

进入 main 函数后，首先对所用到的模块进行初始化，如小灯端口引脚的初始化。然后进入 main_loop 函数，在该函数中首先把一个延时数 MainLoopNUM 存储到寄存器 r2 中，该延时数用于控制小灯的闪烁频率，可在单步调试中把它改成较小的值。随后使寄存器 r1 从 0 开始递增，每次加 1，同时和寄存器 r2 中的值进行比较，如果两个寄存器中的值相等，则调用小灯亮暗转变函数，并继续运行 main_loop；否则寄存器 r1 的值继续递增，直到和寄存器 r2 中的值相等为止。

最后，当某个中断发生后，MCU 转到中断处理程序文件 isr.s 所指定的中断入口地址处，开始运行中断处理程序。例如，在工程的 UARTA_Handler（UARTA 接收中断处理程序）中断处理程序中，每当 UARTA 收到一个字节，程序便会跳转至 UARTA_Handler 中断函数服务例程执行，待执行完中断函数服务例程后，再跳转至 main 函数继续执行。main 函数的执行流程如图 4-4 所示。

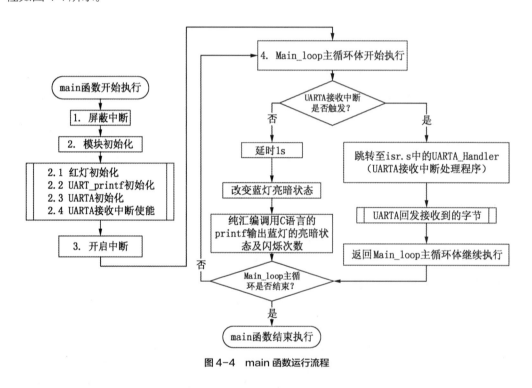

图 4-4　main 函数运行流程

4.3　认识工程框架中的 GPIO 构件

4.3.1　通常 I/O 接口基本概念及连接方法

1. I/O 接口的概念

I/O 接口是 MCU 同外界进行交互的重要通道。MCU 与外部设备的数据交换通过 I/O 接口来实现。I/O 接口是一个电子电路，其内部由若干个专用寄存器和相应的控制逻辑电路构成。接口的英文单词是 Interface，另一个英文单词是 Port，但有时把 Interface 翻译成"接口"，而把 Port 翻译成"端口"。从中文字面看，接口与端口有些区别，但在嵌入式系统中，它们的含义是相同的。有时把 I/O 引脚称为接口（Interface），而把用于对 I/O 引脚进行编程的寄存器称为端口（Port），实际上它们是紧密相连的。因此，不必深究它们之间的区别。有些书中甚至直接称 I/O 接口（端口）为 I/O 口。在嵌入式系统中，接口千变万化，种类繁多，有显而易见的人机交互接口，如操纵杆、键盘、显示器等；也有无人介入的接口，如网络接口、机器设备接口等。

2. 通用 I/O（GPIO）

所谓通用 I/O，也记为 GPIO，即基本的输入/输出，有时也称为并行 I/O 或普通 I/O，它是 I/O 的最基本形式。本书中使用正逻辑，电源（VCC）代表高电平，对应数字信号"1"；地（GND）代表低电平，对应数字信号"0"。作为通用输入引脚，MCU 内部程序可以通过端口寄存器读取该引脚，以确定该引脚是"1"（高电平）还是"0"（低电平），即开关量的输入。作为通用输出引脚，MCU 内部程序通过端口寄存器向该引脚输出"1"（高电平）或"0"（低电平），即开关量的输出。大多数通用 I/O 引脚可以通过编程来设定其工作方式为输入或输出，称之为双向通用 I/O。

3. 输出引脚的基本接法

作为通用输出引脚，MCU 内部程序向该引脚输出高电平或低电平来驱动器件工作，即开关量输出，如图 4-5 所示，输出引脚 O1 和 O2 采用不同的方式驱动外部器件。一种接法是 O1 引脚直接驱动发光二极管（LED），当 O1 引脚输出高电平时，LED 不亮；当 O1 引脚输出低电平时，LED 点亮。这种接法的驱动电流一般在 2～10mA。另一种接法是 O2 引脚通过一个NPN三极管驱动蜂鸣器，当 O2 引脚输出高电平时，三极管导通，蜂鸣器响；当 O2 引脚输出低电平时，三极管截止，蜂鸣器不响。这种接法可以用 O2 引脚上的几个毫安的控制电流驱动高达 100mA 的驱动电流。若负载需要更大的驱动电流，就必须采用光电隔离外加其他驱动电路，但对 MCU 编程来说，这没有任何影响。

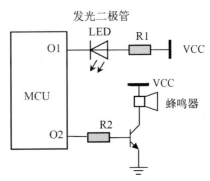

图 4-5　开关量输出

4. 上拉下拉电阻与输入引脚的基本接法

芯片输入引脚的外部有 3 种不同的连接方式：带上拉电阻的连接、带下拉电阻的连接和"悬空"连接。通俗地说，若 MCU 的某个引脚通过一个电阻接到电源上，这个电阻被称为"上拉电阻"；与之相对应，若 MCU 的某个引脚通过一个电阻接到地上，则相应的电阻被称为"下拉电阻"。这种做法使悬空的芯片引脚被上拉电阻或下拉电阻初始化为高电平或低电平。根据实际情况，上拉电阻与下拉电阻的取值范围为 1～10kΩ，其阻值大小与静态电流及系统功耗有关。

图 4-6 所示为一个 MCU 的输入引脚的 3 种外部连接方式。假设 MCU 内部没有上拉或下拉电阻，则图 4-6 中的引脚 I3 上的开关 K3 就不适合采用悬空方式连接，这是因为 K3 断开时，引脚 I3 的电平不确定。在图 4-6 中，R1>>R2，R3<<R4，各电阻的典型取值为 R1=20kΩ，R2=1kΩ，R3=10kΩ，R4=200kΩ。

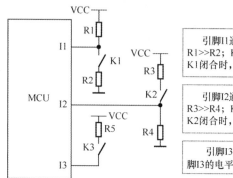

引脚I1通过上拉电阻R1接到Vcc，选择R1>>R2；K1断开时，引脚I1为高电平，K1闭合时，引脚I1为低电平。

引脚I2通过下拉电阻R4接到地，选择R3>>R4；K2断开时，引脚I2为低电平，K2闭合时，引脚I2为高电平。

引脚I3处于悬空状态；K3断开时，引脚I3的电平不确定（这样不好）。

图 4-6　通用 I/O 引脚输入电路接法举例

4.3.2　GPIO 构件知识要素分析

STM32L431RC 有 48 个引脚可以作为 GPIO，这些引脚分布在 3 个端口中，如果使用直接地址去操作相关寄存器，就无法实现软件移植与复用。正确的做法是把对 GPIO 引脚的操作封装成构件，通过函数调用与传参的方式实现对引脚的干预与状态获取，这样的软件才便于维护与移植。GPIO 引脚可以被定义成输入、输出两种情况：若是输入，则程序需要获得引脚的状态（逻辑 1 或 0）；若是输出，则程序可以设置引脚的状态（逻辑 1 或 0）。MCU 的 PORT 模块分为许多端口，每个端口有若干引脚，通过 GPIO 驱动构件的设计，可以实现对所有 GPIO 引脚的统一编程。

下面分析 GPIO 初始化函数应该有哪些参数。由于芯片引脚具有复用特性，应把引脚设置成 GPIO 功能，同时定义成输入或输出；若是输出，还要设定初始状态。所以 GPIO 模块初始化函数 gpio_init 的参数有 3 个，分别为引脚、引脚方向和引脚状态。

其他的 GPIO 函数也可以采用类似的方法进行分析。表 4-4 所示为 GPIO 对外服务函数的接口说明及声明，这些函数包括引脚初始化函数（gpio_init）、设定引脚状态函数（gpio_set）、获取引脚状态函数（gpio_get）3 个主要函数，以及引脚状态反转函数（gpio_reverse）、引脚上下拉使能函数（gpio_pull）、使能引脚中断函数（gpio_enable_int）、禁用引脚中断函数（gpio_disable_int）、获取引脚 GPIO 中断状态函数（gpio_get_int）、清除中断标志函数（gpio_clear_int）、清除所有端口的 GPIO 中断标志函数（gpio_clear_allint）、引脚的驱动能力设置函数（gpio_drive_strength）等 8 个辅助功能函数。

表 4-4　GPIO 驱动构件要素

| 序号 | 函数 | | | 形参 | | 宏常数 | 备注 |
	简明功能	返回	函数名	英文名	中文名		
1	引脚初始化	无	gpio_init	port_pin	引脚端口号	用	采用端口号（引脚号）
				dir	引脚方向	用	
				state	引脚状态	用	
2	设定引脚状态	无	gpio_set	port_pin	引脚端口号	用	
				state	引脚状态	用	

序号	函数			形参		宏常数	备注
	简明功能	返回	函数名	英文名	中文名		
3	获取引脚状态	引脚状态: 1=高电平 0=低电平	gpio_get	port_pin	引脚端口号	用	
4	引脚状态反转	无	gpio_reverse	port_pin	引脚端口号	用	
5	引脚上下拉使能	无	gpio_pull	port_pin	引脚端口号	用	
				pullselect	上拉/下拉	用	
6	使能引脚中断	无	gpio_enable_int	port_pin	引脚端口号	用	
				irqtype	引脚中断类型	用	
7	禁用引脚中断	无	gpio_disable_int	port_pin	引脚端口号	用	
8	获取引脚 GPIO 中断状态	引脚 GPIO 中断标志: 1=有 GPIO 中断 0=无 GPIO 中断	gpio_get_int	port_pin	引脚端口号	用	
9	清除中断标志	无	gpio_clear_int	port_pin	引脚端口号	用	
10	清除所有端口的 GPIO 中断标志	无	gpio_clear_allint	无	无	无	
11	引脚的驱动能力 设置	无	gpio_drive_strength	port_pin	引脚端口号	用	
				control	引脚的驱动能力	用	

4.3.3　GPIO 构件的使用方法

以控制一盏小灯闪烁为例说明 GPIO 构件的使用方法。要清楚两点：一是由芯片的哪个引脚控制，二是由高电平点亮还是低电平点亮。假设小灯由 9 引脚控制，高电平点亮，则使用步骤如下。

1．为小灯取名

在 user.inc 文件中为小灯取名，并确定与 MCU 连接的引脚，进行宏定义。

```
.equ LIGHT_RED,(PTB_NUM|7)    //红色 RUN 灯使用的端口/引脚
```

2．为小灯的亮暗取名

在 user.inc 文件中对小灯亮、暗进行宏定义，以方便编程。

```
.equ LIGHT_ON,0               //灯亮
.equ LIGHT_OFF,1              //灯暗
```

3．初始化小灯

在 main.s 文件中初始化小灯的初始状态为输出，并点亮。

```
ldr r0,=LIGHT_RED           //r0←端口和引脚（用=是因为宏常数>=256,且用 ldr）
mov r2,#GPIO_OUTPUT         //r2←引脚的初始状态为输出
mov r3,#LIGHT_ON           //r3←引脚的初始状态，默认点亮
bl  gpio_init              //调用 gpio 初始化函数
```

4. 点亮小灯

在 main.s 文件中调用 gpio_set 函数点亮小灯。

```
ldr    r0,=LIGHT_RED
ldr    r1,=LIGHT_ON
bl     gpio_set              //调用函数设置小灯为亮
```

4.4 实验一：理解汇编程序框架及运行

1. 实验目的

本实验通过编程控制 LED 小灯，并分析 GPIO 的输出作用，可将其扩展至能够控制蜂鸣器、继电器等；通过编程获取引脚状态，并分析 GPIO 的输入作用，可将其用于获取开关的状态。实验主要目的如下。

（1）了解集成开发环境的安装与基本使用方法。

（2）掌握 GPIO 构件基本应用方法，理解第一个汇编程序框架结构。

（3）掌握硬件系统的软件测试方法，初步理解 printf 输出调试的基本方法。

2. 实验准备

（1）硬件部分。PC 或笔记本计算机一台、开发套件一套。

（2）软件部分。根据电子资源中的"…\02-Document"文件夹下的电子版快速指南，下载合适的电子资源。

（3）软件环境。按照电子版快速指南中"安装软件开发环境"一节，进行有关软件工具的安装。

3. 参考样例

本实验以"Exam4_1"工程为参考样例。该样例通过调用 GPIO 驱动构件的方式使一个发光二极管闪烁。使用构件方式编程干预硬件将成为以后编程的基本方式，因此读者应充分掌握构件的使用方法。

4. 实验过程或要求

（1）验证性实验

① 下载开发环境 AHL-GEC-IDE。

根据电子资源"…\05-Tool\AHL-GEC-IDE 下载地址.txt"文件的指引，下载由 SD-Arm 开发的金葫芦集成开发环境到"…\05-Tool"文件夹中。该集成开发环境兼容一些常规的开发环境工程格式。

② 建立自己的工作文件夹。

按照"分门别类、各有归处"的原则建立自己的工作文件夹，并考虑随后内容的安排，建立其下级子文件夹。

③ 拷贝模板工程并重命名。

所有工程可通过拷贝模板工程建立。例如，可以拷贝"\04-Soft ware\ Exam4_1"工程到自己的工作文件夹，并将其改为自己确定的工程名。建议尾端增加日期字样，以避免混乱。

④ 导入工程。

假设已经下载了 AHL-GEC-IDE，并放入"···\05-Tool"文件夹，且按安装电子档快速指南正确安装了有关工具，则可以开始运行"···\05-Tool\AHL-GEC-IDE\AHL-GEC-IDE.exe"文件，这一步打开了集成开发环境 AHL-GEC-IDE。接着单击"文件"→"导入工程"，导入拷贝到自己文件夹并重新命名的工程。导入工程后，左侧为工程树形目录，右边为文件内容编辑区，初始显示 main.s 文件的内容。

⑤ 编译工程。

在打开工程并显示文件内容的前提下，可编译工程。单击"编译"→"编译工程（01）"，则开始编译。

⑥ 下载并运行。

步骤一，硬件连接。用 TTL-USB 线（Micro 口）连接 GEC 底板上的"MicroUSB"串口与计算机的 USB 口。

步骤二，软件连接。单击"下载"→"串口更新"，将进入界面更新界面。点击"连接 GEC"查找到目标 GEC，则提示"成功连接……"。

步骤三，下载机器码。点击"选择文件"按钮导入被编译工程目录下的 Debug 中的.hex 文件（看准生成时间，确认其是现在编译的程序），然后单击"一键自动更新"按钮，等待程序完成自动更新。

此时程序自动运行了。若遇到问题可参阅开发套件纸质版导引"常见错误及解决方法"一节，也可参阅电子资源"···\02-Document"文件夹中的快速指南。

⑦ 观察运行结果与程序的对应情况。

第一个程序运行结果（PC 界面显示情况）如图 4-7 所示。为了表明程序已经开始运行，在每个样例程序进入主循环之前，使用 printf 语句输出一段话，程序写入后立即执行，就会显示在开发环境下载界面的右下角文本框中，提示程序的基本功能。

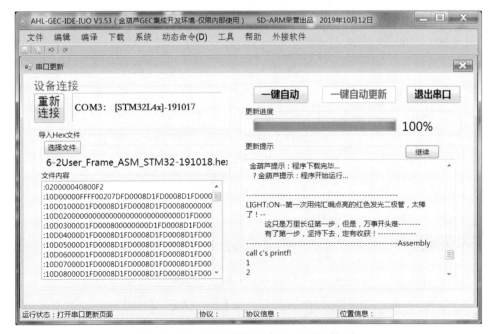

图 4-7　第一个程序运行结果（PC 界面显示情况）

利用 printf 语句将程序运行的结果直接输出到 PC 屏幕上，使嵌入式软件开发的输出调试变得十分便利。调试嵌入式软件与调试 PC 软件几乎一样方便，其改变了传统交叉调试模式。

（2）设计性实验

在验证性实验的基础上，自行编程实现开发板上的红灯、蓝灯和绿灯交替闪烁。LED 三色灯电路原理如图 4-8 所示，对应 3 个控制端接 MCU 的 3 个 GPIO 引脚。在本书采用的 STM32L4 芯片上，红灯接 PTB.7 引脚、绿灯接 PTB.8 引脚、蓝灯接 PTB.9 引脚。读者可以通过程序，测试自己所使用的开发套件中的发光二极管与图中接法是否一致。

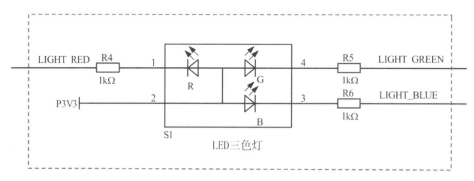

图 4-8　LED 三色灯电路原理

（3）进阶实验★

对目标板上的三色灯进行编程，通过三色灯的不同组合，实现对红、蓝、绿、青、紫、黄、白等灯的亮暗控制。灯颜色提示：青色为绿蓝混合，黄色为红绿混合，紫色为红蓝混合，白色为红蓝绿混合。

5. 实验报告要求

（1）基本掌握 Word 文档的排版方法。

（2）用适当的文字、图表描述实验过程。

（3）用 200~300 字写出实验体会。

（4）在实验报告中完成实践性问答题。

6. 实践性问答题

（1）比较 ascii、asciz、string 这 3 种字符串的定义格式的区别。

（2）比较立即数的"#"和"="这两个前缀的区别。

（3）编写程序输出参考样例中 mMainLoopCount 变量的地址。

（4）集成的红绿蓝三色灯最多可以实现几种不同颜色 LED 灯的显示？通过实验给出组合列表。

4.5 习题

（1）简述立即数的前缀"="和"#"的区别以及它们适用的场合。

（2）针对"Exam4-1"工程，利用.lst 和.hex 文件，分别找出 MainLoopNUM 常量和 printf 函数的机器码在.hex 文件中的存储地址。

（3）为了实现主程序和中断处理程序的可移植性，在编程中应考虑哪些问题？

（4）芯片供电或复位后程序是直接从 main 函数开始运行吗？请阐述芯片供电后的启动过程。

（5）当要在汇编程序中采用 printf 按"%d%d%d%x%x\n\0"格式输出 5 个数据时，参数应如何设置？

（6）利用"Exam4-1"工程修改编程：首先定义字、半字、字节 3 个变量，初值分别为 0x8d12f6ab、0x9e2d、0x3a，然后在程序中对这 3 个变量都加 1 并存回变量中，最后通过 printf 输出这 3 个变量的值。

05 chapter

基于构件的汇编程序设计方法

本章主要分析系统构件化设计的重要性和必要性，介绍软件构件的基本概念及构件设计中所须遵循的基本原则；介绍程序流程控制基本方法，包括顺序结构、分支结构、循环结构等条件下的执行实例；介绍几个典型汇编程序设计实例；介绍基于构件方法的汇编程序设计实验等基本内容。

机械、建筑等传统产业的运作模式是先生产出符合一定标准的构件（零部件），然后将标准构件按照一定的规则组装成实际产品。其中，构件是核心和基础，复用是必需的手段。传统产业的成功充分证明了这种模式的可行性和正确性。软件产业的发展借鉴了这种模式，为标准软件构件的生产和复用确立了举足轻重的地位。

随着微控制器及应用处理器内部 Flash 存储器可靠性提高及擦写方式的变化，内部 RAM及 Flash 存储器容量的增大，以及外部模块内置化程度的提高，嵌入式系统的设计复杂性、设计规模及开发手段已经发生了根本变化。在嵌入式系统发展的最初阶段，嵌入式系统硬件和软件的设计工作通常由一个工程师来承担，软件设计在整个工作中所占的比例很小。随着时间的推移，硬件设计变得越来越复杂，软件的份量也急剧增长，嵌入式开发人员也由原来的一人发展为由若干人组成的开发团队。为此，要提高软硬件设计的可重用性与可移植性，构件的设计与应用是实现这一目标的基础与保障。

5.1.1 软件构件基本概念

软件构件（Software Component）广义上的理解是可复用的软件成分。截至目前，有许多种关于软件构件的定义，但它们的本质是相同的。面向构件程序设计工作组（Szyperski 和Pfister）在 1996 年的面向对象程序设计欧洲会议（European Conference On Object-Oriented Programming，ECOOP）上对软件构件的定义为：软件构件是一种组装单元，它具有规范的接口规约和显式的语境依赖。软件构件可以被独立地部署并由第三方任意地组装。它既包括了技术因素，如独立性、合约接口和组装，也包括了市场因素，如第三方和部署。综合技术和市场两方面的因素来看，即使是超出软件范围来评价，构件也是独一无二的。而从当前的角度来看，对上述定义仍然需要进一步澄清。这是因为一个可部署构件的合约内容远远不只是接口规约和语境依赖，它还要规定构件应该如何部署、一旦部署（和启动）了应该如何被实例化、实例如何通过规定的接口工作等。

下面再列举其他文献给出的软件构件的定义，以便读者了解对软件构件定义的不同表达方式，也可看作从不同角度定义软件构件。

美国卡内基梅隆大学软件工程研究所（Carnegie-Mellon University/Software Engineering Institute，CMU/SEI）对软件构件的定义为：构件是一个不透明的功能实体，能够被第三方所组织，且符合一个构件模型。

国际上第一部软件构件专著的作者 Szyperski 对软件构件的定义为：可单独生产、获取、部署的二进制单元，它们之间可以相互作用以构成一个功能系统。

软件构件技术的出现，为实现软件构件的工业化生产奠定了理论与技术基石。将软件构件技术应用到嵌入式软件开发中，可以大大提高嵌入式开发的效率与稳定性。软件构件的封装性、可移植性与可复用性是软件构件的基本特性，采用构件技术设计软件，可以使软件具有更好的开放性、通用性和适应性。特别是对于底层硬件的驱动编程，只有将其封装成底层驱动构件，才能减少重复劳动，使广大 MCU 应用开发者专注于应用软件的稳定性与功能设计上。因此，必须把底层硬件驱动设计好、封装好。

国内外曾对软件构件的定义进行过广泛讨论，虽然得出了许多不同的说法，但是到目前为止依然没有形成一个能够被广泛接受的定义。不同的研究人员对构件有着不同的理解。一般可以将软件构件定义为：在语义完整、语法正确的情况下，具有可复用价值的单位软件是软件复用过程中可以明确辨别的成分；从程序角度上可以将构件看作有一定功能、能够独立工作或协同其他构件共同完成工作的程序体。

5.1.2 构件设计基本原则

1. 构件设计的基本思想

底层构件是与硬件直接发生联系的软件，它被组织成具有一定独立性的功能模块，由头文件和源程序文件两部分组成。构件的头文件名和源程序文件名一致，且为构件名。

构件的头文件中主要包含必要的引用文件、描述构件功能特性的宏定义语句以及声明对外接口函数。良好的构件头文件应该成为构件使用说明。不需要使用者再去查看源程序。

构件的源程序文件中包含构件的头文件、内部函数的声明、对外接口函数的实现。

将构件分为头文件与源程序文件两个独立的部分，意义在于，头文件中包含对构件的使用信息的完整描述，为用户使用构件提供充分必要的说明。构件提供服务的实现细节被封装在源程序文件中，调用者通过构件对外接口获取服务，而不必关心服务函数的具体实现细节。这就是构件设计的基本内容。

在设计底层构件时，最关键的工作是要对构件的共性和个性进行分析，设计出合理的、必要的对外接口函数及其形参，尽量做到：当将一个底层构件应用到不同系统中时，仅须修改构件的头文件，对于构件的源程序文件则不必修改或改动很小。

2. 构件设计的基本原则

在嵌入式软件领域中，软件与硬件紧密联系的特性，使与硬件紧密相连的底层驱动构件的生产成为嵌入式软件开发的重要内容之一。良好的底层驱动构件应具备以下特性。

① 封装性。内部封装实现细节，采用独立的内部结构以减少对外部环境的依赖。调用者只通过构件接口就可以获得相应功能，并不会因内部实现的调整而影响使用。

② 描述性。构件必须提供规范的函数名称、清晰的接口信息、参数含义与范围、必要的注意事项等描述，为调用者提供统一、规范的使用信息。

③ 可移植性。底层构件的可移植性是指同样功能的构件，如何做到不改动或少改动，就可以在同系列及不同系列芯片内方便地使用，减少重复劳动。

④ 可复用性。当满足一定的使用要求时，构件不经过任何修改就可以直接使用。特别是当使用同一芯片开发不同项目时，底层驱动构件应该做到复用。可复用性使高层调用者对构件的使用不会因底层实现的变化而有所改变，提高了嵌入式软件的开发效率、可靠性与可维护性。不同芯片的底层驱动构件复用需在可移植性基础上进行。

为了使构件设计满足封装性、描述性、可移植性、可复用性的基本要求，嵌入式底层驱动构件的开发，应遵循层次化、易用性、健壮性及对内存的可靠使用原则。

（1）层次化原则

层次化设计要求清晰地组织构件之间的关联关系。底层驱动构件与底层硬件相联系，在应用系统中位于最底层。遵循层次化原则设计底层驱动构件需要做到以下两点。

① 针对应用场景和服务对象，分层组织构件。设计底层驱动构件的过程中，有一些与处理器相关的、描述了芯片寄存器映射的内容是所有底层驱动构件都需要使用的，可以将这些内容组织成底层驱动构件的公共内容，作为底层驱动构件的基础。在底层驱动构件的基础上，还可使用高级的扩展构件调用底层驱动构件功能，从而实现更加复杂的服务。

② 在构件的层次模型中，上层构件可以调用下层构件提供的服务，同一层次的构件不存在相互依赖关系，不能相互调用。例如，Flash 模块与 UART 模块是平级模块，不能在编写 Flash 构件时调用 UART 驱动构件。即使要通过 UART 驱动构件函数的调用在 PC 屏幕上显示 Flash 构件测试信息，也不能在 Flash 构件内含有调用 UART 驱动构件函数的语句，而应该编写上一层次的程序调用。平级构件是相互不可见的，只有深入理解并遵守这一点，才能更好地设计出规范的底层驱动构件。在操作系统下，平级构件不可见特性尤为重要。

（2）易用性原则

易用性在于让调用者能够快速理解构件所提供服务的功能并进行使用。遵循易用性原则设计底层驱动构件需要做到：函数名简洁且达意；接口参数清晰，范围明确；使用说明语言精炼规范，避免二义性。此外，在函数的实现方面，避免编写的代码量过多。函数的代码量过多不便于理解与维护，并且容易出错。若一个函数的功能比较复杂，则可将其"化整为零"，先编写多个规模较小、功能单一的子函数，再进行组合以实现最终的功能。

（3）健壮性原则

健壮性在于为调用者提供安全的服务，避免在程序运行过程中出现异常状况。遵循健壮性原则设计底层驱动构件需要做到：在明确函数输入/输出的取值范围和提供清晰接口描述的同时，在函数实现的内部要有对输入参数的检测，对超出合法范围的输入参数须进行必要的处理；使用分支判断时，确保对分支条件判断的完整性，并须对缺省分支进行处理。例如，对 if 结构中的"else"分支和 switch 结构中的"default"安排合理的处理程序。此外，不能忽视编译警告错误。

（4）内存可靠使用原则

对内存的可靠使用是保证系统安全、稳定运行的一个重要因素。遵循内存可靠使用原则设计底层驱动构件需要做到以下 5 点。

① 优先使用静态分配内存。相比于人工参与的动态分配内存，静态分配内存由编译器维护，更为可靠。

② 谨慎地使用变量。可以直接读写硬件寄存器时，不使用变量替代；避免使用变量暂存简单计算所产生的中间结果；使用变量暂存数据将会影响数据的时效性。

③ 检测空指针。定义指针变量时必须初始化，防止产生"野指针"。

④ 检测缓冲区溢出，并为内存中的缓冲区预留不小于 20%的冗余。使用缓冲区时，对填充数据长度进行检测，不允许向缓冲区中填充超出容量的数据。

⑤ 对内存的使用情况进行评估。

5.1.3　三类构件

提高代码质量和生产力的最佳方法就是复用好的代码，软件构件技术是软件复用实现的重要方法。为了便于理解与应用，可以把嵌入式软件构件分为基础构件、应用构件与软件构件 3 种类型。

1．基础构件

基础构件是根据 MCU 内部功能模块的基本知识要素，针对 MCU 引脚功能或 MCU 内部功能，利用 MCU 内部寄存器制作的直接干预硬件的构件。常用的基础构件主要有 GPIO 构件、UART 构件、ADC 构件、Flash 构件等。

2．应用构件

应用构件是使用基础构件并面向对象编程的构件。如 printf 构件，它调用串口构件完成输出显示功能。printf 函数调用的一般形式为：printf("格式控制字符串"，输出表列)。本书使用的 printf 函数可通过 uart 串口向外传输数据。

3．软件构件

软件构件是一个面向对象的具有规范接口和确定的上下文依赖的组装单元，它能够被独立使用或被其他构件调用，如数字类型转换构件 valueType 等。人工智能的一些算法若制作成构件，也可纳入软件构件范畴。

5.1.4 基于构件的软件设计步骤

在构件制作完成的基础上，软件设计分为构件测试和应用程序设计两大步骤。

1．构件测试

要进行具有相对完整功能的应用程序设计，必然要使用构件。在使用构件之前，必须编写构件测试程序以对构件进行测试，其方法参见 4.3.3 节。

2．应用程序设计

汇编语言的应用程序可分为主程序及中断处理程序两个部分，一般过程有分析问题、建立数学模型、确定算法、绘制程序流程图、分配内存空间、编写程序及测试程序整体。实际上在编码过程中，可随时利用 printf 输出显示功能进行打桩调试。

（1）分析问题。分析问题就是将解决问题所需条件、原始数据、输入/输出信息、运行速度、运算精度和结果形式等搞清楚。对于较大问题的程序设计，一般还要用某种形式描绘一个"工艺"流程，以便于对整个问题的讨论和程序设计。"工艺"流程指的是用表格或流程图等描述问题的物理过程。

（2）建立数学模型。建立数学模型就是把问题数学化、公式化。有些问题比较直观，可不必讨论数学模型的问题；有些问题符合某些公式或某些数学模型，可以直接利用；但是有些问题没有对应的数学模型可以利用，需要建立一些近似的数学模型用于模拟问题。由于微型计算机的运算速度很快、运算精度很高，因此近似运算也可以达到理想精度。

（3）确定算法。建立数学模型后，很多情况不适合直接进行程序设计，在此之前需要确定符合微控制器运算的算法。因为微控制器的字长是一定的，它表示的数也是有一定范围的，所以如果选择的算法不合适，可能会造成运算结果与实际完全相反或误差很大。一般情况下，优先选择逻辑简单、运算速度快且精度高的算法用于程序设计。

（4）绘制程序流程图。程序流程图是用箭头线段、框图及菱形图等绘制的一种图，它用于直接描述程序内容。因此，在程序设计中被广泛应用。

（5）分配内存空间。汇编语言的重要特点之一是能够直接用汇编指令或伪指令为数据或代码程序分配内存空间。当程序中没有指定存储空间时，系统会按约定方式分配存储空间。

（6）编写程序。汇编语言编程应按指令和伪指令的语法规则进行，编写程序首先关心的应该是程序结构，任何一个复杂的程序都是由简单的基本程序构成的，汇编语言源程序的基本结构形式有顺序结构、条件转移、循环结构等。另外，程序设计通常采用模块化结构，程序的结构要具有层次简单、清楚、易读及易维护的特点。

（7）测试程序整体。程序整体测试是程序设计的最后一步，也是非常重要的一步。通过程序整体测试，可以纠正程序的语法错误和语义错误，从而实现程序正确的运行。

5.2 程序流程控制

程序流程控制主要有顺序结构、分支结构、循环结构。

5.2.1 顺序结构

顺序结构程序的执行方式是"从头到尾"逐条执行指令语句，直到程序结束，这是执行程序最基本的形式。

【例 5-1】 编程实现将两个寄存器相加得到的结果通过串口输出，假设两个寄存器存放的数据分别是 15 和 24，参考程序见"Exam5_1"工程。

分析：假定 r0 寄存器存放数据 15，r1 寄存器存放数据 24，可通过 add 指令实现两数相加，再调用串口构件函数输出结果即可。在打印结果前可先输出字符串"Serial port information start!"和"Result:"以便于直观地看到结果。该程序的流程图设计如图 5-1 所示，执行效果如图 5-2 所示。

```
//（0）数据段与代码段的定义
//（0.1）定义数据存储从 data 段开始，实际数据存储在 RAM 中
.section .data
//（0.1.1）定义须输出的字符串，标号即为字符串首地址，\0 为字符串 xfgi 的结束标志
hello_information:                    //字符串标号
    .ascii "-------------------------------------------------\n"
    .ascii "金葫芦提示:                                        \n"
    .ascii "     本工程实现两数相加，运行结果如下所示!          \n"
    .ascii "-------------------------------------------------\n\0"
data_format:
    .ascii "Result : %d\n\0"      //printf 使用的数据格式控制符
string_first_1:                   //字符串标签
    .string "Serial port information start!\n"
......
main:
......
//（2）======主循环部分（开头）==========================================
main_loop:                        //主循环标签（开头）
......
//（2.4）两数相加函数
```

```
//（2.4.1）串口输出结果前的提示信息
        ldr r0, =string_first_1      //r0 指明串口输出提示字符串
        bl printf                    //调用 printf
//（2.4.2）计算结果并用串口输出
        mov r0,#15
        mov r1,#24
        add r0,r0,r1
        mov r1,r0
        ldr r0,=data_format
        bl printf
        b main_loop                  //继续循环
//（2）======主循环部分（结尾）============================================
        .end                         //整个程序结束标志（结尾）
```

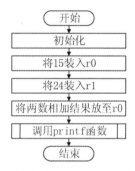

图 5-1　顺序执行程序流程图

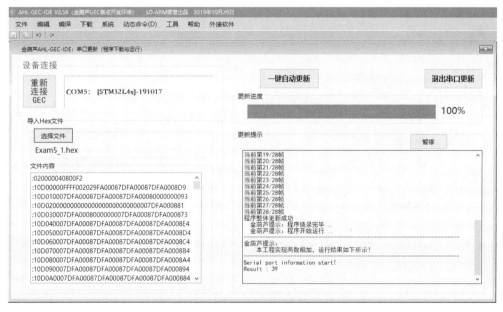

图 5-2　顺序执行结果

【练习 5-1】 打开"Exam5_1"工程，将两个数分别存放在 r2 和 r3 寄存器中，然后通过

printf 输出这两个数相减的结果。

5.2.2 分支结构

分支结构程序是利用条件转移指令，使程序执行到某一指令后，通过判断条件是否满足，来改变程序执行的次序。这类程序使计算机具备了判断的功能。分支结构分为单分支结构和多分支结构，程序流程图如图 5-3 和图 5-4 所示。

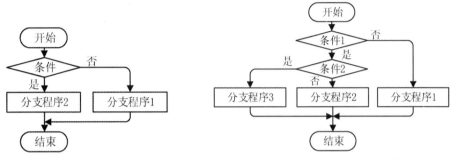

图 5-3 单分支程序流程图　　　　　　　　　　图 5-4　双分支程序流程图

【例 5-2】　编程实现将寄存器 A 和寄存器 B 两个无符号数之差的绝对值这一结果用串口输出。假设两个寄存器存放的数据分别是 15 和 24，参考程序见 "Exam5_2" 工程。

分析：在此题目中，因为绝对值永远是大于或等于 0，故应先判定哪一个值稍大些，再用大的数减去小的数，方可求出绝对值。该程序的流程图设计如图 5-5 所示，执行效果如图 5-6 所示。

```
//（0）数据段与代码段的定义
//（0.1）定义数据存储从 data 段开始，实际数据存储在 RAM 中
.section .data
//（0.1.1）定义须输出的字符串，标号即为字符串首地址，\0 为字符串 xfgi 的结束标志
hello_information:                      //字符串标号
    .ascii "----------------------------------------------------\n"
    .ascii "金葫芦提示:                              \n"
    .ascii "    本工程实现两数相减得到绝对值，运行结果如下所示!     \n"
    .ascii "----------------------------------------------------\n\0"
data_format:
    .ascii "Result : %d\n\0"          //printf 使用的数据格式控制符
string_first_1:                        //字符串标签
    .string "Serial port information start!\n"
string_control_1:
    .string "%d>%d,Result is:%d\n" //输出原数字符串信息
string_control_2:
    .string "%d<%d,Result is:%d\n"
......
main:
......
```

```
//（2）======主循环部分（开头）============================
main_loop:                          //主循环标签（开头）
......
```

//（2.4）计算两数的绝对值，并通过串口输出结果

//（2.4.1）串口输出结果前的提示信息

```
        ldr r0, =string_first_1     //r0 指明串口输出提示字符串
        bl printf                   //调用 printf
```

//（2.4.2）计算结果并用串口输出

```
        mov r2,#15
        mov r3,#24
        mov r1,r2
```

//（2.4.3）比较 r2、r3 的值大小

```
        cmp r2,r3
        bls low                     //若 r2≤r3，则跳转到 low 执行
        sub r4,r2,r3
        mov r2,r3
        mov r3,r4
        ldr r0, =string_control_1
        bl printf
  low:
        sub r4,r3,r2                //r4=r3-r2
        mov r2,r3
        mov r3,r4
        ldr r0, =string_control_2
        bl printf
        b main_loop                 //继续循环
```

//（2）======主循环部分（结尾）============================

```
        .end                        //整个程序结束标志（结尾）
```

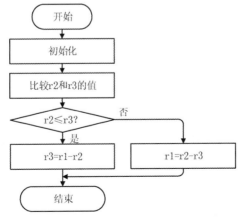

图 5-5　求绝对值程序流程

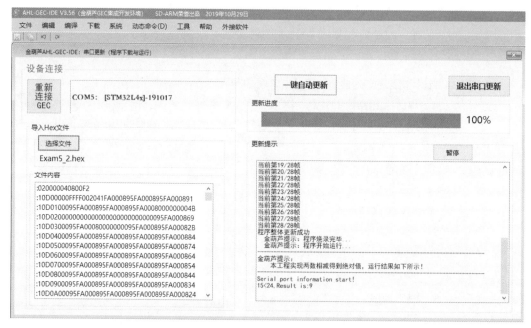

图 5-6　求绝对值执行结果

5.2.3　循环结构

循环结构程序是强制 CPU 重复执行某一指令系列（程序段）的一种程序结构形式，凡是需要重复执行的程序段都可以按循环结构设计。循环结构程序不仅简化了程序清单书写形式，还减少了对内存空间的占用。值得注意的是，循环程序并不简化程序执行过程，相反，还增加了循环控制等环节，总的程序执行语句和时间都会有所增加。循环程序一般由 3 部分组成：初始化、循环体和循环控制，它的程序结构流程如图 5-7 和图 5-8 所示。

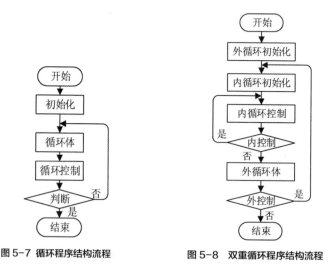

图 5-7　循环程序结构流程　　　　图 5-8　双重循环程序结构流程

（1）初始化。初始化的主要功能是建立循环次数计数器、设定变量的初值、装入暂存单元的初值等。

（2）循环体。循环体是 CPU 执行某一指令系列（程序段）的具体组成部分。在循环体内需要设定终止循环条件，否则，程序容易进入死循环。

（3）循环控制。循环控制包括修改变量、为下一次循环做准备、修改循环计数器（计数器减 1）、判断循环次数是否到达上限等。达到循环次数上限则结束循环；否则继续循环（即跳转回去，再执行一次循环）。

循环分为单循环和多重循环，两次以上的循环称为多重循环，如图 5-8 所示。

循环控制的方式有多种，如计数控制、条件控制、状态控制等。计数控制事先已知循环次数，每次循环都要通过加 1 或减 1 来表示一次计数，并通过判定循环总次数来控制循环。条件控制事先不知循环次数，在执行循环时通过判定某种条件真假来达到控制循环的目的。状态控制可事先设定二进制位的状态，或由外界干预、测试来得到开关状态，进而决定是否执行循环操作。

【例 5-3】 编程实现 sum=1+2+3+4+…+100，并将 sum 的值通过串口输出，参考程序见"Exam5_3"工程。

分析：这是一个循环已知的程序设计，可将寄存器 A 和 B 分别赋值 1，然后寄存器 A 数据不断自加 1 再逐一与寄存器 B 的数据相加，将得到的结果放到寄存器 B，当寄存器 A 的值累加到 100 时，寄存器 B 存放的数据即为 sum 的值。该程序的流程图如图 5-9 所示，执行效果如图 5-10 所示。

```
//（0）数据段与代码段的定义
//（0.1）定义数据存储从 data 段开始，实际数据存储在 RAM 中
.section .data
//（0.1.1）定义须输出的字符串，标号即为字符串首地址，\0 为字符串 xfgi 为结束标志
hello_information:                      //字符串标号
    .ascii "-------------------------------------------------\n"
    .ascii "金葫芦提示:                                        \n"
    .ascii "    本工程实现 1~100 这 100 个数相加，运行结果如下所示!    \n"
    .ascii "-------------------------------------------------\n\0"
string_loop:                            //串口输出结果前的提示信息
    .string "sum:%d\n"
string_first_1:                         //字符串标签
    .string "Serial port information start!\n"
string_control_1:
    .string "%d>%d,Result is:%d\n" //输出原数字符串信息
string_control_2:
    .string "%d<%d,Result is:%d\n"
main:
......
//（2）======主循环部分（开头）=======================================
main_loop:                              //主循环标签（开头）
......
//（2.4）计算 1 到 100 的和，并用串口输出结果
//（2.4.1）串口输出结果前的提示信息
```

```
        ldr r0, =string_first_1              //r0 指明串口输出提示字符串
              bl  printf                     //调用 printf
//（2.4.2）计算结果并用串口输出
              mov r0,#1
              mov r1,r0
              bl  loop                       //调用 loop 函数
        loop:
              add r0,r0,#1
              add r1,r1,r0
              mov r2,#100
              cmp r0,r2                       //比较 r0 和 r2 的值
              bne loop                        //不相等则继续跳转到 loop
              ldr r0, =string_loop
              bl  printf
              b main_loop                     //继续循环
//（2）======主循环部分（结尾）=========================================
              .end                            //整个程序结束标志（结尾）
```

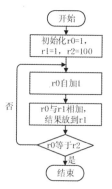

图 5-9　循环控制流程图

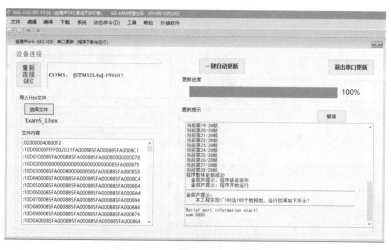

图 5-10　循环控制执行结果

【练习 5-2】 打开"Exam5_3"工程，修改程序以实现求 5!，并通过 printf 输出结果。

5.3 汇编程序设计实例

本节以数制转换、冒泡排序为例，通过调用 printf 构件、LCD 构件进行过程及结果显示。

5.3.1 数制转换程序设计

【例 5-4】 编写程序，将十进制数转换成二进制、八进制、十六进制，并通过串口输出结果。假设需要转换的十进制数是 95，参考程序见"Exam5_4"工程。

分析：十进制转换成二进制可通过每次移动 1 位数字再与"1"进行逻辑"与"运算，依次得到存储在寄存器中的最后一位数据，最后通过串口输出每一位即可。十进制转换为八进制的过程同上。十进制转换成十六进制可通过每次移动 4 位数字再与"1"进行逻辑"与"运算，依次得到存储在寄存器中的后 4 位数据。若数据大于 10，则参照 ASCII 表可知字符"10"和"A"相差 55，在"10"的 ASCII 值的基础上加 55 输出即可，执行结果如图 5-11 所示。

```
//================================================================
//文件名称：system_convert.s
//功能概要：STM32L432RC 进制转换（汇编）程序文件
//版权所有：SD-Arm (sumcu.suda.edu.cn)
//版本更新：2019-10-21 V3.0
//================================================================
string_system_convert:
    .string "system_convert : "      //转换之前的提示信息
string_system_mesg:
    .string "%d"                      //输出十进制数
string_system_mesg2:
    .string "%c"                      //输出字符形式
//start 函数定义区域
.type  convert_binary, function
.type  convert_hexade, function
.type  convert_octal, function
//end   函数定义区域
//--------------------以下为内部函数存放处--------------------------
.section .text
//================================================================
//函数名称：convert_binary
//函数返回：无
//参数说明：通过将所要操作的数一次移动 1 位，再与"1"进行逻辑"与"运算后，再存
//放到 r5 中
```

//功能概要：将十进制数最后用二进制表示并输出
//===
convert_binary:
//（1.1）保存现场
```
    push {r0-r7,lr}                    //保存现场，pc(lr)入栈
```
//（1.2）循环得到寄存器每次移位后的数据，并用串口输出
```
    mov r2,#8
    mov r4,#1
loop:
    mov r5,r7                          //r5=r7←逻辑"与"之后的数
    sub r2,r2,#1
    lsr r5,r5,r2
    and r5,r5,r4                       //r5←移位得到数据最后一位数
    mov r6,r2
    mov r1,r5
    ldr r0,=string_system_mesg         //r0←进制转换提示信息
    bl printf                          //调用printf函数
    mov r2,r6
    cmp r2,#0
    bne loop                           //r2不等于0则跳转到loop
```
//（1.3）恢复现场
```
    pop {r0-r7,pc}                     //恢复现场，lr出栈到pc
```
//===
//函数名称：convert_hexade
//函数返回：无
//参数说明：通过将所要操作的数每次移动1位，再与"1"进行逻辑"与"运算后，再存
//放到r5中
//功能概要：将十进制数最后用十六进制表示并输出
//===
convert_hexade:
//（2.1）保存现场
```
    push {r0-r7,lr}                    //保存现场，pc(lr)入栈
```
//（2.2）循环得到寄存器每次移位后的数据，并用串口输出
```
    mov r2,#8                          //r2指明移位次数
    mov r4,#15                         //与移位后的数据进行逻辑"与"运算
loop_hexade:
    mov r5,r7
    sub r2,r2,#4
    lsr r5,r5,r2
```

```
    and r5,r5,r4                    //r5←移位得到数据最后 4 位数
    mov r6,r2
//（2.3）r5 与 10 进行比较，用于输出类似字符 a（十六进制用 10 表示）
    cmp r5,#10
    bcs display_string             //r5≥10 则跳转到 display_string
    mov r1,r5
    cmp r1,#0
    beq loop_hexade                //r1 不等于 0 则跳转到 loop_hexade
    ldr r0,=string_system_mesg
    bl printf
    mov r2,r6
    cmp r2,#0
    bne loop_hexade                //r2 不等于 0 则跳转到 loop_hexade
    display_string:                //转换成字符显示标签
    mov r3,r5
//（2.4）将 r3 得到的 ASCII 值加 55，进而可用 ABCDEF 类似字符表示
    add r3,r3,#55                  //r3←转换成该字母的 ASCII 值
    mov r1,r3
    ldr r0,=string_system_mesg2
    bl printf
    mov r2,r6
    cmp r2,#0
    bne loop_hexade                //r2 不等于 0 则跳转到 loop_hexade
//（2.5）恢复现场
    pop {r0-r7,pc}                 //恢复现场，lr 出栈到 pc
//================================================================
//函数名称：convert_octal
//函数返回：无
//参数说明：通过将所要操作的数每次移动 3 位，再与"7"进行逻辑"与"运算后，
//再存放到 r5 中
//功能概要：将十进制数最后用八进制表示并输出
//================================================================
convert_octal:
//（3.1）保存现场
    push {r0-r7,lr}                //保存现场，pc(lr) 入栈
//（3.2）循环得到寄存器每移 3 位后的数据，并用串口输出
    mov r2,#9                      //r2←移位次数
    mov r4,#7
    loop_octal:
```

```
        mov r5,r7
        sub r2,r2,#3
        lsr r5,r5,r2
        and r5,r5,r4                    //r5←移位得到数据最后三位数
        mov r1,r5
        mov r6,r2
        cmp r1,#0
        beq loop_octal                 //r1 不等于 0，则跳转到 loop_octal
        ldr r0,=string_system_mesg
        bl printf
        mov r2,r6
        cmp r2,#0
        bne loop_octal                 //r2 不等于 0，则跳转到 loop_octal
//（3.3）恢复现场
        pop {r0-r7,pc}                 //恢复现场，lr 出栈到 pc
```

main 函数的调用函数的主要程序代码如下：

```
//（0）数据段与代码段的定义
//（0.1）定义数据存储从 data 段开始，实际数据存储在 RAM 中
.section .data
//（0.1.1）定义须输出的字符串，标号即为字符串首地址，\0 为字符串 xfgi 的结束标志
hello_information:                     //字符串标号
    .ascii "------------------------------------------------\n"
    .ascii "金葫芦提示：                                     \n"
    .ascii " 本工程实现将十进制数分别转换为二进制、八进制、十六进制输出！ \n"
    .ascii "    运行结果如下所示！                           \n"
    .ascii "------------------------------------------------\n\0"
data_format:
    .ascii "%d\n\0"                    //printf 使用的数据格式控制符
string_first_2:                        //字符串标签
    .string "Serial port information start!\ndata : %d\n"
string_to_binary:                      //串口输出二进制形式提示信息
    .string "binary : "
string_to_octal:                       //输出八进制形式提示信息
    .string "\noctal : "
string_to_hexade:                      //串口输出十六进制形式提示信息
    .string "\nhexade :  "
main:
......
//（1.8）将需要转换的数从串口输出
```

```
        ldr r0,=string_system_convert      //r0←进制转换提示信息
        bl printf                          //调用 printf 函数
        ldr r0,=string_first_2
        mov r7,#95                         //r7←要转换的数
        mov r1,r7
        bl printf
// (1.8.1) 二进制形式输出需要转换的数
        ldr r0,=string_to_binary           //r0←进制转换提示信息
        bl printf
        bl convert_binary                  //调用转换成二进制的函数
// (1.8.2) 八进制形式输出需要转换的数
        ldr r0,=string_to_octal
        bl printf
        bl convert_octal                   //调用转换成八进制的函数
// (1.8.3) 十六进制形式输出需要转换的数
        ldr r0,=string_to_hexade
        bl printf
        bl convert_hexade                  //调用转换成十六进制的函数
......
// (2) =====主循环部分 (开头) =================================
main_loop:                                 //主循环标签 (开头)
......
        b main_loop                        //继续循环
// (2) =====主循环部分 (结尾) =================================
        .end                               //整个程序结束标志 (结尾)
```

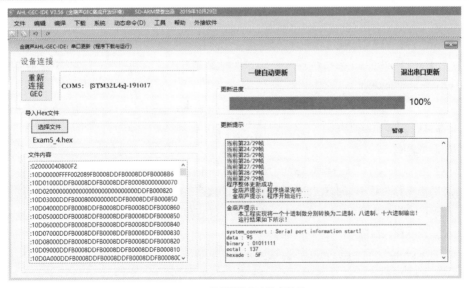

图 5-11　进制转换程序执行结果

5.3.2 冒泡排序程序设计

【例 5-5】 输入一组数据，编程实现冒泡递减排序效果，并通过 LCD 屏幕显示输出结果。假设待排序的一组数是 12，15，8，14，16，10，2，30。参考程序见"Exam5_5"工程。

分析如下。

（1）硬件接法。用 SWD 连接目标套件和 PC 的 USB 端口；LCD 屏幕的 8 个针脚与底板标有"彩色 LCD"字样处相连。

（2）这里需要定义一个数据段来存储数据，可以设定存取每个数据都占用一个字节；排序过程主要分为外循环和内循环两个程序段，每执行完一次内循环，外循环需要循环的次数减 1。当外循环需要循环的次数为 0 时，说明排序完成。此时串口输出提示信息如图 5-12 所示，LCD屏幕显示输出结果如图 5-13 所示。

```
//================================================================
//文件名称: bubbleSort.s
//功能概要: STM32L432RC 冒泡排序（汇编）程序文件
//版权所有: SD-Arm(sumcu.suda.edu.cn)
//版本更新: 2019-10-21 V3.0
//================================================================
string_first_2:                    //串口输出前的提示信息
        bubble_uart_bef:
.string "before Sort:"            //冒泡排序前的数的提示信息
        bubble_uart_aft:
.string "\nafter Sort:"           //冒泡排序后的数的提示信息
        string_control:
.string "%d,"                     //输出十进制数
//start 函数定义区域
.type  bubbleSort, function
//end   函数定义区域
//-------------------------以下为内部函数存放处-------------------
.section .text
//================================================================
//函数名称: bubbleSort
//函数返回: 无
//参数说明: r2 用于存储数据的首地址, r6 用于控制冒泡排序外循环的次数
//功能概要: 用串口的方法输出冒泡排序前的数据和冒泡排序后的数据
//备注: 这里需要用户自己手动输入数据, 先获取存储首地址, 再按数据所需存储单元一步步
//      存入数据
//================================================================
bubbleSort:
//（1）保存现场
```

```
        push {r0-r7,lr}                    //保存现场，pc(lr)入栈
//（2）排序前，先在 LCD 屏幕上显示字符串信息
        mov r0,#6                          //r0←需要显示在 LCD 屏幕上的 x 坐标初始值
        mov r1,#45                         //r2←需要显示在 LCD 屏幕上的 y 坐标
        ldr r2,=bubble_uart_bef            //r2 指明排序前的字符串信息
        bl LCD_showScreen_string           //调用 LCD 屏幕显示字符串的函数
//（3）依次输出冒泡排序前的数据
        mov r7,#0                          //r7←需要移动的相对地址数
        loop_bub_bef:
//（3.1）获取数组的首地址
        ldr r2,=array                      //r2←获取数组的首地址
        mov r0,#65
        ldr r1,[r2,r7]                     //r1=r2←首地址+r7 后的数据
        ldr r3,=0x000000FF
        and r1,r1,r3                       //依次取出数据
        bl LCD_showScreen_digital          //调用 LCD 显示数字的函数
//（3.2）每次取完数后，地址加 1
        add r7,r7,#1
        ldr r6,=count
        cmp r7,r6
        bcc loop_bub_bef                   //若 r7 小于数组长度，则跳转 loop_bub_bef
//（4）冒泡排序一趟，外层循环次数减 1
        loop_outer:                        //外层循环控制标签
        ldr r2,=array
        sub r6,r6,#1
        cmp r6,#0
        beq end                            //跳转到程序执行处
        mov r5,#0                          //r5←记录当前外层循环的次数
//（5）内层循环用于比较两数并确定是否需要交换位置
        loop_inner:                        //内层循环控制标签
        ldr r3,[r2]                        //r3←所要比较的第一个数据
        ldr r0,=0x000000FF
        and r3,r3,r0                       //从存储地址取第一个数
        add r4,r2,#1
        ldr r4,[r4]                        //r4←所要比较的第二个数据
        ldr r0,=0x000000FF
        and r4,r4,r0                       //从存储地址取第二个数
        cmp r3,r4
//（5.1）若 r3≥r4 则跳转到 noSwap
        bcs noSwap
```

111

```
//（5.2）若 r3<r4，则无须交换存储位置
    add r0,r2,#1
    strb r3,[r0]                 //以一个字节方式存储
    strb r4,[r2]                 //若 r3＜r4，则交换存储位置
    noSwap:                      //无须交换存储位置标签
    add r2,r2,#1
    add r5,r5,#1                 //r5←外层循环次数+1
    cmp r5,r6                    //比较记录的外层循环次数与实际所需的外层循环次数
    bcc loop_inner              //小于实际所需的外层循环次数则跳转到 loop_inner
    b  loop_outer               //跳转到外层循环
    end:
//（6）排序后，在 LCD 屏幕上显示字符串信息
    ldr r0,=bubble_uart_aft //r0←排序后的提示信息
    mov r0,#6
    mov r1,#85
    ldr r2,=bubble_uart_aft
    bl LCD_showScreen_string
//（7）依次输出冒泡排序后的数据
    mov r7,#0                    //r7←需要移动的相对地址数
    loop_bub_aft:               //串口输出数据提示信息前的显示标签
    ldr r2,=array
    ldr r1,[r2,r7]              // r1=r2←首地址+r7
    ldr r3,=0x000000FF
    and r1,r1,r3
    mov r0,#105
    bl LCD_showScreen_digital
    add r7,r7,#1
    ldr r6,=count
    cmp r7,r6
    bcc loop_bub_aft           //跳转 loop_bub_aft
//（8）恢复现场
    pop {r0-r7,pc}             //恢复现场，lr 出栈到 pc
```

其中函数 LCD_showScreen_string、LCD_showScreen_digital 和 main 函数中的 LCD_showTitle 都是 LCD 构件的内部函数，具体请参考 "Exam5_5" 工程 05_UserBoard 下的 lcd.c 文件。main 函数的调用函数的主要程序代码如下。

```
//（0）数据段与代码段的定义
//（0.1）定义数据存储从 data 段开始，实际数据存储在 RAM 中
```

```
.section .data
//（0.1.1）定义须输出的字符串，标号即为字符串首地址，\0 为字符串 xfgi 的结束标志
hello_information:                    //字符串标号
    .ascii "---------------------------------------------------\n"
    .ascii "金葫芦提示:                                      \n"
    .ascii "  本工程实现将一组数进行冒泡递减排序，并将结果显示在 LCD 屏幕中!  \n"
    .ascii "  运行结果请参照 LCD 屏幕显示!                        \n"
    .ascii "---------------------------------------------------\n\0"
string_first_2:                       //字符串标签
.string "Serial port information start\n"
......
//（0.1.3）定义数组
.global array,count                   //声明所定义的数组和数组长度是全局变量
.section .data
.align 1
array:                                //定义须排序的数组
 .byte 12,15,8,14,16,10,2
.align 1
.equ count,7                          //count 等于数组长度，用于记录外循环次数
......
main:
......
    bl LCD_Init                       //调用 LCD 初始化函数
    ldr r0,=hello_information         //r0←待显示字符串
    bl  printf                        //调用 printf 显示字符串
//（1.9）调用冒泡排序函数
    ldr r0,=string_first_2            //r0←串口输出数据前的提示信息
    bl LCD_showTitle                  //调用显示头标题的函数
    bl bubbleSort                     //调用冒泡排序函数
//（2）======主循环部分（开头）=======================================
main_loop:                            //主循环标签（开头）
......
        b main_loop                   //继续循环
//（2）======主循环部分（结尾）=======================================
        .end                          //整个程序结束标志（结尾）
```

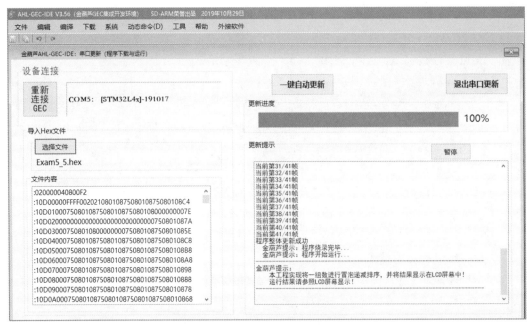

图 5-12　冒泡排序串口输出提示信息

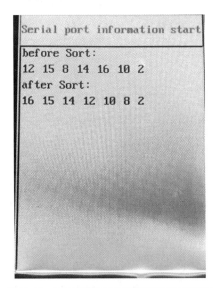

图 5-13　LCD 屏幕显示冒泡排序程序执行结果

5.4　实验二：基于构件方法的汇编程序设计

1．实验目的

（1）对构件基本应用方法有更进一步的认识，初步掌握基于构件的汇编设计与运行。

（2）理解汇编语言中顺序结构、分支结构和循环结构的程序设计方法。

（3）理解和掌握汇编跳转指令的使用方法和场合。

（4）掌握硬件系统的软件测试方法，初步理解 printf 输出调试的基本方法。

2. 实验准备

参见实验一。

3. 参考样例

本实验以"Exam5_5"工程为参考样例。该程序通过申请一段绝对地址空间用于存储一组数据，并通过编程实现冒泡从大到小的排序，最后用串口输出排序后的结果。

4. 实验过程或要求

（1）验证性实验

验证样例程序，具体验证步骤见实验一。

（2）设计性实验

在验证性实验的基础上，自行编程实现计算 100 以内的奇数相加所得的和，最后通过串口输出该结果。

（3）进阶实验★

利用"Exam5_5"工程提供的一组数据（也可自定义一组数据），采用选择排序算法对这组数据进行从小到大排序。

5. 实验报告要求

（1）用适当的文字、图表描述实验过程。

（2）用 200 ~ 300 字写出实验体会。

（3）在实验报告中完成实践性问答题。

6. 实践性问答题

（1）若要通过串口输出冒泡排序结果，该如何实现？

（2）若要实现冒泡从小到大排序，则应修改哪些语句？

5.5 习题

（1）构件在设计的过程中应遵循哪些基本原则？

（2）写出汇编语言主程序文件 main.s 的基本结构。

（3）写出汇编语言中断处理程序文件 isr.s 的基本结构。

（4）读程序：

```
mov r2,#97
sub r2,r2,#32
mov r1,r2
ldr r0,=string_test
bl printf
```

其中，printf 函数用于输出数据，string_test 的定义如下。

```
string_test:
    .string " %c"
```

请问：上述程序实现了什么功能?

（5）编程实现二进制与十六进制之间的转换。

（6）查找文件：NATO Communications and Information Systems Agency. NATO Standard for Development of Reusable Software Components, 1991。认真阅读该文件，从中总结出 500 字左右的要点。

chapter

存储器

06

存储器是现代计算机系统中不可或缺的一部分,它充当着计算机系统的记忆设备这一重要角色。它的主要功能就是存储各类程序和各种数据,有效地保证计算机运行过程中数据的高速读/写操作。存储器存储信息的最小单位是二进制数的一位,仅可以存储 0 和 1。本章首先介绍存储器的功能与分类,然后介绍随机存储器、只读存储器等几种重要的存储器,最后通过存储器的实验帮助读者加深对存储器的理解。

存储器是具有"记忆功能"的设备，它采用二进制的"0"和"1"来存储信息。现代冯·诺伊曼计算机是以存储器为中心的，任何数据在传输、输入和输出的过程中都必须经过存储器的中转。

6.1.1 按存储介质分类

存储器按存储介质可分为半导体存储器、磁表面存储器和光存储器。半导体存储器按其制造工艺可再分为晶体管-晶体管逻辑（Transistor-Transistor Logic，TTL）型存储器和金属-氧化物-半导体（Metal-Oxide-Semiconductor，MOS）型存储器。TTL 型存储器存取速度较快，但功耗较大，集成度低，故多用来制作高速缓存；而 MOS 型存储器功耗小，集成度高，虽然存取速度略低，但成本也相对较低，故现在的主存大多使用 MOS 型存储器。磁表面存储器是用某些磁性材料做成的存储器，其典型代表有磁盘存储器、磁带存储器。磁盘存储器常用于存放操作系统、程序和数据，是对主存储器的扩充。光存储器是指利用光学原理进行二进制数据存取的存储器，其典型代表有 CD 和 DVD。

6.1.2 按功能分类

根据存储器在计算机系统中的作用，还可以将其分为主存储器、辅助存储器、高速缓冲存储器和控制存储器等。

（1）主存储器简称主存，又被称作内存，主要由随机存储器组成，用于存放计算机运行期间所需要的程序和数据，是计算机各部件信息交流的中心。通常 CPU 只能直接访问主存中的数据，因此主存的存取速度直接影响计算机的运算速度。大多数主存由半导体器件制成，具有容量小、存取速度快、断电后数据丢失的特点。

（2）辅助存储器简称外存，用于存储大量暂时不参与运算的程序和数据以及需要长期保存的运算结果。通常，外存不直接和计算机的其他部件交换数据，只是成批地与主存交换信息。常见的外存设备有硬盘、闪盘、光盘和磁带等。外存容量大、存取速度慢、断电后数据不丢失。

（3）高速缓冲存储器用于存放主存中经常使用的内容的备份，它被用在 CPU 与主存之间，起到速度缓冲的作用。目前 CPU 中一般都包含片内一级 Cache 和二级 Cache，较新的 CPU 还包含三级 Cache。Cache 的存储容量很小，但是存取速度极快，完全可以匹配 CPU 的运算速度，但 Cache 的价格也极高。

（4）控制存储器用于存放实现全部指令系统的所有微程序。它是一种只读型存储器，一旦微程序固化，机器运行时则只读不写。其工作过程如下：每次读出一条微指令[①]，运行这条微指令；再重复这一过程直到运行结束。通常将读出一条微指令并执行微指令的时间总和称为一

[①] 微指令是指在微程序控制的计算机中，同时发出的控制信号所执行的一组微操作，是由同时发出的控制信号的有关信息汇集起来形成的。将一条指令分成若干条微指令，按次序执行就可以实现指令的功能。若干条微指令可以构成一个微程序，而一个微程序就对应了一条机器指令。

个微指令周期。控制存储器的字长就是微指令字的长度，其存储容量视机器指令系统而定。对控制存储器的要求是读出周期要短，因此通常采用双极型半导体只读存储器。

6.1.3 按存取方式分类

对存储器的访问实质上是对存储单元的访问，根据寻找访问单元的方式，可以将存储器分为随机访问存储器和顺序访问存储器两类。

（1）随机访问存储器应用较多，它包括大多半导体存储器。这里的随机指的是被访问单元的位置是随机的、独立的。换言之，RAM 中的每一个单元都可以被独立地直接访问。在不考虑访问局部性原理等统计策略级问题的前提下，每两次连续访问之间的关系是独立的，两次访问单元的位置与访问时间无关。在计算机系统中，RAM 主要用作主存和高速缓冲存储器。

（2）顺序访问存储器（Sequential Access Memory，SAM）中的单元一般不能被独立访问。当有存取操作时，SAM 先根据待访问单元地址定位至一个储存块（存储单元集合），再按顺序寻找到待访问的单元进行存取操作。最为极限的情况下，SAM 会从存储体的第一个单元开始按顺序逐个查找，直至找到待访问单元。因此，相比 RAM 而言，SAM 往往具有较低的访问速度，但在价格、容量等指标上优势比较明显。

6.2 随机存储器与只读存储器

随机存储器和只读存储器（Read-Only Memory，ROM）都是半导体存储器的典型代表。半导体存储器是一种以半导体电路作为存储介质的存储器，具有体积小、存储速度快、易集成等优点，但成本较高，因此主要用作高速缓冲存储器、主存储器、只读存储器等。

6.2.1 RAM

计算机中的内存条即 RAM。RAM 可以随时从任何一个指定地址的存储单元中读取数据，也可以随时将数据写到任何一个指定地址的存储单元中。RAM 是一种易失性存储器，掉电后数据将丢失，即一旦断开电源，RAM 中所存储的信息就会随之丢失，这非常不利于信息的长期保存。因此 RAM 一般作为数据存储器使用，暂时性地存取数据。RAM 用于存放现场输入的数据或者可以更改的运行程序和数据，常用作堆栈。

根据 RAM 工作原理不同，可以将其分为两类：基于触发器原理的 SRAM 和基于分布电容电荷存储原理的动态随机存储器（Dynamic RAM，DRAM）。

1. SRAM

SRAM 是一种重要的随机存储器，也是当前应用最为广泛的一种随机存储器，该种存储器只要保持有源状态，其中所存储的数据就可以一直保持而不丢失。目前的 SRAM 主要是用价格低廉、功耗较小的 MOS 管制作的。图 6-1 所示为 SRAM 存储位元的一种六管存储位元电路基本结构，其中的 T1 和 T2 管构成双稳态正反馈电路，T3 和 T4 管作为负载管，T5 和 T6 管作为控制字线和位线的门控管。当没有访问操作时，字线处于低电平状态，两根位线上呈高电平状态。由于门控管 T5 和 T6 截止，T1 和 T2 将保持原有的稳定状态。

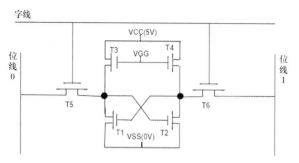

图 6-1　静态存储单元结构

当存储元进行写入访问时，字线上须加载高电平。当写入 0 时，在位线 0 上加载低电平；当写入 1 时，在位线 1 上加载低电平。当在位线 0 上加载低电平时，T2 管被截止，T1 管导通，这种状态被记为 0；反之，T1 管被截止，T2 管导通，这种状态被记为 1。

SRAM 的特点是工作稳定，使用方便，不需要额外加刷新电路；但每个存储单元都由 6 个 MOS 管组成，集成度较低，功耗也较大。由于其性能稳定，不需要刷新，工作速度较高，因此一般用于规模较小的快速存储器。

2. DRAM

SRAM 使用了较多的 MOS 管来设计存储单元，降低组成存储单元的 MOS 管数量，就可以降低存储器的成本。SRAM 利用 MOS 管的翻转状态来表示二进制的状态，即利用数据线上是否有电流流动表示被存储的数据是 0 还是 1。电容作为储能器件也可以实现类似的功能，即利用内部是否存储电荷来表示二进制的状态。使用电容代替 MOS 管作状态存储器件可以极大地降低成本，这就是动态随机存储器的设计初衷。DRAM 利用电容内是否储存电荷来代表一个二进制位是 1 还是 0。常见的 DRAM 存储位元结构有四管 MOS 型、三管 MOS 型和单管

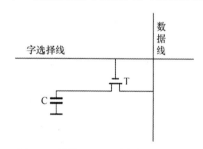

图 6-2　单管 MOS 型动态存储单元结构

MOS 型。下面主要对单管 MOS 型的工作方式进行介绍。单管 MOS 型动态存储单元结构如图 6-2 所示。当存储单元被选中后，字选择线加载高电平，使控制管 T 被打开，电流在数据线和存储电容 C 之间流动。当写入 1 时，数据线呈高电平状态，电流通过 T 流入 C 中；当写入 0 时，数据线呈低电平状态，将 C 中的电流导出，使其内部不存储正电荷。读出时，如果 C 中有正电荷，将有电流流过 T 管，拉升数据线上的电平状态；否则数据线仍保持低电平状态。

DRAM 的读取是破坏性的，一旦进行读取操作，将可能导致电容中失去正电荷，呈现无电荷状态。因此，必须在读出后进行重写工作，从而还原读取前电容的存储状态。电容在实际工作中会有漏电的现象，会使内部存储正电荷不足而丢失存储数据的状态。虽然读出后的重写工作可以为电容补充电荷，但并不是每一个电容在电荷泄漏前都可以被访问到。因此，为了使其正常工作，即使没有读取操作，也要进行周期性的重写工作，否则无法长期保持存储状态。正是由于需要周期性的定时刷新，这种利用电容存储电荷性质制成的存储器被称作为DRAM。单管 MOS 型 DRAM 的每个存储单元只由一个 MOS 管和一个电容组成，它最大的优点是芯片集成度很高、功耗很低；缺点是芯片本身不具有向电容充电的刷新功能，须外加

刷新逻辑电路。

6.2.2 ROM

主板（Mother Board）上存储 BIOS 程序的芯片即 ROM。ROM 的特点是数据被预先写入，而且一旦被写入，使用时就只能进行数据的读取操作，无法进行更改，且 ROM 中存储的数据即使掉电也不会丢失。ROM 的基本存储单元包括二极管、双极型晶体管或 MOS 管。如今，面向用户的需要，市面上出现了可以任意修改原始信息的 ROM，即可编程 ROM（Programmable ROM，PROM）、可擦可编程 ROM（Erasable Programmable ROM，EPROM）和电擦除可编程 ROM（EEPROM）等。对半导体 ROM 而言，基本器件分为 MOS 型和 TTL 型两种。

1. 掩模 ROM

MOS 型掩模 ROM 如图 6-3 所示，其容量为 1KB×1 位，采用重合法驱动，行、列地址线分别经行、列译码器，各有 32 根行、列选择线。行选择线与列选择线交叉处有无耦合元件 MOS 管均可。列选择线各控制一个列控制管，32 个列控制管的输出端共连一个读放大器。当地址为全"0"时，第 0 行、第 0 列被选中，若行、列的交叉处有耦合元件 MOS 管，因其导通而使列线输出为低电平，经读放大器反相为高电平，输出"1"。当地址 A4～A0 为 11111、A9～A5 为 00000 时，即第 31 行、第 0 列被选中，但此刻行、列的交叉处无耦合元件 MOS 管，0 列线输出为高电平，经读放大器反相为低电平，输出"0"。可见，根据行、列交叉处是否有耦合元件 MOS 管，便可区分原存"1"还是"0"。当然，此 ROM 一旦制成，其原行、列交叉处的耦合元件 MOS 管是否存在就会固定，所以用户是无法改变原始状态的。

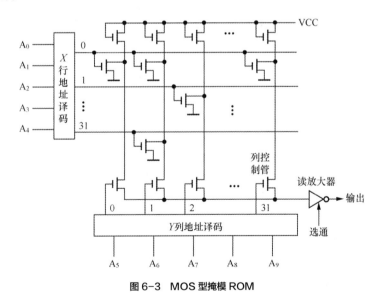

图 6-3　MOS 型掩模 ROM

2. PROM

PROM 是可以实现一次性编程的只读存储器。图 6-4 所示为一个由双极型电路和熔丝构成的基本单元电路，在这个电路中基线由行线控制，发射级和列线之间形成一条镍铬合金薄膜制成的熔丝（可用光刻计数实现），集电极接到电源 VCC。根据熔丝断和未断可区别其所存信息是"1"还是"0"。

3. EPROM

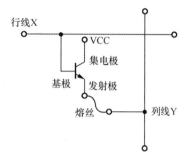

图 6-4 PROM 存储阵列结构示意图

EPROM 是一种可擦可编程只读存储器,用户可以对其所存信息做任意次的改写。目前使用较多的 EPROM 由浮动栅雪崩注入型 MOS 管构成。EPROM 的改写有两种方式:一种是用紫外线照射方法进行改写,这种方式擦除时间比较长,而且不能对个别需要改写的单元进行单独擦除或重写;另一种是用电气方法将存储内容擦除再重写,甚至在联机条件下用字擦除或页擦除方式,既可局部擦写,又可全部擦写,这种 EPROM 就是 EEPROM。

4. EEPROM

EEPROM 是一种掉电后数据不丢失的存储芯片。EEPROM 可以在计算机或专用设备上擦除已有信息,重新编程。而且,EEROM 具有即插即用(Plug-and-Play)的特性。EEPROM(常写为 E²PROM)的存储元是一个具有两个栅极的 MOS 管,其基本结构如图 6-5 所示,在浮空栅(G1 栅)和漏极 D 之间有一个面积很小、厚度极薄的氧化层,可产生隧道效应。当控制栅(G2 栅)加 20V 正脉冲时,由于隧道效应,电子由衬底注入 G1 栅,利用此方法可将 EEPROM 中的内容抹为全"1"(即出厂状态)。

使用时,漏极 D 加 20V 正脉冲,G2 栅接地,G1 栅上的电子通过隧道返回衬底,相当于写"0"。读出时,在 G2 栅加 3V 电压,若 G1 栅上有电子积累,则 MOS 管不导通,相当于读取"0";若 G1 栅上无电子积累,则 MOS 管导通,相当于读取"1"。EEPROM 可进行上千次的重写,数据可存储 20 年以上,电擦除、按字擦除等功能的实现使 ROM 存储器的使用更加灵活便利,应用领域也更加广泛,但它的擦除和重写仍需在专门的编程器(写入器)中进行。

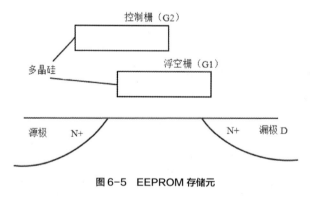

图 6-5 EEPROM 存储元

6.3 SD 卡与高速缓存

6.3.1 SD 卡

SD 卡是一种基于半导体快闪记忆器的新一代记忆设备,由日本松下、东芝及美国公司在

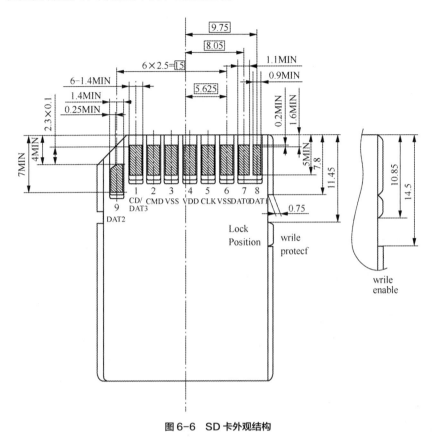

1999 年 8 月共同开发研制，外观结构如图 6-6 所示。大小犹如一张邮票的记忆卡，重量也只有 2 克，但是其容量大、传输速率高、安全性高。

图 6-6　SD 卡外观结构

SD 卡主要的外观特征有：端子保护，保护结构可以防止处理和插入期间直接与针接触；写入保护开关，可设置滑动开关来保护数据；可正确插入的楔形设计，这种形状有助于用户插入正确的方向；凹口设计，防止卡受到物理冲击时从主设备上掉落；导槽，可保证其被正确地插入主设备。肋条可以保护金属触点，以便减少静电所引起的可能性损坏，或者触碰损坏，如擦伤等。

SD 卡的可变时钟频率为 0～25MHz 通信电压范围，低电压消耗，自动断电以及自动睡醒，智能电源管理，不需额外编程电压，卡片带电插拔保护，支持双通道闪存交叉存取、快写技术。此外，SD 卡提供超高速闪存访问和高可靠数据存储，最大读写速率可达 10MB/s，最大是 10 个堆叠的卡，数据寿命可达 10 万次编程擦除。

SD 卡在外围尺寸上和多媒体卡（Multimedia Card，MMC）[①]保持一致，但比 MMC 略厚，容量也大很多，并且兼容 MMC 接口规范。SD 卡表面上有 9 个引脚，目的是把传输方式由串行变成并行，从而提高传输速度。它的读写速度比 MMC 快，安全性也更高。SD 卡最大的特点就是具有加密功能，可以保证数据资料的安全。

SD 卡数据传送和物理规范由 MMC 发展而来，大小和 MMC 差不多，尺寸为 32mm×24mm×

---

① MMC 是一种非易失性存储器件，体积小巧，容量大，耗电量低，传输速度快。MMC 共有 7 个引脚，分为两种模式，分别为 MMC 模式和 SPI 模式。

2.1mm，长宽和 MMC 一样，只是厚了 0.7mm，因此可以容纳更大容量的存贮单元。SD 卡外型采用了与 MMC 厚度一样的导轨式设计，使 SD 卡设备适合 MMC。SD 卡与 MMC 保持着向上兼容，MMC 设备不可以存取 SD，但 SD 卡设备可以存取 MMC，兼容性则是取决于应用软件。

目前，不少数码相机等电子产品也开始支持卡。SD 卡接口除了保留 MMC 的针外，还在两边加了针，作为数据线。采用了 NAND 型 Flash Memory，基本上和 SmartMedia[①]的一样，平均数据传输率可以达到 2MB/s。SD 卡的安全性和保密性很高，也很容易被重新格式化，所以应用领域非常广泛，可以方便地保存视频、音频、图片等各类多媒体文件。

SD 卡的接口可以支持 SD 卡和 SPI 两种操作模式。主机系统可以选择其中任意一种模式。SD 卡模式是标准的默认模式，SPI 模式是存储卡的可选工作模式。SD 卡模式允许 4 线的高速数据传输；SPI 模式允许简单通用的通道接口，这种模式相对于 SD 模式的不足之处是丧失了读写速度。

6.3.2 高速缓存

1. 高速缓存的地位和作用

集成电路技术的不断进步，导致生产成本不断降低、CPU 的功能不断增强、运算速度越来越快，微型计算机的应用领域也随之不断拓展，系统软件和应用软件由此变得越来越大，客观上需要大容量的内存来支持软件的运行，因此为计算机配备较大容量的内存变得极为需要。综合成本和容量两方面因素考虑，现代计算机广泛采用的内存实现方法是用 DRAM 构成的内存。这是因为 DRAM 的功耗和成本较低，易构成大容量的内存。但由于 DRAM 的存取速度相对较慢，很难满足高性能 CPU 对速度的要求，同时程序执行所须使用的指令或数据在存储器中很可能是在同一地址的附近（至少在一段时间内是这样的），因此就产生了高速缓冲存储器的设计理念，即只将 CPU 最近需要使用的少量指令或数据以及存放它们的内存单元的地址复制到 Cache 中以供 CPU 使用，用少量速度较快的 SRAM 构成 Cache 置于 CPU 和主存之间。这种设计思想综合了 SRAM 的速度优势和 DRAM 的高集成度、低功耗、低成本的特点。随着大规模集成电路技术的不断进步，CPU 的工作频率进一步提高，虽然 DRAM 技术和生产工艺在不断进步，DRAM 的读写周期在不断缩短，即速度也在不断提高，但是仍然达不到同阶段 CPU 对内存速度的要求。问题依然存在，且变得更加严重，所以在目前的系统中，均采用 Cache 和 DRAM 内存的组合结构。基于目前的大规模集成电路技术和生产工艺，已经可以在 CPU 芯片内部放置一定容量的 Cache。CPU 芯片内部的 Cache 称为一级（L1）Cache，外部由 SRAM 构成的 Cache 称为二级（L2）Cache。目前最新的 CPU 芯片内部已经可以放置二级甚至三级 Cache。

2. 高速缓存的结构及工作原理

当 CPU 需要使用数据或指令时，它首先访问 Cache，查找所需要的数据或指令。方法是将 CPU 提供的数据或指令的内存地址，首先与 Cache 中已存放的数据或指令的地址相比较，若相等，则说明可以在 Cache 中找到需要的数据或指令，这称为 Cache 命中；若不相等，则说

---

① SM（Smart Media）卡是微存储卡的一种，与 SD 卡大致相同。东芝公司在 1995 年 11 月发布 Flash Memory 存储卡，三星公司在 1996 年购买了生产和销售许可。此后，这两家公司成为主要的 SM 卡厂商，但 SM 卡现在已被淘汰。

明 CPU 需要的数据或指令不在 Cache 中，称为 Cache 未命中，需要从内存中提取。若 CPU 需要的指令或数据在 Cache 中，则无须任何等待状态，Cache 就可以将信息传送给 CPU；若 CPU 需要的数据或指令不在 Cache 中，存储器控制电路会从内存中取出数据或指令传送给 CPU，同时在 Cache 中拷贝一份副本。这样可以防止 CPU 以后在访问同一信息时又会出现未命中的情况，从而降低 CPU 访问速度相对较慢的概率。换言之，CPU 访问 Cache 的命中率越高，系统性能就越好。目前在绝大多数有 Cache 的系统中，Cache 的命中率一般可达 85%以上。Cache 的命中率取决于 3 个因素：Cache 的大小、Cache 的组织结构和程序的特性。容量相对较大的 Cache，其命中率也会相应提高，但若容量过大就会导致成本的不合理。遵循局部性原理的程序在运行时，Cache 命中率也会很高。Cache 组织结构的好坏，对命中率也会产生较大的影响。根据组织结构可以将 Cache 分为 3 种类型：全相连映像方式 Cache、直接映像方式 Cache 和组相连映像方式 Cache。

（1）全相连映像方式 Cache

在全相连映像方式的 Cache 中，任意主存单元的数据或指令均可以存放到 Cache 的任意单元中，两者之间的对应关系不存在任何限制。在 Cache 中，用于存放数据或指令的静态存储器称为内容 Cache，用于存放数据或指令在内存中所在单元的地址的静态存储器称为标识 Cache（Tag Cache）。现假设主存地址是 16 位（即主存容量为 64KB），主存每个存储单元是 8 位；内容 Cache 的容量是 128B，即有 128 个单元（也称为有 128 行），每个单元（每行）的宽度为 8 位；标识 Cache 也应该有 128 个单元（128 行），为了存放主存单元的地址，标识 Cache 每个单元（每行）的宽度应为 16 位。当 CPU 要访问内存时，它送出的 16 位地址先与标识 Cache 中的 128 个地址进行比较。若所需数据或指令的地址在标识 Cache 中，即命中，则从内容 Cache 与之对应的单元（行）中读出数据或指令传送给 CPU；若不命中，则从主存中读出所需的数据或指令传送给 CPU，同时在 Cache 中存放一份副本，即将数据或指令写入内容 Cache，并将该数据或指令所在的内存单元的地址写入标识 Cache。图 6-7 所示为全相连映像的块间映射示意，对于全相连映像 Cache，Cache 中存储的数据越多，命中率越高。但增加 Cache 容量带来的问题是，每次访问内存都要进行大量的地址比较，不但耗时而且效率也低。另外，若 Cache 的容量太小，如 16 个单元（行），则命中率太低，CPU 要频繁地等待操作系统将 Cache 中的信息换入换出，因为在向 Cache 中写入新信息之前，必须将 Cache 中已有的信息保存在主存中。

（2）直接映像方式 Cache

直接映像方式 Cache 与全相连映像方式 Cache 完全相反，它只需要做一次地址比较即可确定是否命中。在这种 Cache 结构中，地址分为两部分：索引和标识。索引是地址的低位部分，直接作为内容 Cache。单元的地址定位到内容 Cache 的相应单元。而地址的高位部分作为标识存储在标识 Cache 中。但是，这种方式所需的逻辑电路很多，成本较高，实际的 Cache 还要采用各种措施来减少地址的比较次数。每个主存块只与一个缓存块相对应，映射关系式如下。

$$I=j \bmod c \ \text{或} \ I=j \bmod 2^c$$

其中，I 为缓存块号；j 为主存块号；c 为缓存块数。映像结果表明每个缓存块对应若干个主存块，直接映像方式主存块和缓存块的对应关系如表 6-1 所示。

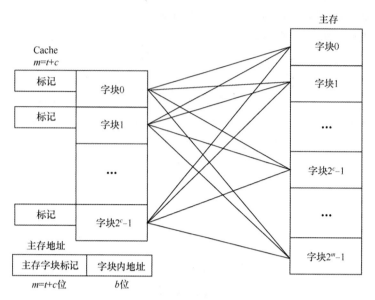

图 6-7　全相连映像

表 6-1　直接映像方式主存块和缓存块的对应关系

缓存块	主存块
0	0，c，$2c$，$\cdots$，2^n-c
1	1，$c+1$，$2c+1$，$\cdots$，2^n-c+1
$\cdots$	$\cdots$
$c-1$	$c-1$，$2c-1$，$3c-1$，$\cdots$，2^n-1

在直接映像方式 Cache 中，Cache 字块与主存块的对应关系如图 6-8 所示。

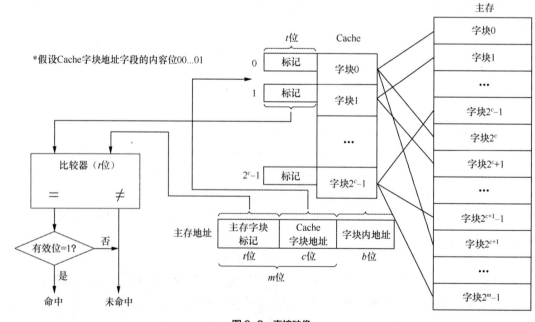

图 6-8　直接映像

（3）组相连映像方式 Cache

组相连映像方式 Cache 是介于全相连映像方式 Cache 和直接映像方式 Cache 之间的一种结构。在直接映像方式 Cache 中，每个索引在 Cache 中只能存放 1 个标识。而在组相连映像方式 Cache 中，对应每个索引，在 Cache 中能存放的标识数量增加了，从而提高了命中率。例如，在 2 路组相连映像方式 Cache 中，每个索引在 Cache 中能存放 2 个标识，即在 Cache 中可以存放两个具有相同索引的内存单元的内容，这两个内存单元地址的低位部分（索引）相同，但高位部分（标识）不同。类似地，在 4 路组相连映像方式 Cache 中，每个索引在 Cache 中能存放 4 个标识，如图 6-9 所示。将 2 路组相连映像方式 Cache 与直接映像方式 Cache 相比较，可以看出只增加少量的 SRAM 就能提高 Cache 命中率。组相连映像是对直接映像和全相联映像的一种折中。它把 Cache 分为 q 组，每组有 r 块，并有以下关系。

$$i=j \bmod r$$

其中，i 为缓存的组号，j 为主存的块号。某一主存块按模 r 将其映射到缓存的第 i 组内，如图 6-9 所示。

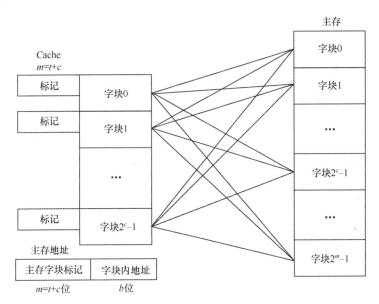

图 6-9　组相连映像

组相连映像的主存地址各段与直接映像（图 6-8）相比，还是有区别的。图 6-9 中 Cache 字块地址字段由 c 位变为组地址字段 q 位，且 $q=c-r$，其中 2^c 表示 Cache 的总块数，2^q 表示 Cache 的分组个数，2^r 表示组内包含的块数。主存字块标记字段由 t 位变为 $s=t+r$ 位。为了便于理解，假设 $c=5$，$q=4$，则 $r=c-q=1$。其实际含义为：Cache 共有 $2^c=32$ 个字块，共分为 $2^q=16$ 组，每组内包含 $2^r=2$ 块。组内 2 块的组相连映像又称为二路组相连映像。根据上述假设条件，组相连映像的含义是：主存的某一字块可以按模 16 映射到 Cache 某组的任一字块中，即主存的第 0、16、32 个字块可以映射到 Cache 第 0 组 2 个字块中的任一字块，主存的第 15、31、47 个字块可以映射到 Cache 第 15 组中的任一字块。显然，主存的第 j 块会映射到 Cache 的第 i 组内，两者之间一一对应，属直接映像关系；另一方面，主存的第 j 块可以映射到 Cache 的第 i 组内中的任一字块，这又体现出了全相连映像关系。可见，组相连映像的性能及其复杂性介于直接映像和全相连映像两者之间，当 $r=0$ 时是直接映像方式，

当 $r=c$ 时是全相连映像方式。

6.4 Flash 存储器

6.4.1 Flash 在线编程的通用基础知识

Flash 存储器具有固有不易失性、电擦除、可在线编程、存储密度高、功耗低和成本较低等特点。随着 Flash 技术的逐步成熟，Flash 存储器已经成为 MCU 的重要组成部分之一。

Flash 存储器固有不易失性这一特点与磁存储器相似，它不需要后备电源来保持数据。Flash 存储器可在线编程，可以取代电擦除可编程只读存储器，用于保存运行过程中的参数。

从 Flash 存储器的基本特点可以看出，在 MCU 中，可以利用 Flash 存储器固化程序，这一般通过编程器来完成，此种模式为监控模式或写入器编程模式。即通过编程器将程序写入 Flash 存储器中的模式被称为写入器编程模式。另外，由于 Flash 存储器具有电擦除功能，因此，在程序运行过程中，有可能对 Flash 存储区的数据或程序进行更新，此种模式为用户模式或在线编程模式。即通过运行 Flash 内部程序对 Flash 其他区域进行擦除与写入的模式称为 Flash 在线编程模式。

对 Flash 存储器的读写不同于对一般 RAM 的读写，需要专门的编程过程。Flash 编程的基本操作有两种：擦除（Erase）和写入（Program）。擦除操作的含义是将存储单元的内容由二进制的 0 变成 1，而写入操作的含义是将存储单元的某些位由二进制的 1 变成 0。Flash 在线编程的写入操作是以字为单位进行的。在执行写入操作之前，要确保写入区在上一次擦除之后没有被写入过，即写入区是空白的（各存储单元的内容均为 0xFF）。所以，在写入之前一般都要先执行擦除操作。Flash 在线编程的擦除操作包括整体擦除和以 m 个字为单位的擦除。这 m 个字在不同厂商或不同系列的 MCU 中有不同的称呼，如"块""页""扇区"等。它表示在线擦除的最小度量单位。

6.4.2 Flash 驱动构件知识要素分析

Flash 具有初始化、擦除、写入（按逻辑地址）、写入（按物理地址）、读取（按逻辑地址）、读取（按物理地址）、保护解除保护、判空等 8 种基本操作。按照构件的思想，可将它们封装成 8 个独立的功能函数。初始化函数完成对 Flash 模块的工作属性的设定，Flash 擦除、写入、读取及保护解除保护函数以完成实际的任务。对 Flash 模块进行编程，实际上已经涉及对硬件底层寄存器的直接操作。因此，可将 8 种基本操作所对应的功能函数共同放置在名为 flash.c 的文件中，并按照相对严格的构件设计原则对其进行封装，同时配以名为 flash.h 的头文件，用来定义模块的基本信息和对外接口。Flash 驱动构件至少应该包含的函数（或子程序）如表 6-2 所示。

表 6-2 Flash 常用接口函数

序号	函数			形参	
	简明功能	返回	函数名	英文名	中文名
1	flash 初始化	无	flash_init		
2	扇区擦除	uint_16	flash_erase	sect	扇区号

续上表

序号	函数			形参	
	简明功能	返回	函数名	英文名	中文名
3	向指定扇区写数据	uint_8	flash_write	sect	扇区号
				offset	偏移量
				N	写入数据长度
				buff	写入数组
4	向指定地址写数据	uint_8	flash_write_physical	addr	指定物理地址
				cnt	写入数据长度
				*buff	写入数据
5	从扇区读数据	无	flash_read_logic	*dest	存放读出数据
				sect	扇区号
				offset	偏移量
				N	读出数据长度
6	从物理地址读数据	无	flash_read_physical	*dest	存放读出数据
				addr	目标地址
				N	读出数据长度
7	保护扇区	无	flash_protect	sect	扇区号
8	判断指定区域是否为空	uint_8	flash_isempty	*buff	获取判空区域数据
				N	判断区域大小

说明　（1）关于 flash 初始化的说明：做 flash 模块的其他操作前，必须要先调用 flash_init 初始化 flash 模块；

（2）关于 flash_erase 的说明：擦除成功后，扇区内存储的数据均是 0xFF；

（3）关于 flash_write 的说明：写入之前最好先擦除要写入的扇区；

（4）关于 flash_write_physical 的说明：和 flash_write 类似，需要传入物理地址；

（5）关于 flash_read_logic 的说明：读指定扇区的数据，需要传入扇区号和偏移量；

（6）关于 flahs_read_physical 的说明：读指定地址的数据，需要传入目标地址；

（7）关于 flash_protect 的说明：设为保护扇区后，无法对扇区进行写入、擦除操作；

（8）关于 flash_isempty 的说明：判断指定区域是否为空。

6.4.3　Flash 驱动构件的使用方法

Flash 头文件中给出了 Flash 中 8 个最主要的基本构件函数，包括初始化函数 flash_init()、擦除函数 uint_8 flash_erase(uint_16 sect)、按逻辑地址写入函数 uint_8 flash_write(uint_16 offset,uint_16 N,uint_8 *buf)、按物理地址写入函数 uint_8 flash_write_physical(uint_32 addr,uint_16 cnt,uint_8 buf[])、按逻辑地址读取函数 void flash_read_logic(uint_8 *dest,uint_16 sect,uint_16 offset,uint_16 N)、按物理地址读取函数 void flash_read_physical(uint_8 *dest,uint_32 addr,uint_16 N)、扇区保护函数 void flash_protect(uint_8 M)、判断指定区域是否为空函数 void flash_isempgy(uint_8 *buff,uint_8 N)。

初始化函数直接调用即可，无入口参数及返回值。擦除和写入操作类似，都返回擦除/写入的结果（正常/异常）。由于擦除操作对象是整个扇区，因此入口参数仅需一个扇区号。写入操作入口参数较多，按扇区号写入还需要传入偏移量、写入数据长度、写入数据的首地址；按物理地址写入只需要传入物理地址、写入数据长度、写入数据的首地址。读取操作与此类似，按物理地址读取需要将直接地址换成扇区号和偏移量。

以向 64 扇区 1 字节开始的地址写入 32 个字节 "Welcome to Soochow University!" 为例，介绍 Flash 基本构件函数的使用方法。参考程序见 "Exam6_1" 工程。

（1）首先，初始化 Flash 模块。

```
      bl flash_init                    //初始化 flash 模块
```

（2）因为执行写入操作之前，要确保写入区在上一次擦除之后没有被写入过，即写入区是空白的（各存储单元的内容均为 0xFF），所以在写入之前要根据情况决定是否先执行擦除操作，即擦除 64 扇区。

```
   mov r0,#0x40
   bl flash_erase                    //擦除 0x40（64）扇区
```

（3）通过封装好的入口参数传参，进行写入操作。向 64 扇区 1 字节开始的 32 个字节内写入 "Welcome to Soochow University!"。

```
   flash_Content:
        .string "Welcome to Soochow University!\r\n" //将要写入 flash 的内容
   ldr r0,=addr                      //r0=要写入的 flash 扇区的首地址
   mov r1,#0x20                      //r1=写入数据长度
   ldr r2,=flash_Content             //r2=写入数据首地址
   bl flash_write_physical           //调用物理地址写函数向指定地址写数据
```

（4）按照逻辑地址读取时，定义足够长度的数组变量 params，并传入数组的首地址以作为目的地址参数，传入扇区号、偏移地址以作为源地址，传入读取的字节长度。例如，从 64 扇区 1 字节开始的地址读取 32 字节长度字符串。

```
   ldr r0,=flash_ContentDetail       //r0=要读出的数据存放的首地址
   mov r1,#0x40                      //r1=所要读取的扇区的编号
   mov r2,#0x0                       //r2=扇区内的偏移量
   mov r3,#0x20                      //r3=要读出的内容的长度
   bl flash_read_logic               //调用逻辑读函数
```

（5）按照物理地址直接读取时，定义足够长度的数组变量 paramsVar，并传入数组的首地址以作为目的地址参数，传入直接地址数以作为源地址，传入读取的字节长度。例如，从 0x00001F00 地址处读取存放在此处的 1 字节长度的全局变量值。

```
   flash_ContentDetail:
        .string"!!!!!!!!!!!!!!!!!!!!!!!!!!!!!!!!\r\n" //存储从 flash 中读出的数据
   ldr r0,=flash_ContentDetail       //r0=要读出的数据存放的首地址
   ldr r1,=addr                      //r1=要读取的数据所处的地址
   mov r2,#0x20                      //r2=要读出的数据长度
   bl flash_read_physical            //调用按物理地址读取函数
```

（6）Flash 保护函数的使用非常简单，入口参数为待保护扇区的区域号，区域号取值范围为 0～127。若需要保护 64 扇区，仅须调用函数 flash_protect(64)即可将 64 扇区保护起来，该函数无返回值。

程序运行结果如图 6-10 所示。

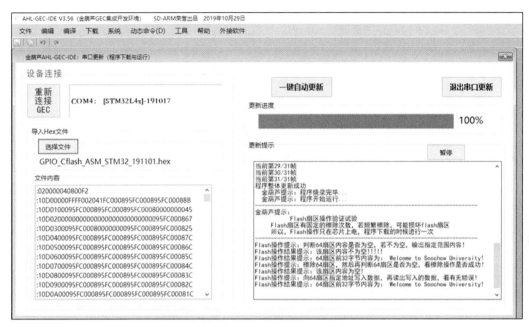

图 6-10　Flash 函数操作结果

6.5　存储器实验设计举例

本节主要探讨 CPU 内部寄存器与外部存储器之间的存取速度。对于 CPU 外部存储器，CPU 使用三总线方式进行数据存取，增加了操作时间。

本次实验将 CPU 内部寄存器和外部存储器指定地址存储的值从 1 加到 0x2FFF FFFF（8 0530 6367），结果外部存储器比内部寄存器存取速度慢 20s。实验中加 1 操作都是在内部寄存器中进行的，所不同的是为了体现 CPU 使用三总线方式访问外部存储器，每次加 1 后都将具体数值存到外部存储器的指定地址处，以模仿三总线存取。参考程序见"Exam6_2"工程。

```
//================================================================
//文件名称: main.s
//功能概要: CPU 内部寄存器与外部存储器存取速度比较（利用 printf 输出提示信息）
//版权所有: SD-Arm(sumcu.suda.edu.cn)
//版本更新: 20180810-20191022
//================================================================
.include "include.inc"    //头文件中主要定义程序中需要用到的一些常量
//（0）数据段与代码段的定义
//（0.1）定义数据存储从 data 段开始，实际数据存储在 RAM 中
```

```
.section .data
//（0.1.1）定义须输出的字符串，标号即为字符串首地址，\0 为字符串 xfgi 的结束标志
hello_information:                                    //字符串标号
    .ascii "-------------------------------------------------------\r\n"
    .ascii "          CPU 内部寄存器与外部存储器存取速度比较!           \r\n"
    .ascii "外部存储器选择 RAM 作为代表,CPU 将数据加 1 后再存到 RAM 中,   \r\n"
    .ascii "以模仿 CPU 通过三总线方式访问外部存储器。                 \r\n"
    .ascii "-------------------------------------------------------\n\0"
data_format:
    .ascii "%d 秒\n\0"                          //printf 使用的数据格式控制符
info_string_internalStart:
    .string "CPU 内部寄存器循环加一开始于第 "  //CPU 内部寄存器循环加1开始提示语句
info_string_internalEnd:
    .string "CPU 内部寄存器循环加一结束于第"   //CPU 内部寄存器循环加1结束提示语句
info_string_outStart:
    .string "CPU 外部存储器循环加一开始于第"   //CPU 外部存储器循环加1开始提示语句
info_string_outEnd:
    .string "CPU 外部存储器循环加一结束于第"  //CPU 外部存储器循环加1结束提示语句
.equ Ram_addr,0x20003000                  //RAM 存储器内的一个地址
.equ Ram_TimeString,0x20003100            //RAM 存储器内的一个地址, 存储时间参数
Max_Count:
    .word 0x2FFFFFFF                       //循环次数: 0xFFFFF 百万级
//（0.2）定义代码存储 text 段开始, 实际代码存储在 Flash 中
.section  .text
.syntax unified                           //指示下方指令为 Arm 和 Thumb 通用格式
.thumb                                    //Thumb 指令集
.type main function                       //声明 main 为函数类型
.global main                              //将 main 定义成全局函数, 便于芯片初始化之后调用
.align 2                                  //指令和数据采用 2 字节对齐, 兼容 Thumb 指令集
//-------------------------------------------------------------------
//声明使用到的内部函数
//-------------------------------------------------------------------
//主函数, 一般情况下可以认为程序从此开始运行（实际上有启动过程, 参见正文）
main:
//（1）======启动部分（开头）主循环前的初始化工作======================
//（1.1）声明 main 函数使用的局部变量
//（1.2）【不变】关总中断
    cpsid i
//（1.3）给主函数使用的局部变量赋初值
    ldr r1,=Ram_TimeString
    mov r0,#1
```

```
        str r0,[r1]
```
// （1.4）给全局变量赋初值

// （1.5）用户外设模块初始化

// 初始化蓝灯，r0、r1、r2 是 gpio_init 的入口参数
```
    ldr r0,=LIGHT_BLUE      //r0 指明端口和引脚（用=是因为常量>=256，
                            //且要用 ldr 指令）
    mov r1,#GPIO_OUTPUT     //r1 指明引脚方向为输出
    mov r2,#LIGHT_ON        //r2 指明引脚的初始状态为亮
    bl  gpio_init           //调用 gpio 初始化函数
    mov r0,#7               //定时器编号
    mov r1,#100
    mov r2,#10
    mul r1,r2               //定时器间隔时间为 1000ms
    bl  timer_init
```
// （1.6）使能模块中断
```
    mov r0,#7
    bl  timer_enable_int                //使能 TIM7 定时器中断
```
// （1.7）【不变】开总中断
```
    cpsie  i
    ldr r0,=hello_information           //r0=待显示字符串
    bl  printf                          //调用 printf 显示字符串
```
//（1）======启动部分（结尾）=====================================
//（2）======主循环部分（开头）===================================
```
main_loop:                              //主循环标签（开头）
```
// (1) CPU 内部寄存器与外部存储器存取速度比较

// (1.1) CPU 外寄存器循环加一开始

// （1.1.1）输出 CPU 外部存储器循环加一开始提示语句
```
    ldr r0,=info_string_outStart        //加载要输出的外部存储器循环加 1 开始语
                                        //句的首地址
    bl printf                           //调用 prinf 函数输出指定语句
    ldr r0,=data_format
    ldr r2,=Ram_TimeString
    ldr r1,[r2]
    bl printf
```
// （1.1.2）开始 CPU 外部存储器循环加一
```
    ldr r2,=Max_Count    //r2 指明循环加 1 次数所在的地址
    ldr r3,[r2]          //复制循环加 1 的次数
    mov r0,#1            //记录外部存储器循环加 1 次数
    ldr r2,=Ram_addr     //加载位于 RAM 中的数据存取地址
    out_loop:            //外部存储器循环加 1 开始标签
    cmp r0,r3            //当前循环次数是否达到指定次数
```

```
        bcs out_loopEnd         //达到指定次数,跳转到外部存储器循环加1结束处
        add r0,#1               //当前循环次数加1
        str r0,[r2]             //将当前循环次数存储到RAM指定地址处,模仿CPU从外
                                //部寄存器中存取数据
        b out_loop              //程序回到外部存储器循环加1开始标签处
        out_loopEnd:            //外部存储器循环加1结束标签
//(1.1.3)输出CPU外部存储器循环加1结束提示语句
        ldr r0,=info_string_outEnd //加载要输出的外部存储器循环加1结束语句
                                   //的首地址
        bl printf
        ldr r0,=data_format     //显示程序运行时间
        ldr r2,=Ram_TimeString
        ldr r1,[r2]
        bl printf
//(1.2)CPU内部寄存器循环加1开始
//(1.2.1)输出CPU内部寄存器循环加1开始提示语句
        ldr r0,=info_string_internalStart   //加载要输出的内部寄存器循
                                            //循环加1开始语句的首地址
        bl printf
        ldr r0,=data_format     //显示程序运行时间
        ldr r2,=Ram_TimeString
        ldr r1,[r2]
        bl printf
//(1.2.2)开始CPU内部寄存器循环加1
        ldr r2,=Max_Count
        ldr r3,[r2]
        mov r0,#1               //记录内部寄存器循环加1次数
internal_loop:                  //内部寄存器循环加1开始标签
        cmp r0,r3
        bcs loop_end
        add r0,#1
        b internal_loop         //程序回到内部寄存器循环加1开始标签处
loop_end:                       //内部寄存器循环加1结束标签
//(1.2.3)输出CPU内部寄存器循环加1开始提示语句
        ldr r0,=info_string_internalEnd//加载要输出的内部寄存器循环加1结束
                                       //语句的首地址
        bl printf
        ldr r0,=data_format     //显示程序运行时间
        ldr r2,=Ram_TimeString
        ldr r1,[r2]
```

```
        bl  printf
        b main_loop                        //继续循环
    //（2）======主循环部分（结尾）=========================================
        .end                               //整个程序结束标志（结尾）
```

存储器设计试验结果如图 6-11 所示。

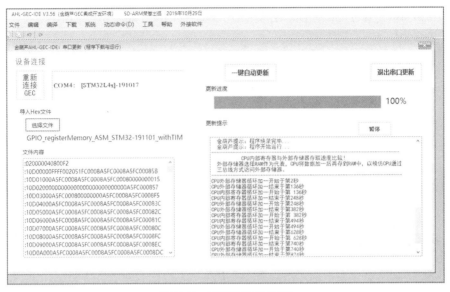

图 6-11　存储器设计实验结果

6.6　实验三：存储器实验

1．实验目的

（1）掌握 Flash 存储器在线编程的基本概念。

（2）掌握 Flash 存储器的在线编程擦除和写入编程的基本方法。

（3）深入理解 MCU 和 C#串行通信接口的编程方法。

2．实验准备

参见实验一。

3．参考样例

本实验以"Exam6_1"工程为参考样例。

4．实验过程或要求

（1）验证性实验

验证样例程序，具体验证步骤参见实验一。

（2）设计性实验

复制样例程序"Exam6_1"工程，利用该程序框架实现：在集成开发环境 AHL-GEC-IDE 中的菜单栏中单击"工具"→"存储器操作"或者通过"…\06-Other\ C# Flash 测试程序"发送擦除、写入、读取命令及其参数，参数能够设置扇区号（0-63）、写入/读取扇区内部偏移地址（要求为 0、4、8、12…）；写入/读取字节数目（要求为 4、8、12…）和数据。

请在实验报告中画出 MCU 端程序 main.c 和 isr.c 的流程图，并写明程序语句。

（3）进阶实验★

复制样例程序"Exam6_1"工程，利用该程序框架实现：通过 C#程序打开一幅图片（如自己的一寸电子照片），通过串口将图片数据发送至 MCU 并保存到 Flash 中；通过 C#程序可以将 MCU 的 Flash 中保存的图片读取出来并显示。C#界面设计如图 6-12 所示。

图 6-12　C#界面设计

请在实验报告中画出 MCU 端程序 main.c 和 isr.c 的流程图，并写明程序语句和 C#主要程序段。

5. 实验报告要求

（1）用适当的文字、图表描述实验过程。

（2）完整说明 GEC 方串口通信程序的执行流程、Flash 读取写入的逻辑操作以及 PC 方的 Flash 测试程序的执行流程。

（3）在实验报告中完成实践性问答题。

6. 实践性问答题

（1）Flash 在线编程的过程中有哪些需要注意的地方？

（2）当用 Flash 区存储一些需要变动的参数时，如何保证其他数据不变？

（3）如何获取当前程序占用的 Flash 的大小？

6.7　习题

（1）阐述 CPU 对内部寄存器、外设模块寄存器和存储器的访问方式有何不同？

（2）查阅 Flash 存储器的发展历史，阐述 Flash 在线编程方式的演变过程。

（3）芯片热启动和冷启动后，Flash 存储器和 RAM 中的数据保持情况如何？

（4）针对"Exam6_2"工程，利用 STM32L433RCTXP_FLASH.ld 和 Exam6_2.lst 文件，说明 Flash 和 RAM 各段存储空间的使用情况。

07

chapter

串行通信接口

　　串行通信接口虽然在 PC 上已经很少使用，但它在嵌入式开发中却发挥着重要作用，是重要的打桩调试手段。学习串行通信接口的编程，有助于理解 MCU 与上位机之间的通信原理与方式。本章将首先介绍串行通信的基础知识，然后分析 UART 驱动构件的要素及使用方法，最后通过编程举例进一步帮助读者理解串行通信的原理和 UART 构件的使用方法。为了使读者了解构件的制作过程，本书配套的电子资源中介绍了串行通信构件汇编语言及 C 语言的设计方法。

串行通信接口，简称"串口"。在 USB 普及之前，串口是 PC 必备的通信接口之一。作为设备间的一种简便的通信方式，串口在相当长的时间内还将继续存在。并且，即便是没有串口，也可以在市场上很容易地购买到各种电平到 USB 的串口转接器，以便与具有多个 USB 口的笔记本计算机或 PC 连接。MCU 中的串口通信，在硬件上，一般只需要 3 根线，分别为发送线（TxD）、接收线（RxD）和地线；在通信方式上，属于单字节通信，是嵌入式开发中重要的打桩调试手段。此外，实现串口功能的模块在一些 MCU 中被称为通用异步收发器（Universal Asynchronous Receiver-Transmitters，UART），在另一些 MCU 中被称为串行通信接口（Serial Communication Interface，SCI）。

本节简要概述 UART 的基本概念及编程模型，为读者学习 MCU 的 UART 编程做准备。

7.1.1 串行通信的基本概念

"位"是二进制数据存储的最小单位，可以拥有两种状态，分别用"0"和"1"表示。在计算机中，一个信息单位通常用 8 位二进制表示，称为一个"字节"（B）。串行通信的特点是数据以字节为单位，按位的顺序（如最高位优先）从一条传输线上发送出去。该过程至少涉及以下几个问题：第一，每个字节之间是如何区分开的？第二，发送一位的持续时间是多长？第三，怎样知道传输是正确的？第四，可以传输多远？这些问题属于串行通信的基本概念。串行通信分为异步串行通信与同步串行通信两种方式，本节主要介绍的是异步串行通信的一些常用概念。正确理解这些概念，对串行通信编程是有益的。下面将介绍异步串行通信的格式、波特率、传输方式等。串行通信中还有奇偶校验等概念，由于已经很少用到，书中不再介绍。需要了解的读者，可参阅电子资源中的"…\ 02-Document\《微型计算机原理及应用——基于 Arm 微处理器》辅助阅读材料"。

1. 异步串行通信的格式

在 MCU 的英文芯片手册上，通常说的异步串行通信采用的是 NRZ 数据格式，英文全称是"standard non-return-zero mark/space data format"，可以译为"标准不归零传号/空号数据格式"。这是一个通信术语，"不归零"的最初含义是用负电平表示一种二进制值，正电平表示另一种二进制值，不使用零电平。"mark/space"即"传号/空号"，分别表示两种状态的物理名称，逻辑名称记为"1/0"。对学习嵌入式应用的读者而言，只要理解这种格式只有"1"和"0"两种逻辑值即可。图 7-1 所示为 8 位数据、无校验情况的传送格式。

图 7-1 串行通信数据格式

这种格式的空闲状态为"1"，发送器通过发送一个"0"表示一个字节传输的开始，随后发送的是数据位（在 MCU 中一般是 8 位或 9 位，可以包含校验位）。最后，发送器发送 1～2 位的停止位，表示一个字节传送结束。若继续发送下一字节，则重新发送开始位（这就是异步之含义），开始一个新的字节传送。若不发送新的字节，则维持"1"的状态，使发送数据线处于空闲。从开始位到停止位结束的时间间隔称为一字节帧（Byte Frame），所以，也称异步串行通信格式为字节帧格式。每发送一个字节，都要发送"开始位"与"停止位"，这是影响异步串行通信传送速度的因素之一。

2. 串行通信的波特率

位长（bit Length），也称为位的持续时间（bit Duration），其倒数是单位时间内传送的位数，人们把每秒内传送的位数叫作波特率（Baud Rate）。波特率的单位是位/秒，记为 bit/s。

通常使用的波特率有 1200、1800、2400、4800、9600、19200、38400、57600 和 115200 等（单位：bit/s）。在包含开始位与停止位的情况下，发送一个字节需 10 位。很容易计算出在不同波特率下发送 1KB 所需的时间。显然，这个速度相对于目前许多通信方式而言是慢的，但异步串行通信的速度无法提到很高。因为随着波特率的提高，位长变小，很容易受到电磁源的干扰，使通信变得不可靠。另外，通信距离小，可以适当提高波特率，但提高的幅度非常有限，达不到大幅度提高的目的。

3. 串行通信传输方式术语

在串行通信中，经常会用到"全双工""半双工""单工"等术语，它们表示串行通信的不同传输方式，下面对它们的基本含义进行简要介绍。

（1）全双工（Full-duplex）：数据传送是双向的，且可以同时接收与发送数据。在这种传输方式中，除了地线之外，还需要有两根数据线，任何一根都可作为发送线（或接收线），另一根为接收线（或发送线）。一般情况下，MCU 的异步串行通信接口均是采用全双工方式传送数据的。

（2）半双工（Half-duplex）：数据传送也是双向的。但是在这种传输方式中，除地线之外，一般只有一根数据线。任何时刻，只能由一方发送数据，另一方接收数据，不能同时收发。

（3）单工（Simplex）：数据传送是单向的，一端为发送端，另一端为接收端。在这种传输方式中，除了地线之外，只要有一根数据线即可，如有线广播就是采用单工方式传输的。

7.1.2 串行通信编程模型

从基本原理角度来看，串行通信接口（UART）的主要功能为：接收时，把外部单线输入的数据变成一个字节的并行数据送入 MCU 内部；发送时，把需要发送的一个字节的并行数据转换为单线输出。图 7-2 所示为一般 MCU 的 UART 模块的功能描述。为了能够设置波特率，UART 应具有波特率寄存器；为了能够设置通信格式、是否校验、是否允许中断等，UART 应具有控制寄存器；而为了能够判断串口是否有数据可收、数据是否发送出去等，UART 需要有状态寄存器。当然，若一个寄存器不够用，则可以有多个控制与状态寄存器。而 UART 数据寄存器既存放要发送的数据，也存放接收的数据，这并不冲突，因为发送与接收的实际工作是通过"发送移位寄存器"和"接收移位寄存器"完成的。编程时，程序员并不直接与"发送移位寄存器"和"接收移位寄存器"发生联系，而只与数据寄存器发生联系。所以，MCU 中并没有设置"发送移位寄存器"和"接收移位寄存器"的映像地址。发送时，程序员通过判定状态寄存器的相应位，了解是否可以发送一个新的数据。若可以发送，则将待发送的数据放入 UART "发送缓冲寄存器"即可，由 MCU 自动完成以下剩余工作：将数据从 UART "接收缓冲寄存器"送到"发送移位寄存器"，硬件驱动将"发送移位寄存器"的数据一位一位地按照规定的波特率移到 TxD，供对方接收。接收时，数据一位一位地从 RxD 进入"接收移位寄存器"，当 MCU 收到一个完整字节时，会自动将数据送入 UART "数据寄存器"，并会将状态寄存器的相应位改变，供程序判定和取出数据。

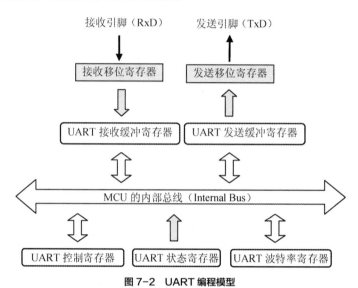

图 7-2　UART 编程模型

7.1.3　RS232、RS485 总线标准

本小节将对"可以传输多远"这个问题进行解答。MCU 引脚输入/输出一般使用 TTL 电平。而 TTL 电平的"1"和"0"的特征电压分别为 2.4V 和 0.4V（目前使用 3V 供电的 MCU 中，该特征值有所变动），即大于 2.4V 则识别为"1"，小于 0.4V 则识别为"0"。它适用于板内数据传输。若用 TTL 电平将数据传输到 5m 之外，那么可靠性就很值得考究了。为了使信号传输得更远，美国电子工业协会（Electronic Industry Association，EIA）制定了串行物理接口标准 RS232C（以下简称 RS232）。RS232 采用负逻辑，−15～−3V 为逻辑"1"，+3～+15V 为逻辑"0"。RS232 最大的传输距离是 30m，通信速率一般低于 20kbit/s。在实际应用中，也有人用降低通信速率的方法，通过 RS232 电平，将数据传送到 300m 之外。这种方法是很少见的，且稳定性极差。

RS232 最初是为远程数据通信制定的，但目前主要用于几米到几十米范围内的近距离通信。有专门的书籍介绍此标准，一般的读者并不需要掌握 RS232 的全部内容，只要了解本节介绍的基本知识就可以使用 RS232 了。目前一般的 PC 均带有 1～2 个串行通信接口，人们也称之为 RS232 接口，简称"串口"。它主要用于连接具有同样接口的室内设备。早期的标准串行通信接口是 25 芯线（其中，2 条地线，4 条数据线，11 条控制线，3 条定时信号，其余 5 条线备用或未定义），这是 RS232 规定的标准连接器。

后来，人们发现在计算机的串行通信中，25 芯线中的大部分并未被使用，便逐渐改为使用 9 芯串行接口。一段时间内，市场上还有 25 芯与 9 芯的转接头，以便于两种不同类型之间的转换。现在，25 芯串行通信接口的插头已经极少见到，25 芯与 9 芯转接头也随之变得极少有售。目前几乎所有计算机上的串口都是 9 芯接口。9 芯串行通信接口的排列位置如图 7-3 所示，相应引脚含义如表 7-1 所示。

在 RS232 通信中，常常使用精简的 RS232 通信，即通信时仅使用 3 根线：RxD、TxD 和 GND。其他为进行远程传输时接调制解调器之用，有的也可用于传输硬件握手信号（如请求发送 RTS 信号与允许发送 CTS 信号），初学者可以忽略这些信号的含义。

图 7-3　9 芯串行通信接口排列

表 7-1　计算机中常用的 9 芯串行接口引脚含义表

引脚号	功能	引脚号	功能
1	接收线信号检测	6	数据通信设备准备就绪(DSR)
2	接收数据线(RxD)	7	请求发送(RTS)
3	发送数据线(TxD)	8	允许发送(CTS)
4	数据终端准备就绪(DTR)	9	振铃指示
5	信号地(SG)		

此外，为了组网方便，还有一种标准为 RS485。RS485 采用差分信号负逻辑，$-6 \sim -2V$ 表示"1"，$+2 \sim +6V$ 表示"0"；硬件连接上，采用两线制接线方式，工业应用较多。但由于 PC 默认只带有 RS232 接口，为便于两者相互转换，市场上有 RS232-RS485 转接头出售。但这些转换均存在于硬件电平信号之间，与 MCU 编程无关。

7.1.4　TTL 电平到 RS232 电平转换电路

在 MCU 中，若用 RS232 总线进行串行通信，则须外接电路以实现电平转换。在发送端，需要用驱动电路将 TTL 电平转换成 RS232 电平；在接收端，需要用接收电路将 RS232 电平转换为 TTL 电平。电平转换器不仅可以由晶体管分立元件构成，也可以直接使用集成电路。目前广泛使用 MAX232 芯片。图 7-4 所示为 MAX232 的引脚说明。对引脚含义的简要说明如下。VCC（16 脚）：正电源端，一般接+5V；GND（脚 15）：地；VS+（脚 2）：VS+=2VCC-1.5V=8.5V；VS-（脚 6）：VS-=-2VCC-1.5V=-11.5V；C2+、C2-（脚 4、5）：一般接 1μF 的电解电容；C1+、C1-（脚 1、3）：一般接 1μF 的电解电容。输入/输出引脚分两组，基本含义如表 7-2 所示。在实际使用时，若只需要一路串行通信接口，可以使用其中的任何一组。

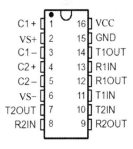

图 7-4　MAX232 引脚

表 7-2　MAX232 芯片输入输出引脚分类与基本接法

组别	TTL 电平引脚	方向	典型接口	RS232 电平引脚	方向	典型接口
1	11（T1IN）	输入	接 MCU 的 TxD	13（R1IN）	输入	接到 9 芯接口的 2 脚 RxD
	12（R1OUT）	输出	接 MCU 的 RxD	14（T1OUT）	输出	接到 9 芯接口的 3 脚 TxD
2	10（T2IN）	输入	接 MCU 的 TxD	8（R2IN）	输入	接到 9 芯接口的 2 脚 RxD
	9（R2OUT）	输出	接 MCU 的 RxD	7（T2OUT）	输出	接到 9 芯接口的 3 脚 TxD

焊接到 PCB 板上的 MAX232 芯片检测方法如下。①正常情况下，若 T1IN=5V，则 T1OUT=-9V；若 T1IN=0V，则 T1OUT=9V。②将 R1IN 与 T1OUT 相连，若 T1IN=5V，则 R1OUT=5V；若 T1IN=0V，则 R1OUT=0V。

具有串行通信接口的 MCU 一般具有 TxD 与 RxD，不同公司或不同系列的 MCU 所使用的引脚缩写名可能并不一致，但它们的含义相同。串行通信接口的外围硬件电路主要用于将 MCU 的 TxD 与 RxD 的 TTL 电平（通过 RS232 电平转换芯片）转换为 RS232 电平。图 7-5 所示为基本串行通信接口的电平转换电路。进行 MCU 的串行通信接口编程时，只针对 MCU 的发送与接收引脚，与 MAX232 无关，MAX232 只起到电平转换作用。MAX232 芯片进行电平转换的基本原理如下。

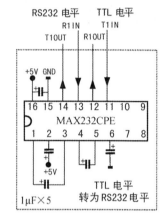

图 7-5　串行通信接口电平转换电路

（1）发送过程：MCU 的 TxD（TTL 电平）经过 MAX232 的脚 11（T1IN）送到 MAX232 内部，在内部 TTL 电平被"提升"为 RS232 电平后，通过脚 14（T1OUT）发送出去。

（2）接收过程：外部 RS232 电平经过 MAX232 的脚 13（R1IN）进入 MAX232 的内部，在内部 RS232 电平被"降低"为 TTL 电平后，经过脚 12（R1OUT）送到 MCU 的 RxD，进入 MCU 内部。

随着 USB 接口的普及，9 芯串口正在逐渐被 PC 特别是便携式计算机取消使用。为了便于转换，市场上出现了 232-USB 转换线、TTL-USB 转换线，只要在 PC 上安装相应的驱动软件，就可以使用一般的串行通信编程方式，通过 USB 接口实现与 MCU 的串行通信。

7.2　UART 驱动构件及使用方法

7.2.1　UART 驱动构件要素分析

UART 具有初始化、发送和接收 3 种基本操作。串口初始化函数的参数首先应该有串口号，用于确定使用 MCU 若干串口中的哪一个；其次要有波特率，用于确定使用什么速度进行收发，而使用哪个时钟来产生波特率并不重要，这里确定使用系统总线时钟，不需要传入这个参数。关于奇偶校验，在实际使用中主要是由多字节组成的一个帧自行定义通信协议，单字节校验意义不大。此外，串口在嵌入式系统中的重要作用是实现类似 C 语言中 printf 函数的功能，也不宜使用单字节校验，因此就不需要进行校验。这样，串口初始化函数只有两个参数：串口与波特率。

从知识要素角度，进一步分析 UART 驱动构件的基本函数，与寄存器直接有关的有初始化、发送单个字节、接收单个字节、使能接收中断、禁止接收中断、获取接收中断状态等函数。发送中断不具有实际应用价值，可以忽略。

根据以上简明分析可知，UART 驱动构件要素如表 7-3 所示。

表 7-3　UART 驱动构件要素

序号	函数			形参		宏常数	备注
	简明功能	返回	函数名	英文名	中文名		
1	初始化	无	uart_init	uartNo	串口号	用	
				baud_rate	波特率	不用	直接用数字
2	串行发送 1 个字节的数据	函数执行状态： 1=发送成功 0=发送失败	uart_send1	uartNo	串口号	用	
				ch	要发送的字节	不用	
3	串行发送 N 个字节的数据	函数执行状态： 1=发送成功 0=发送失败	uart_sendN	uartNo	串口号	用	
				len	发送长度	不用	
				buff	发送缓冲区	不用	
4	从指定 UART 端口发送一个以'\0'结束的字符串	函数执行状态： 1=发送成功 0=发送失败	uart_send_string	uartNo	串口号	用	
				buff	要发送的字符串的首地址	不用	
5	串行接收 1 个字节的数据	接收返回字节	uart_re1	uartNo	串口号	用	
				*fp	接收成功标志的指针	不用	1=接收成功 0=接受失败
6	串行接收 n 个字节的数据，放入 buff 中	函数执行状态： 1=接收成功 0=接收失败	uart_reN	uartNo	串口号	用	
				len	接收长度	不用	
				buff	接收缓冲区	不用	
7	开串口接收中断	无	uart_enable_re_int	uartNo	串口号	用	
8	关串口接收中断	无	uart_disable_re_nt	uartNo	串口号	用	
9	获取接收中断标志，同时禁用发送中断	接收中断标志： 1=有接收中断 0=无接收中断	uart_get_re_int	uartNo	串口号	用	
10	UART 反初始化	无	uart_deinit	uartNo	串口号	用	

关于初始化的说明：初始化 UART 模块，并设定使用的串口号和波特率。

7.2.2　UART 驱动构件使用方法

如前所述，UART 驱动构件常用的函数包括初始化、发送一个字节的数据、接收一个字节的数据、发送字符串、发送 N 个字节的数据、接收 N 个字节的数据、开串口接收中断、关串口接收中断、获取接收中断标志同时禁用发送中断以及 UART 反初始化 10 种。

由于汇编语言是一种低级语言，故在调用函数时，无法做到同 C 语言一样将函数的参数放入函数名后的括号中。根据汇编语言的使用习惯，当函数的参数小于 4 个时，通常用 r0、r1、r2、r3 这 4 个寄存器来存储。故在调用函数时，首先应将需要调用的函数的参数放入这 4 个寄存器中，然后通过带返回值的跳转语句"bl"实现对函数的调用。具体的使用步骤如下。

1. 包含构件头文件

UART 构件在设计之初就已经对需要使用到的寄存器地址、引脚等信息在 uart.inc 头文件中进行了宏定义。因此，在使用 UART 构件时必须在 user.inc 中包含 uart.inc 这个头文件，其语句如下。

```
    .include  "uart.inc"        //包含有关串口宏定义的头文件
```

2. 对构件进行初始化

在使用 UART 构件之前，首先需要在 main.s 中对构件进行初始化，即调用初始化函数，语句如下。

```
    mov r0,#UARTA               //串口号参数放入 r0
    ldr r1,=UART_BAUD           //波特率参数放入 r1
    bl  uart_init               //调用串口初始化函数
```

其中，"UARTA"代表具体的串口号，"UART_BAUD"代表具体的波特率，它们均是为了方便而进行的参数宏定义，读者可自行设置，下同。

3. 编写使能中断程序

由于 UART 构件需要使用中断处理程序，故要在 isr.s 文件中编写串口接收中断处理程序，此处仍以串口 UARTA 为例，具体程序代码如下。

```
    UARTA_Handler:
    // (1) 屏蔽中断，并且保存现场
        cpsid   i               //屏蔽中断
        push {lr}               //保存现场，将下一条指令地址入栈
    // (2) 接收字节
        mov r0,#UARTA
        bl  uart_re1            //收到一个字节数据
    // (3) 发送字节
        mov r1,r0
        mov r0,#UARTA
        bl  uart_send1          //向原串口回发
    // (4) 解除屏蔽，并且恢复现场
        cpsie   i               //解除屏蔽中断
        pop {pc}                //恢复现场，返回主程序处继续执行
```

4. 开放使能中断

在主函数 main.s 文件中调用使能中断函数以打开中断，语句如下。

```
    mov r0,#UARTA               //将串口号参数放入 r0
    bl  uart_enable_re_int      //调用串口使能中断函数
```

5．调用具体方法

在执行完以上 4 步以后，即可在需要的位置调用已封装好的具体方法了。此处以发送一个字符串为例，在需要调用的位置增加以下语句。

（1）声明字符串

```
string_2:
        .asciz "Assembly call c's uart2!"
```

（2）调用函数

```
mov r0,#UARTA                  //r0←串口号
ldr r1,=string_2               //r1←字符串
bl  uart_send_string           //调用 uart_send_string
```

7.3　串行通信的编程举例

为了保证芯片无关性和可移植性，本节仅提供编程的步骤和部分代码内容，以对 UART 构件的汇编语言编程过程进行举例讲解。由于每种芯片的引脚和 UART 模块不尽相同，因此读者可根据具体的芯片及引脚要求选择需要使用的 UART 模块。

本节的两个例子中使用的测试工具均为金葫芦 IoT-GEC 开发套件以及上位机串口调试工具。金葫芦 IoT-GEC 开发套件的串口测试使用 UARTA 模块（底板上的标识为 UART0），在开发套件通电的情况下，用串口线连接 UARTA 模块，其中白色线连接 Tx 引脚，绿色线连接 Rx 引脚，黑色线连接 GND 引脚。

7.3.1　例 1：发送和接收一个字节的数据

本例主要实现的功能是用户在上位机使用串口调试工具，实现通过串口向开发套件的串口模块发送一个字节的数据。参考程序见"Exam7_1"工程。

具体的编程步骤如下。

1．定义波特率

在汇编语言中，可使用.equ 伪指令来表示类似于 C 中宏定义的方式，定义波特率为115200bit/s。例如，在工程文件 05_UserBoard\user.inc 中，有如下语句。

```
.equ UARTA, 2
.equ UART_BAUD,115200
```

2．实现 UARTA 中断处理程序

由于已定义 UARTAR 对应的是串口 2，因此 UARTA 中断处理程序的实际名称为USART2_IRQHandler，在中断处理程序文件 isr.s 中需要添加串口 2 的接收中断处理程序的实现代码。例如，在工程文件 07_NosPrg\isr.s 中，有如下语句。

```
//================================================================
//程序名称: USART2_IRQHandler（UARTA 接收中断处理程序）
```

```
//触发条件：UARTA收到一个字节触发
//程序功能：UARTA回发接收到的字节
//=========================================================
USART2_IRQHandler:
//（1）屏蔽中断，并且保存现场
        cpsid  i              //屏蔽中断
        push {lr}             //保存现场，将下一条指令地址入栈
//（2）接收字节
        mov r0,#UARTA         //r0←串口号
        bl  uart_re1          //收到一个字节数据
//（3）发送字节
        mov r1,r0             //r1←要发送的一个字节数据
        mov r0,#UARTA         //r0←串口号
        bl  uart_send1        //向原串口回发
//（4）解除屏蔽，并且恢复现场
        cpsie  i              //解除屏蔽中断
        pop {pc}              //恢复现场，返回主程序处继续执行
```

3. 主函数文件 main.s 的工作

（1）定义要发送的字符串。在主函数文件 main.s 中定义要发送的字符串，代码如下。

```
string_2:
        .asciz "Assembly call c's uart2! "
```

（2）UARTA 模块初始化。在主函数文件中对 UARTA 模块进行初始化，初始化对象包括指明串口号和波特率，代码如下。

```
        mov r0,#UARTA         //r0←串口号
        ldr r1,=UART_BAUD     //r1←波特率
        bl  uart_init         //调用串口初始化函数
```

（3）使能模块中断。在主函数文件中开放 UARTA 模块的使能模块中断，代码如下。

```
        mov r0,# UARTA        //r0←串口号
        bl  uart_enable_re_int //调用串口中断使能函数
```

4. 下载程序机器码到目标板，观察运行情况

用 SWD 连接目标套件和 PC 的 USB 端口，经过编译后生成机器码（Hex 文件），通过 AHL-GEC-IDE 软件将所生成的机器码下载到目标开发套件中，并在 AHL-GEC-IDE 的串口调试工具（单击"工具"菜单，选择"串口工具"可打开串口调试工具）中选择好串口，设置波特率为 115200 bit/s，选择发送方式为"十六进制方式"，单击"打开串口"按钮，在发送框中输入任意十六进制数（注意：由于大小为一个字节，故所输入的数字不能超过 255），如"1C"，接收数据显示框中也会立即显示出对应的数据。这是由于开发套件的 UARTA 模块接收到一个字节数据的同时也要向上位机回发该字节的数据，如图 7-6 所示。

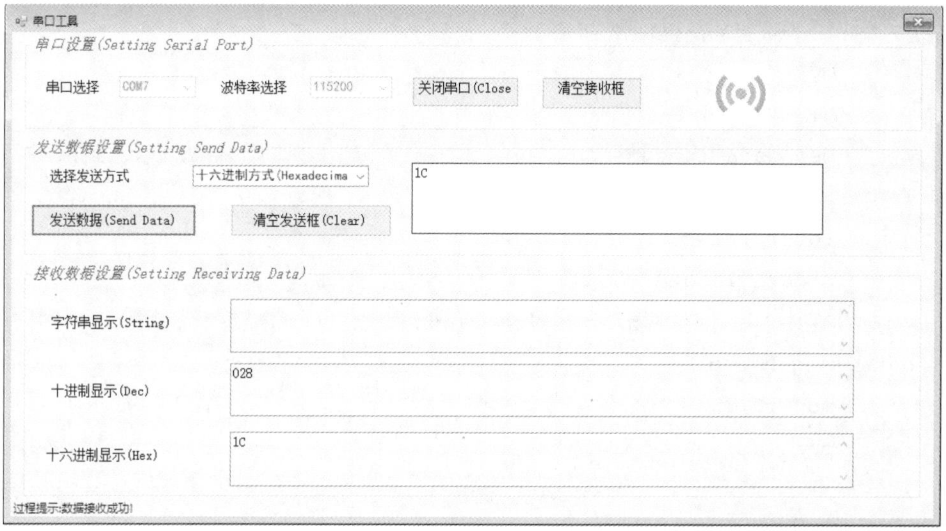

图 7-6　串口模块发送一个字节的数据

7.3.2　例 2：发送和接收一帧数据

数据帧格式由于使用方法的不同而各有不同，本例中使用的帧格式为：2 字节帧头+1 至 2字节有效数据长度（与数据长度大小有关）+有效数据+2 字节帧尾。为了方便读者理解，此处将帧头简单地设置为两个美元符号"$$"，将帧尾设置为两个井号"##"。本例主要实现的功能是用户在上位机使用串口调试工具，通过串口实现对串口模块所发送数据封装成帧并接收。参考程序见"Exam7_2"工程。

由于包含文件以及初始化等过程与例 1 相同，故此处不再做具体阐述，实现步骤如下。

1．编写获取有效数据长度程序

在 uart.s 中编写一个内部函数，用于计算发送的字符串的长度，即帧中的有效数据长度，具体代码如下。

```
//================================================================
//函数名称: get_data_length
//函数返回: 字符串的长度（即字节数）
//参数说明: r0 存放字符串首地址
//功能概要: 获取一个字符串的长度（即获取字节数）
//================================================================
get_data_length:
//（1）保存现场，pc(lr)入栈
    push {lr}
//（2）初始字符串长度为 0
    mov r5,#0
//（3）主循环
data_length_loop:
    ldrb r3,[r0,r5]                        //将当前地址中的内容加载到 r3
```

147

```
//（3.1）判断当前是否为字符串终止符
    mov r4,#0
    cmp r3,r4
    beq data_length_end                    //是则循环结束，跳转到结尾
//（3.2）继续循环
    add r5,#1
    b data_length_loop
//（4）函数结尾，恢复现场，lr 出栈到 pc（即子程序返回），将字符串长度放入 r0 中并返回
data_length_end:
    mov r0,r5
    pop {pc}
//==============================================================
```

2. 编写封装成帧处理程序

在 uart.s 中编写一个内部函数，用于对要发送的字符串进行封装成帧处理，具体代码如下。

```
//==============================================================
//函数名称：uart_make_frame
//功能概要：将有效数据封装成帧
//参数说明：r0 存放有效数据长度
//          r1 存放有效数据首地址
//函数返回：组装好的帧的首地址
//备注：十六进制数据帧格式
//      帧头（2 字节）+数据长度（1~2 字节）+有效数据（N 字节，N=数据长度）+帧尾
//==============================================================
uart_make_frame:
//（1）保存现场，pc(lr)入栈
    push {lr}
    mov r4,r0                    //将有效数据长度暂存到 r4
//（2）添加帧头
    ldr r2,=0x20003000          //将 RAM 区 USER 的可用地址作为帧头首地址
    mov r3,#36                  //r3←帧头数据 "$"
    strb r3,[r2]                //将 "$" 存入帧头首地址
    add r2,#1                   //地址后移一位
    strb r3,[r2]                //将 "$" 存入帧头第二个地址
//（3）在帧头后添加表示有效数据长度的 1~2 个字节数据
    add r2,#1                   //地址后移一位
//（3.1）判断数据长度是否超过 255
    cmp r0,#255
    bgt make_frame_data2        //若超过，则分配两个字节来表示数据长度
//（3.2）否则分配一个字节
```

```
      mov r3,#1                    //r3 表示分配一个字节
      strb r0,[r2]                 //将数据长度存放到表示数据长度的字节地址中
      b make_frame_going           //跳转到 make_frame_going 继续执行
```
//（4）为有效数据长度分配两个字节
```
make_frame_data2:
```
//（4.1）将有效数据长度的高 8 位存放到数据长度的第一个字节处的地址中
```
      lsr r0,#8
      strb r0,[r2]
      mov r0,r4                    //将有效数据长度放回 r0
```
//（4.2）将有效数据长度的低 8 位存放到数据长度的第二个字节处的地址中
```
      add r2,#1                    //地址后移一位
      mov r5,#0x0f
      and r0,r0,r5                 //进行与运算以获取有效数据长度的低 8 位
      strb r0,[r2]
      mov r3,#2                    //r3 表示分配两个字节
```
//（5）设置循环，将有效数据逐个字节地存入数据长度后
```
make_frame_going:
```
//（5.1）获取有效数据存入位置的首地址
```
      add r2,#1
      mov r0,#0                    //设置初始计数值为 0
make_frame_loop:
```
//（5.2）判断当前计数是否等于字符串长度
```
      cmp r0,r4
      beq make_frame_tail          //相等则跳转拼接帧尾
```
//（5.3）当前字节数据存入帧中
```
      ldrb r6,[r1,r0]
      strb r6,[r2,r0]
```
//（5.4）继续循环
```
      add r0,#1
      b make_frame_loop
```
//（6）添加帧尾
```
make_frame_tail:
      add r2,r0                    //r2←帧尾的首地址
      mov r5,#35                   //r5←帧尾的第一个字符 "#"
      strb r5,[r2]                 //将帧尾的第一个字符 "#" 存入帧尾的首地址
      add r2,#1                    //地址后移一位
      strb r5,[r2]                 //将帧尾的第二个字符 "#" 存入帧尾的第二个地址
      add r2,#1                    //地址后移一位
```
//（7）组帧完成，返回帧头首地址
```
make_frame_end:
      mov r0,r7                    //保存帧头首地址到 r0
```

```
//（8）统计帧长度
    add r4,#4
    add r4,r3
    mov r1,r4                    //保存帧长度到r1
//（9）恢复现场
    pop {pc}
//=================================================================
```

3. 主函数文件 main.s 中的工作

（1）声明要发送的有效数据

在头部声明要发送的有效数据，如"abc"，代码如下。

```
string_test:
    .asciz "abc"
```

（2）调用相关函数，发送有效数据

调用步骤（1）中的获取有效数据长度内部函数。获取有效数据长度的代码如下。

```
ldr r0,=string_test             //r0←字符串
bl get_data_length              //调用 get_data_length 获取有效数据长度,存入r0
ldr r1,=string_test             //r1←字符串
bl uart_make_frame              //调用 uart_make_frame 进行组帧
ldr r2,=0x20002000              //r2←帧的首地址
mov r0,#UARTA                   //r0←串口号
bl uart_sendN                   //调用 uart_sendN
```

4. 下载程序机器码到目标板，观察运行情况

类似例1，打开串口调试工具，单击"打开串口"按钮，接收框中收到已封装成帧的数据，在十六进制显示框中"0x24 0x24"表示帧头、"0x03"表示有效数据长度、"0x61 0x62 0x63"表示有效数据、"0x23 0x23"表示帧尾，如图7-7所示。

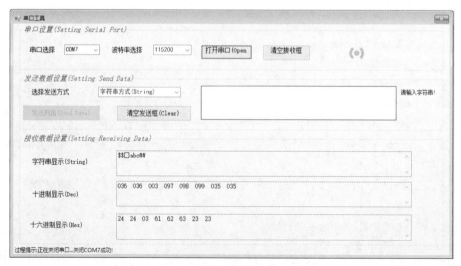

图7-7　串口模块发送和接收一帧数据

7.4 实验四：基于串行通信构件的汇编程序设计

1. 实验目的

（1）理解串行通信的基本概念。

（2）掌握 UART 构件的基本应用方法，理解 UART 构件的通信过程。

（3）理解 UART 构件的中断控制过程。

2. 实验准备

参见实验一。

3. 参考样例

本实验以"Exam7_3"工程为参考样例。

4. 实验过程或要求

（1）验证性实验

验证样例程序，具体验证步骤参见实验一。

① 硬件连接。金葫芦 GEC 开发套件串口测试使用 UARTA 模块（即开发套件底板上标识为 UART0 的模块），如图 7-8 所示[①]。在开发套件通电的情况下，用串口线连接 UARTA 模块，其中，白色线连接 TX 引脚，绿色线连接 RX 引脚，黑色线连接 GND 引脚。

（a）底板

（b）TTL–USB 串口线

图 7-8 开发套件底板上的 UARTA 和串口线

特别提示：为防止电源接入其他引脚，弄坏芯片，开发套件出厂时已经把图 7-8（b）中的 TTL-USB 串口线中的电源线（红线）剪去，可通过用 TTL-USB 线（Micro 口）连接 GEC 底板上的"MicroUSB"串口与计算机的 USB 口实现底板供电。不要带电操作，特别是在接串口线时，一定不要带电接。

② 软件测试。在开发环境下，使用"工具"→"串口工具"，可进行串口调试，如图 7-9 所示。

在发送数据框中输入任意字符串，如"123"，点击"发送数据"，数据会显示到接收框中，如图 7-10 所示。

---

① 不同的实验板，电路有所不同，但是本质相同。总是要找到"地、发送引脚、接收引脚"三点接线处。见具体实验样例的"…\01-Document\Readme.txt"文件。

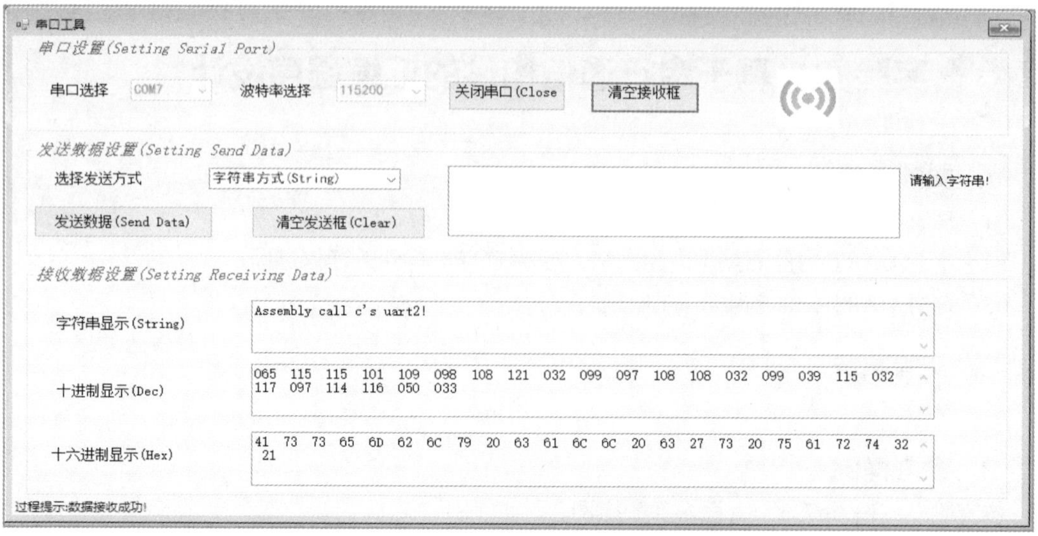

图 7-9　UARTA 串口模块发送字符串到上位机

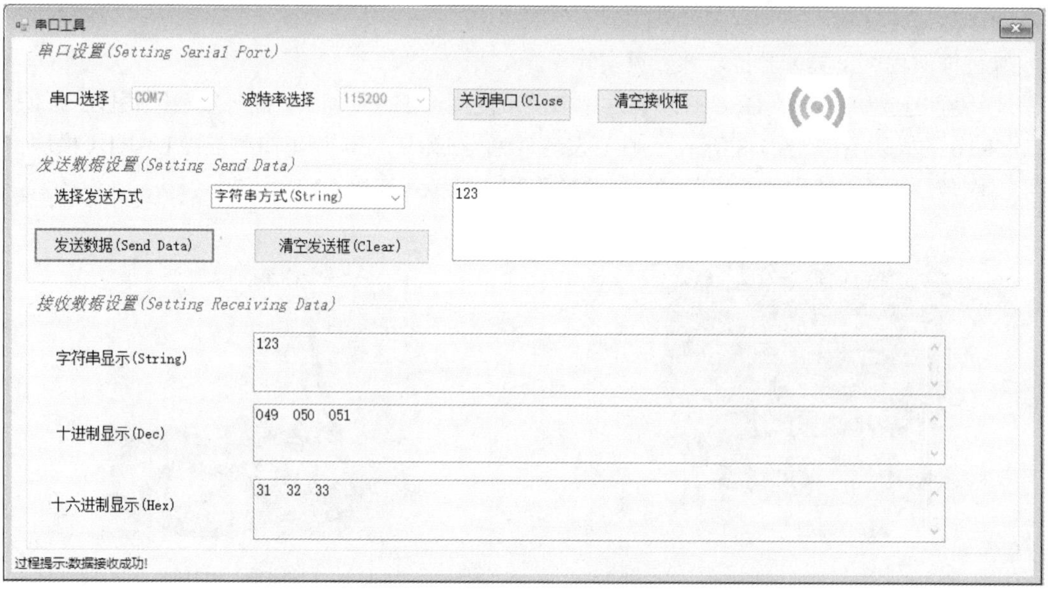

图 7-10　UARTA 串口模块接收上位机发送的字符串并回发

也可利用"…\06-Other\ C#2019 串口测试程序"或其他通用串口调试工具进行测试。在此基础上，理解 main.c 程序和中断处理程序 isr.c。PC 的 C#界面设计了发送文本框、接收字符型文本框、十进制型文本框、十六进制型文本框，读者须理解接收、发送等程序功能。

（2）设计性实验

复制样例程序"Exam7_3"工程，利用该程序框架实现：通过串口调试工具或"…\06-Other\ C#2019 串口测试程序"，发送字符串"open"或者"close"以控制开发板上的 LED 灯，MCU 的 UART 接收到字符串"open"时打开 LED 灯，接收到字符串"close"时关闭 LED 灯。

请在实验报告中画出 MCU 端程序 main.s 和 isr.s 的流程图，并写明程序语句。

（3）进阶实验★

利用 7.3.2 节例 2 的组帧方法完成 C#方和 MCU 方程序功能，C#方程序实现鼠标单击对应按钮控制开发板上的三色灯完成相应颜色 LED 灯的显示。C#界面的控制按钮图例如图 7-11 所示。

图 7-11　C#界面控制按钮图例

请在实验报告中画出 MCU 端程序 main.s 和 isr.s 的流程图，并写明程序语句和 C#方主要程序段。

提示：组帧的双方可约定"帧头+数据长度+有效数据+帧尾"为数值帧的格式，帧头和帧尾请自行设定。

5．实验报告要求

（1）用适当的文字、图表描述实验过程。

（2）完整说明 GEC 方串口通信程序的执行流程和 PC 方 C#串口通信程序的执行流程。

（3）在实验报告中完成实践性问答题。

6．实践性问答题

（1）波特率 9600 bit/s 和 115200 bit/s 的区别是什么？

（2）最简单的判断 GEC 串口的 TX 发送信号的方法是什么？

（3）串口通信中用电平转换芯片（RS-485 或 RS-232）进行电平转换，是否需要修改程序？请说明原因。

（4）不用其他工具，如何测试发送一个字符的真实时间？

（5）GEC 方的串口接收中断编程在 PC 方 C#编程中是如何描述的？

7.5　习题

（1）MCU 与 PC 之间进行串行通信时，为什么要进行电平转换？如何进行电平转换？

（2）画出通过串口传送一个字符"A"的数据格式。

（3）设波特率为 115200 bit/s，使用 NRZ 格式的 8 个数据位、没有校验位、1 位开始位、1 位停止位，传输 3KB 的文件最少需要多少时间？

（4）举例说明汇编语言和 C 语言在调用 UART 驱动构件时的区别。

（5）根据"Exam7_2"工程的数据帧格式，说明解帧的流程。

08

chapter

中断系统及定时器

　　在嵌入式应用系统中，程序有两条运行线，一条是主函数线，另一条是中断线。本章将介绍中断的基本概念、中断处理的基本过程、定时器计数的基本原理，并通过编程举例说明中断处理程序的编写方法和定时中断的工作原理。

8.1.1 中断的基本概念

1. 中断与异常的基本含义

异常（Exception）是 CPU 强行从正常的程序运行切换到由某些内部或外部条件所要求的处理任务上去，这些任务的紧急程度优先于 CPU 正在运行的任务。引起异常的外部条件通常来自外围设备、硬件断点请求、访问错误和复位等；引起异常的内部条件通常为指令、不对界错误、违反特权级和跟踪等。一些文献把硬件复位和硬件中断都归类为异常，把硬件复位看作是一种具有最高优先级的异常，而把来自 CPU 外围设备的强行任务切换请求称为中断（Interrupt），软件上表现为将程序计数器指针强制转到中断处理程序入口地址运行。

CPU 在指令流水线的译码阶段或者运行阶段识别异常。若检测到一个异常，则强行中止后面尚未达到该阶段的指令。在指令译码阶段检测到的异常以及与运行阶段有关的指令异常都与该指令本身无关，指令并没有得到正确运行，所以为该类异常保存的程序计数器的值指向引起该类异常的指令，以便异常返回后重新运行。中断和跟踪异常（异常与指令本身有关）只有在 CPU 运行完当前指令后才会被识别和检测，故为该类异常保存的 PC 值是指向要运行的下一条指令的。

CPU 对复位、中断、异常具有同样的处理过程，本书随后在谈及该处理过程时会将复位、中断、异常统称为中断。

2. 中断源、中断向量表、中断向量号与中断号

可以引起 CPU 中断的外部器件被称为中断源。一个 CPU 通常可以识别多个中断源，每个中断源产生中断后，分别要运行相应的 ISR，这些 ISR 的起始地址（中断向量地址）被放在一段连续的存储区域内，这个存储区域被称为中断向量表。实际上，中断向量表是一个指针数组，内容是 ISR 的首地址。

中断向量表一般位于芯片工程的启动文件中，以下所示为 STM32L4 的启动文件 "startup_stm32l431rctxp.s" 中的中断向量表的头部。

```
g_pfnVectors:
    .word    _estack
    .word    Reset_Handler
    .word    NMI_Handler
    .word    HardFault_Handler
    .word    MemManage_Handler
    .word    BusFault_Handler
    .word    UsageFault_Handler
```

其中，除第一项外的每一项都代表着各个 ISR 的首地址，第一项代表栈顶地址，一般是

程序可用 RAM 空间的最大值。此外，对于未实例化的中断处理程序，由于在程序中不存在具体的函数实现，即不存在相应的函数地址，因此一般在启动文件内，会采用弱定义的方式，将默认未实例化的 ISR 的起始地址指向一个缺省 ISR 的首地址，这样就保证了所有的中断响应都有一个去处。

```
    .weak   NMI_Handler
        .thumb_set NMI_Handler,Default_Handler
    .weak   HardFault_Handler
        .thumb_set HardFault_Handler,Default_Handler
    .weak   MemManage_Handler
        .thumb_set MemManage_Handler,Default_Handler
    .weak   BusFault_Handler
        .thumb_set BusFault_Handler,Default_Handler
    .weak UsageFault_Handler
        .thumb_set UsageFault_Handler,Default_Handler
```

这个默认的处理程序一般是一个无限循环语句或是一个直接返回的语句。STM32L4 采用的方式是无限循环。

给 CPU 能够识别的每个中断源编号，即可得中断向量号。通常情况下，在书写程序时，中断向量表按中断向量号从小到大的顺序填写 ISR 的首地址，不能遗漏。即使某个中断不会被用到，也要在中断向量表对应的项中填入缺省 ISR 的首地址，因为中断向量表是连续存储区，其与连续的中断向量号相对应。中断向量号一般从 1 开始，它与中断号（IRQ）一一对应。IRQ 对内核中断与非内核中断稍加区分，对于非内核中断，IRQ 从 0 开始递增，而对于内核中断，IRQ 从 -1 开始递减。IRQ 的定义一般位于芯片头文件内，以下给出 STM32L4 的芯片头文件"stm32l431xx.h"中的 IRQ 的部分定义。

```
typedef enum
{
//Cortex-M4 Processor Exceptions Numbers
  NonMaskableInt_IRQn   = -14,  //!< 2 Cortex-M4 Non Maskable Interrupt
  HardFault_IRQn        = -13,  //!< 3 Cortex-M4 Hard Fault Interrupt
  MemoryManagement_IRQn = -12,  //!< 4 Cortex-M4 Memory Management Interrupt
  BusFault_IRQn         = -11,  //!< 5 Cortex-M4 Bus Fault Interrupt
  UsageFault_IRQn       = -10,  //!< 6 Cortex-M4 Usage Fault Interrupt
......
} IRQn_Type;
```

本书"2.4.2 节"的表 2-5 介绍了 STM32L4 更为详细的中断源、中断向量号、IRQ 中断号和引用名等信息，这里不再列出。

3. 中断处理程序

中断提供了一种机制，能够暂时打断当前正在运行的程序，并且能保存当前 CPU 的状态（CPU 内部寄存器），转而去运行一个中断处理程序，完成之后恢复 CPU 到运行中断之前的状态，使中断前的程序得以继续运行。当中断发生时，会打断当前正在运行的程序而转去运行的程序，通常被称为中断处理程序。

4．中断优先级、可屏蔽中断和不可屏蔽中断

在 CPU 设计之初，一般已事先定义了中断源的优先级。若 CPU 在程序运行过程中，有两个以上中断同时发生，则优先级最高的中断最先得到响应。

根据中断是否可以通过程序设置的方式被屏蔽，可将其划分为可屏蔽中断和不可屏蔽中断两种。可屏蔽中断是指可以通过程序设置的方式来决定不响应该中断，即该中断被屏蔽。不可屏蔽中断是指不能通过程序设置的方式关闭的中断。

8.1.2 中断处理的基本过程

中断处理的基本过程有中断请求、中断检测、中断响应与中断处理等。

1．中断请求

当某一中断源需要 CPU 为其服务时，它会向 CPU 发出中断请求信号（一种电信号）。中断控制器获取中断源硬件设备的中断向量号[①]，并通过识别的中断向量号将对应硬件中断源模块的中断状态寄存器中的"中断请求位"置位，以便于 CPU 判断发来的是何种中断请求。

2．中断检测（采样）

CPU 在每条指令结束的时候，会检查中断请求或者系统是否满足异常条件，为此，多数 CPU 专门在指令周期中使用了中断周期。在中断周期中，CPU 将会检测系统中是否有中断请求信号。若此时有中断请求信号，则 CPU 将会暂停当前运行的任务，转而去对中断事件进行响应；若系统中没有中断请求信号，则继续运行当前任务。

3．中断响应与中断处理

中断响应的过程是由系统自动完成的，对于用户来说是透明的操作。在中断的响应过程中，首先 CPU 会查找中断源所对应的模块中断是否被允许，若被允许，则响应该中断请求。中断响应的过程要求 CPU 保存当前环境的"上下文（Context）"于堆栈中。通过中断向量号找到并运行中断向量表中对应的 ISR。中断处理术语中，简单地理解"上下文"为 CPU 内部寄存器，其含义是：在中断发生后，由于 CPU 在中断处理程序中也会使用 CPU 内部寄存器，所以需要在调用 ISR 之前，将 CPU 内部寄存器保存至指定的 RAM 地址（栈）中，在中断结束后再将该 RAM 地址中的数据恢复到 CPU 内部寄存器中，从而使中断前后程序的"运行现场"没有任何变化。

8.1.3 Arm Cortex-M4F 非内核模块中断

Arm Cortex-M4F 把中断分为内核中断与非内核模块中断，本书"2.4.2 节"的表 2-5 介绍了 STM32L4 的中断源，将内核中断与非内核模块中断统一编号（−16 ~ 82），简称 IRQ。

---

① 设备与中断向量号可以不是一一对应的，如果一个设备可以产生多种不同中断，就允许有多个中断向量号。

1．M4F 中断结构及中断过程

M4F 中断结构的原理如图 8-1 所示，它由 M4F 内核、嵌套中断向量控制器及模块中断源组成。其中断过程分为两步：第一步，模块中断源向 NVIC 发出中断请求信号；第二步，NVIC 对发来的中断信号进行管理，判断该模块中断是否被使能，若使能，则通过私有外设总线将中断发送给 M4F 内核，由内核进行中断处理。如果同时有多个中断信号到来，NVIC 根据设定好的中断优先级进行判断，对优先级高的中断优先响应，将优先级低的中断挂起，压入堆栈保存；如果优先级完全相同的多个中断源同时请求，则先响应 IRQ 较小的，将其他的挂起。例如，当 IRQ4[①]的优先级与 IRQ5 的优先级相等时，IRQ4 会比 IRQ5 先得到响应。

图 8-1 M4F 中断结构原理

2．NVIC 内部寄存器简介

NVIC 共有 13 个寄存器，如表 8-1 所示，下面分别对 NVIC 的各寄存器进行介绍。

表 8-1 NVIC 各寄存器简表

地址	名称	数量/个	描述
E000_E100	NVIC_ISER[0]-[7]	3	中断使能寄存器（W/R）
E000_E180	NVIC_ICER[0]-[7]	3	中断除能寄存器（W/R）
E000_E200	NVIC_ISPR[0]-[7]	1	中断挂起寄存器（W/R）
E000_E280	NVIC_ICPR[0]-[7]	1	中断清除挂起寄存器（W/R）
E000_E300	NVIC_IABR[0]-[7]	3	中断激活位寄存器（W/R）
E000_E400	NVIC_IP[0]-[239]	1	优先级寄存器（W/R）
E000_EF00	NVIC_STIR	1	软件触发中断寄存器（W）

（1）中断使能寄存器（NVIC_ISER）

STM32 使用了 3 个 32 位中断使能（SET ENABLE）寄存器，从第一个寄存器的最低位开始，依次对应 83 个外设 IRQ。读取第 n（0~31）位，若第 n 位为 0，则该中断处于禁用状态；若第 n 位为 1，则该中断处于使能状态。对第 n 位写 1，使能相应 IRQ，写 0 则无效。

（2）中断除能寄存器（NVIC_ICER）

STM32 使用了 3 个 32 位中断除能（CLEAR ENABLE）寄存器，从第一个寄存器的最低位开始，依次对应 83 个外设 IRQ。读取第 n（0~31）位，若第 n 位为 0，则该中断处于禁用状态；若第 n 位为 1，则该中断处于使能状态。对第 n 位写 1，禁用相应 IRQ，写 0 则无效。

在编写中断程序中，想要使能一个中断，需要将 NVIC_ISER 中对应的位写 1；想要对某个中断进行除能，需要将 NVIC_ICER 对应的位写 1。

---

① IRQ 为 n，简记为 IQRn。

（3）中断挂起寄存器/中断清除挂起寄存器（NVIC_ISPR/NVIC_ICPR）

当中断发生时，如果有正在处理的同级或者高优先级的异常，或者该中断被屏蔽，则中断不能立即得到响应，此时中断会被挂起。中断的挂起状态可以通过中断挂起寄存器（NVIC_ISPR）和中断挂起清除寄存器（NVIC_ICPR）来读取，还可以通过写这些寄存器进行中断挂起。这里的挂起表示排队等待，清除挂起表示取消此次中断请求。

（4）中断激活位寄存器（NVIC_IABR）

STM32使用了3个32位中断激活位（ACTIVE BIT）寄存器，从第一个寄存器的最低位开始，依次对应83个外设IRQ。读取第 n（0~31）位，若第 n 位为0，则该中断处于非激活状态；若第 n 位为1，则该中断处于激活状态。

（5）优先级寄存器（NVIC_IP）

优先级寄存器用于设置非内核中断源的优先级。在 STM34L4 中，优先级寄存器（Interrupt Priority Registers，IPR）共有16个（编号0~15），每一个优先级寄存器对应4个非内核中断源，例如，IRQ 为8、9、10、11的非内核中断源，它们的优先级都在编号为2的优先级寄存器中进行设置。优先级寄存器各字段的含义如表8-2所示，IPR2_IRQ0字段设置8号非内核中断源的优先级，IPR2_IRQ1字段设置9号非内核中断源的优先级，以此类推。因为每个 IPRn_IRQx 字段都由8位组成，所以，非内核中断优先级能设置为0~255级。优先级数值越小，优先级越高。

表 8-2 优先级寄存器各字段含义

数据位	读/写	复位
D31-D24	IRQ3	0
D23-D16	IRQ2	0
D15-D8	IRQ1	0
D7-D0	IRQ0	0

（6）软件触发中断寄存器（NVIC_STIR）

STM32的软件触发中断寄存器仅使用低8位，通过对这8位进行赋值可以获得与对中断挂起寄存器进行赋值相同的效果。

8.2　定时器

8.2.1　定时器的基本含义

在嵌入式应用系统中，有时需要对外部脉冲信号或开关信号进行计数，这可利用计数器来完成。有些设备要求每间隔一定时间开启并在一段时间后关闭，有些指示灯要求不断闪烁，这些可利用定时信号来完成。另外，系统日历时钟、产生不同频率的声源等也需要借助定时信号。

计数与定时问题只不过是同一个问题的两种表现形式，它们的解决方法是一致的。实现计数与定时的基本方式有3种：完全硬件方式、完全软件方式、可编程计数器/定时器。

完全硬件方式基于逻辑电路实现，现已很少使用。完全软件方式是利用计算机执行指令的时间实现定时的，但这种方式占用 CPU，不适用于多任务环境，一般仅用于延时极短且重复次数较少的情况。可编程计数器/定时器最为常用，它在设定之后与 CPU 并行工作，不占用

CPU 的工作时间。这种方法的主要思想是根据需要的定时时间，用指令对定时器进行定时常数设置，并用指令启动定时器以开始计数，当计数到指定值时，便自动产生一个定时输出或中断信号并告知 CPU。在定时器开始工作以后，CPU 可以并行地去做其他工作。利用定时器产生中断信号还可以建立多任务环境，从而大大提高 CPU 的利用率。本章后续阐述的均是这种类型的定时器。本章主要阐述 Arm Cortex-M4F 的内核定时器。

8.2.2 Arm Cortex-M4F 内核定时器

Arm Cortex-M4F 内核中包含了一个简单的定时器，即 SysTick，又称为"滴答"定时器。SysTick 被捆绑在 NVIC 中，有效位数是 24 位，采用减 1 计数的方式工作，当减 1 计数到 0 时，可产生 SysTick 中断（异常），中断号为 15。

嵌入式操作系统或使用了时基的嵌入式应用系统，都必须由一个硬件定时器来产生需要的"滴答"中断，以作为整个系统的时基。由于所有使用 Arm Cortex-M4F 内核的芯片都带有 SysTick，并且在这些芯片中，SysTick 的处理方式（寄存器映像地址及作用）都是相同的，因此若使用 SysTick 产生时间"滴答"，可以化简嵌入式软件在 Cortex-M4F 内核芯片间的移植工作。

1. SysTick 模块的编程结构

（1）SysTick 模块的寄存器地址

SysTick 模块中有 4 个 32 位寄存器，它们的映像地址及简明功能如表 8-3 所示。

表 8-3 SysTick 模块的寄存器映像地址及简明功能

寄存器名	简称	访问地址	简明功能
控制及状态寄存器	CTRL	0xE000_E010	配置功能及状态标志
重载寄存器	LOAD	0xE000_E014	低 24 位有效，计数器到 0，用该寄存器的值重载
计数器	VAL	0xE000_E018	低 24 位有效，计数器当前值，减 1 计数
校准寄存器	CALIB	0xE000_E01C	针对不同 MCU，校准恒定中断频率

（2）控制及状态寄存器（STCSR）

控制及状态寄存器（STCSR）如表 8-4 所示，主要有溢出标志位 COUNTFLAG、时钟源选择位 CLKSOURCE、中断使能控制位 TICKINT 和 SysTick 模块使能位 ENABLE。复位时，各位为 0。

表 8-4 控制及状态寄存器（STCSR）

位	名称	R/W	功能说明
16	COUNTFLAG	R	计数器减 1 计数到 0，则该位为 1；读取该位清 0
2	CLKSOURCE	R	=1，内核时钟（即默认时钟源为内核时钟）
1	TICKINT	R/W	=0，禁止中断；=1，允许中断（计数器到 0 时，中断）
0	ENABLE	R/W	SysTick 模块使能位，=0，关闭；=1，使能

（3）计数器（STCVR）及重载寄存器（STRVR）

SysTick 模块的计数器（STCVR）保存当前计数值，这个寄存器由芯片硬件自行维护，用户无须干预，系统可通过读取该寄存器的值得到更精细的时间表示。SysTick 模块的重载寄存器（STRVR）的低 24 位 D23~D0 有效，其值是计数器的初值及重载值。

SysTick 模块内的计数器（STCVR）是一个 24 位计数器，减 1 计数。初始化时，选择时钟源（决定计数频率）、设置重载寄存器（STRVR）（决定溢出周期）、设置优先级、允许中断，计数器的初值为"重载寄存器（STRVR）"中的值。若使能该模块，则计数器开始减 1 计数，计数到 0 时，SysTick 控制及状态寄存器（STCSR）的溢出标志位 COUNTFLAG 被置 1，产生中断请求，同时，计数器自动重载初值并继续减 1 计数。

（4）M4F 内核优先级设置寄存器

编写 SysTick 模块的初始化程序还须用到内核优先级设置寄存器（System Handler Priority Register 3，SHPR3），以设定 SysTick 模块中断的优先级。SHPR3 位于系统控制块（System Control Block，SCB）中。在 Arm Cortex-M4F 中，只有 SysTick、SVC（系统服务调用）和 PendSV（可挂起系统调用）等内部异常可以设置其中断优先级，其他内核异常的优先级是固定的。SVC 的优先级在 SHPR2 寄存器中进行设置，SysTick 和 PendSV 的优先级在 SHPR3 寄存器中进行设置，如图 8-2 所示。

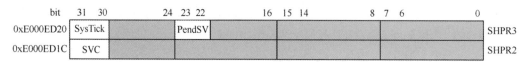

图 8-2　SysTick 优先级寄存器

2．SysTick 的驱动构件设计

（1）SysTick 构件头文件

```
//=================================================================
//文件名称: systick.inc
//功能概要: systick 构件头文件
//版权所有: SD-Arm(sumcu.suda.edu.cn)
//更新记录: 2019-10-23    V1.0
//=================================================================
//寄存器地址宏定义
.equ SysTick_CTRL,0xE000E010
.equ SysTick_LOAD,0xE000E014
.equ SysTick_VAL,0xE000E018
//操作寄存器所需要的常量
.equ SysTick_CTRL_ENABLE_Msk,1
.equ SysTick_CTRL_TICKINT_Msk,(1<<1)
.equ SysTick_CTRL_CLKSOURCE_Msk,(1<<2)
//其他常量
.equ SysTick_IRQn,(-1)                    //SysTickIRQ 中断号
.equ MCU_SYSTEM_CLK_KHZ,4000              //使用到的时钟频率
.equ __NVIC_PRIO_BITS,4                   //中断优先级位数
.equ INTERVAL_TIME_MAX,5592               //最大中断时间间隔
```

（2）SysTick 构件源文件

```
//================================================================
//文件名称：systick.s
//功能概要：systick 构件源文件
//版权所有：SD-Arm(sumcu.suda.edu.cn)
//更新记录：2019-10-23   V1.0
//================================================================
.include "systick.inc"
//================================================================
//函数名称：systick_init
//函数返回：无
//参数说明：int_ms 为中断的时间间隔，单位为 ms，推荐选用 5、10……
//功能概要：初始化 SysTick 模块，设置中断的时间间隔
//说     明：内核时钟频率 MCU_SYSTEM_CLK_KHZ 宏定义在 mcu.h 中
//systick 以 ms 为单位，最大可为 349（2^24/48000，向下取整），合理范围 1~349
//================================================================
systick_init:
    push {r0,r1,r2,lr}
    ldr r2,=SysTick_CTRL        //设置前先关闭控制及状态寄存器
    mov r1,#0
    str r1,[r2]
    ldr r2,=SysTick_VAL         //清除计数器
    str r1,[r2]
//对传参做防错处理
    cmp r0,#1
    bcs systick_init_label1
    mov r0,#10                  //传参小于 1，赋值为 10
systick_init_label1:
    ldr r1,=INTERVAL_TIME_MAX
    cmp r1,r0
    bcs systick_init_label2
    mov r0,#10                  //传参大于最大值，赋值为 10
systick_init_label2:
    ldr r1,=MCU_SYSTEM_CLK_KHZ
    mul r1,r1,r0
    ldr r2,=SysTick_LOAD
    str r1,[r2]                 //重载寄存器赋值
    ldr r1,=SysTick_CTRL
    ldr r2,[r1]
```

```
        ldr r0,=SysTick_CTRL_CLKSOURCE_Msk
        orr r2,r2,r0
        str r2,[r1]                //控制及状态寄存器赋值
//设定 SysTick 优先级为 3(SHPR3 寄存器的最高字节=0xC0)
        ldr r0,=SysTick_IRQn
        mov r1,#1
        ldr r2,=__NVIC_PRIO_BITS
        lsl r1,r2                  //左移操作
        sub r1,#1
        ldr r2,=set_irq_priority
        blx r2                     //调用设置优先级函数
//允许中断，使能该模块，开始计数
        ldr r0,=SysTick_CTRL_ENABLE_Msk
        ldr r1,=SysTick_CTRL_TICKINT_Msk
        orr r0,r0,r1               //或操作
        ldr r1,=SysTick_CTRL
        ldr r2,[r1]
        orr r0,r0,r2
        str r0,[r1]                //控制及状态寄存器赋值
        pop {r0,r1,r2,pc}
```

8.3 基于定时器的中断编程举例

本节以 Arm Cortex-M4F 内核定时器 SysTick 为例阐述定时器中断编程方法，参考程序见"Exam8_1"工程。

1. 全局变量的声明

在 USER 工程中的 main.s 中声明要使用到的全局变量。

```
.globl gcount      //50 次计数单元
.globl hour        //时
.globl minute      //分
.globl second      //秒
```

2. 主函数的编写

（1）定义局部变量并给全局变量赋初值

```
gcount:            //50 次计数单元
    .word 0
hour:              //时
    .word 23
minute:                            //分
```

```
        .word 59
second:                             //秒
        .word 50
last_second:                        //上一次记录的秒（局部变量）
        .word 50
```

（2）SysTick 定时器初始化

```
    mov r0,#20
    bl systick_init                 //每 20ms 中断一次
```

（3）主循环功能编写（部分）

```
main_loop:                          //主循环标签（开头）
        ldr r0,=second
        ldr r0,[r0]                 //读取秒数
        ldr r1,=last_second
        ldr r1,[r1]                 //读取上一次记录的秒
        cmp r0,r1                   //判断是否是新的一秒
        beq main_loop               //若未到新的一秒，继续循环
        ldr r1,=last_second
        str r0,[r1]                 //否则，更新记录的秒
        ldr r1,=hour
        ldr r1,[r1]
        cmp r1,#10                  //读取小时数，判断位数
        bcs hour_two_bits
        ldr r0,=time_show0          //若为一位，补足一个 0
        bl  printf


hour_two_bits:
        ldr r0,=time_data_format
        ldr r1,=hour
        ldr r1,[r1]
        bl  printf                  //输出小时数
        ldr r0,=time_show1
        bl  printf
        ldr r1,=minute
        ldr r1,[r1]
        cmp r1,#10
        bcs minute_two_bits         //读取分钟数判断位数
        ldr r0,=time_show0          //若为一位，补足一个 0
        bl  printf
minute_two_bits:
```

```
        ldr r0,=time_data_format
        ldr r1,=minute
        ldr r1,[r1]
        bl  printf                   //输出分钟数
        ldr r0,=time_show1
        bl  printf
        ldr r1,=second
        ldr r1,[r1]
        cmp r1,#10
        bcs second_two_bits          //读取秒数判断位数
        ldr r0,=time_show0
        bl  printf                   //若为一位，补足一个 0
second_two_bits:
        ldr r0,=time_data_format
        ldr r1,=second
        ldr r1,[r1]
        bl  printf                   //输出秒数
        ldr r0,=time_show2
        bl  printf                   //输出换行符
```

3. 中断处理函数的编写

在 isr.c 中进行中断处理程序的编写。

```
//======================================================================
//函数名称：SysTick_Handler
//参数说明：无
//函数返回：无
//功能概要：SysTick 定时器中断处理程序
//======================================================================
SysTick_Handler:
    push {r0,r1,r2,lr}
    ldr r0,=gcount
    ldr r1,[r0]
    cmp r1,#50                   //读取 50 次计数单元，判断是否达到 50 次
    bcs SysTick_Handler_1s
    add r1,#1                    //未达到，加 1 返回
    str r1,[r0]
    b   SysTick_Handler_Exit
SysTick_Handler_1s:              //达到 50 次
    mov r1,#0
    str r1,[r0]                  //清零加 1s
```

```
        b   add_sec                 //调用加 1s 子程序
SysTick_Handler_Exit:
    pop {r0,r1,r2,pc}
add_sec:
    ldr r0,=second
    ldr r1,[r0]
    cmp r1,#59
    bcs sec60                       //秒≥59
    add r1,#1
    str r1,[r0]                     //秒<59
    b   add_sec_exit
sec60:                              //秒≥59
    mov r1,#0
    str r1,[r0]
    ldr r0,=minute
    ldr r1,[r0]
    cmp r1,#59
    bcs min60                       //分≥59
    add r1,#1
    str r1,[r0]                     //分<59
    b   add_sec_exit
min60:                              //分≥59
    mov r1,#0
    str r1,[r0]
    ldr r0,=hour
    ldr r1,[r0]
    cmp r1,#23
    bcs hour23                      //时≥23
    add r1,#1
    str r1,[r0]                     //时<23
    b   add_sec_exit
hour23:
    mov r1,#0
    str r1,[r0]
add_sec_exit:
    b   SysTick_Handler_Exit
```

程序运行结果如图 8-3 所示。

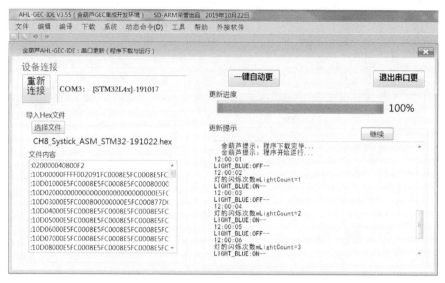

图 8-3　SysTick 运行结果

8.4　实验五：理解中断与定时器

1.　实验目的

（1）熟悉定时中断计时的工作及编程方法。

（2）深入理解 MCU 和 C#串口通信的编程方法。

2.　实验准备

参见实验一。

3.　参考样例

本实验以"Exam8_1"工程为参考样例。该程序通过 SysTick 定时器，每过一秒将红灯亮暗状态反转一次，并输出相应的时间和提示信息。

4.　实验过程或要求

（1）验证性实验

验证样例程序，具体验证步骤参见实验一。

（2）设计性实验

复制样例程序，利用该程序框架实现：通过集成开发环境 AHL-GEC-IDE 中的"串口-串口工具"，发送当前系统时间（如"10:55:12"）以设置开发板上的初始计时时间。

（3）进阶实验★

复制样例程序，利用该程序框架实现：通过 C#程序界面显示系统当前时间，通过按钮发送当前系统时间给 MCU 以设置开发板上的初始计时时间，MCU 将计时时间发送给 C#进行显示。C#界面设计如图 8-4 所示。不断电运行一段时间后，请计算出 MCU 和 PC 系统的时间误差。

请在实验报告中画出 MCU 端函数 main.c 和 isr.c 的流程图，并写明程序语句和 C#方主要程序段。

图 8-4　C#界面设计

5．实验报告要求

（1）用适当的文字、图表描述实验过程。

（2）用 200～300 字写出实验体会。

（3）在实验报告中完成实践性问答题。

6．实践性问答题

（1）不用其他工具，如何测试发送一个字符的真实时间？

（2）GEC 方的串口接收中断编程，在 PC 方 C#编程中是如何描述的？

（3）Timer 中断最小定时时间是多少？

8.5　习题

（1）简述中断源、中断向量表、中断处理程序和中断向量号的关系。

（2）简述新增一个定时器的编程步骤。

（3）如何验证程序触发了定时器中断？

（4）如何验证初始化时定时器中断的时间间隔的正确性？

（5）重载寄存器可设置的最大值和最小值分别是多少？对应的时间分别有多长？

（6）若时钟频率选择 48MHz，当要设置 100ms、1ms 产生一次 SysTick 中断时，重载寄存器的值分别要设置为多少？简述中断产生的时间与重载寄存器值的关系。

模数转换与数模转换

　　模数转换（Analog-to-Digital Converter，ADC）是外接模拟量进入 MCU 的重要一环。本章首先介绍模数转换器的基础知识，然后介绍 ADC 驱动构件及其在汇编语言模式下的使用方法。数模转换（Digital-to-Analog Converter，DAC）是 MCU 内编程直接产生模拟量的方法。本章在介绍 DAC 基本含义的基础上，将介绍 DAC 驱动构件及其在汇编语言模式下的使用方法。

模拟量（Analogue Quantity）是指变量在一定范围内连续变化的物理量。从数学角度来看，连续变化可以理解为可取任意值。例如，温度这个物理量，可以有 28.1℃，也可以有 28.15℃，还可以有 28.152℃……也就是说，原则上可以有无限多位小数点。这就是模拟量连续之含义。当然，实际应/能达到多少位小数点取决于问题需要与测量设备性能。

数字量（Digital Quantity）是分立量，不可连续变化，只能取一些分立值。现实生活中有许多数字量的例子，如 1 部手机、2 部手机……，不存在 0.12 部手机这样的说法。在计算机中，所有信息均使用二进制表示。例如，1 位只能表达 0、1 两个值，8 位可以表达 0、1、2、……、254、255 等共 256 个值，不能表示其他值，这就是数字量。

模数转换器是将电信号转换为计算机可以处理的数字信号的电子器件。这个电信号可能是由温度、压力等实际物理量经过传感器和相应的变换电路转换而来的。

本节主要从微型计算机编程原理角度阐述 AD 转换问题。

9.1.1 与 AD 转换编程直接相关的基本概念

与 AD 转换编程直接相关的问题主要有转换精度、单端输入与差分输入、滤波问题、物理量回归等，下面对它们进行简单介绍。

1. 转换精度

转换精度（Conversion Accuracy）是指数字量变化一个最小量时对应模拟信号的变化量，也称为分辨率（Resolution），通常用 ADC 的二进制位数来表征，有 8 位、10 位、12 位、16 位、24 位等，转换后的数字量简称 AD 值。STM32L4 系列芯片 ADC 采用 6 位、8 位、10 位、12 位进行 AD 转换。通常位数越大，精度越高。设 ADC 的位数为 N，因为 N 位二进制数可表示的范围是 $0 \sim (2^N - 1)$，所以最小能检测到的模拟量变化值是 $1/(2^N)$。例如，某一 ADC 的位数为 12 位，若参考电压为 5V（即满量程电压），则可检测到的模拟量变化最小值为 $5/(2^{12})=0.00122V=1.22mV$，此即为该 ADC 的理论精度（分辨率）。这也是 12 位二进制数的最低有效位（Least Significant Bit，LSB[①]）所能代表的值。在这个例子中，$1LSB=5 \times 1/4096=1.22mV$。实际上，由于量化误差（参见 9.1.2 节中的介绍）的存在，实际精度达不到计算的理论精度。

【练习 9-1】 设参考电压为 5V，ADC 的位数是 16 位，计算这个 ADC 的理论精度。

2. 单端输入与差分输入

一般情况下，实际物理量会先由传感器转换成微弱的电信号，再由放大电路转换成微机引脚可以接收的电压信号。若从微机的一个引脚接入，使用 GND 作为参考电平，就称为单端输入（Single-ended input）。这种输入方式的优点是简单，只需微机的一个引脚，缺点是容易受到电磁干扰。由于 GND 电位始终是 0V，因此 AD 值也会随着电磁干扰而

---

① 与二进制最低有效位相对应的是最高有效位（Most Significant Bit，MSB），12 位二进制数的最高有效位代表 2048，而最低有效位代表 1/4096。不同位数的二进制中，MSB 和 LSB 代表的值不同。

变化[①]。

若从微机的两个引脚接入模拟信号，则 AD 采样值是两个引脚的电平差值，这称为差分输入（Differential Input）。这种输入方式的优点是降低了电磁干扰，缺点是多用了微机的一个引脚。因为两根差分线会布在一起，受到的干扰程度接近，引入 AD 转换引脚的共模干扰[②]，而 ADC 内部电路是用两个引脚相减后进行 AD 转换，所以降低了干扰。实际采集电路使用单端还是差分的输入方式，取决于成本、对干扰的允许程度等。

通常在 AD 转换编程时，把每一路模拟量称为一个通道（Channel）。使用通道号（Channel Number）表达相对应的模拟量，这样，在单端输入的情况下，通道与一个引脚对应；在差分输入的情况下，通道与两个引脚对应。在 STM32L4 系列芯片中，ADC 通道 0、16、17、18 连接至单端外部模拟输入或内部通道，无对应引脚，因此它们强制采用单端配置。

3. 软件滤波

即使输入的模拟量保持不变，也经常会发现利用软件得到的 AD 值不一致，其原因可能有电磁干扰问题，也可能有模数转换器本身存在转换误差问题。在许多情况下，这些问题可以通过软件滤波（Filter）方法进行解决。

例如，可以采用中值滤波和均值滤波来提高采样稳定性。所谓中值滤波，就是将 M 次（奇数）连续采样值的 AD 值按大小进行排序，取中间值作为实际 AD 值。而均值滤波，是把 N 次采样结果值相加，除以采样次数 N，得到的平均值就是滤波后的结果。还可以将几种滤波方法联合使用，进行综合滤波。若要得到更符合实际的 AD 值，可以通过建立其他误差模型分析方法来实现。

【练习 9-2】 上网查找有哪些常用的滤波方法？它们分别适用于什么场景？

4. 物理量回归

在实际应用中，得到稳定的 AD 值以后，还需要把 AD 值与实际物理量对应起来，这一步称为物理量回归（Regression）。AD 转换的目的是把模拟信号转化为数字信号，供计算机进行处理，只有知道 AD 转换后的数值所代表的实际物理量的值，才有实际意义。例如，利用微机采集室内温度，AD 转换后的数值是 126，实际它代表多少温度呢？如果当前室内温度是 25.1℃，则 AD 值 126 就代表实际温度 25.1℃，把 126 这个值"回归"到 25.1℃的过程就是 AD 转换的物理量回归过程。

物理量回归与仪器仪表"标定"（Calibration）一词的基本内涵是一致的，但不涉及 AD 转换概念，只是与标准仪表进行对应，以便使待标定的仪表准确。而计算机中的物理量回归一词是指计算机获得的 AD 采样值，把 AD 值与实际物理量值对应起来也须借助标准仪表，从这个意义上理解，它们的基本内涵一致。

AD 转换物理量回归问题，可以转化为数学上的一元回归分析（Regression Analysis）问题，也就是对于一个自变量和一个因变量，寻找它们之间的逻辑关系。设 AD 值为 x，实际物理量为 y，物理量回归需要寻找它们之间的函数关系：$y=f(x)$。许多情况下，这种关系是非线性的，

---

① 电磁干扰总是存在的，空中存在着各种频率的电磁波，根据电磁效应，处于电磁场中的电路总会受到干扰，因此设计 AD 采样电路以及 AD 采样软件均要考虑如何减少电磁干扰问题。

② 共模干扰往往是指同时加载在各个输入信号接口端的共有的信号干扰。采用屏蔽双绞线并有效接地、使用线性稳压电源或高品质的开关电源、使用差分式电路等方式可以有效地抑制共模干扰。

人工神经网络可以较好地应用于这种非线性回归分析中[1]。

9.1.2 与 AD 转换编程关联度较弱的基本概念

9.1.1 节介绍的转换精度、单端输入与差分输入、软件滤波、物理量回归 4 个基本概念与软件编程关系密切。本小节介绍几个与 AD 转换编程关联度较弱的基本概念，如量化误差（Quadratuer Error）、转换速度、AD 参考电压等。

1. 量化误差

在把模拟量转换为数字量的过程中，要对模拟量进行采样和量化，使之转换成一定字长的数字量，量化误差就是指模拟量量化过程中产生的误差。例如，一个 12 位 ADC，输入模拟量为恒定的电压信号 1.68V，经过 AD 转换器转换，所得的数字量理论值应该是 2028，但编程获得的实际值却是 2026～2031 间的随机值，它们与 2028 之间的差值就是量化误差。量化误差大小是 ADC 的性能指标之一。

理论上量化误差为 ±1/2LSB。以 12 位 ADC 为例，设输入电压范围是 0～3V，把 3V 分解成 4096 份，每份是 1 个 LSB 代表的值，即 1/4096×3V= 0.00073242V，这就是 AD 转换器的理论精度。数字 0、1、2……分别对应 0V、0.00073242V、0.00048828V……，若输入电压为 0.00073242～0.00048828 间的值，按照靠近 1 或 2 的原则转换成 1 或 2，这样的误差就是量化误差，可达 ±1/2LSB，即 0.00073242V/2=0.00036621V。±1/2LSB 的量化误差属于理论原理性误差，不可消除。所以，一般来说，若用 ADC 位数表示转换精度，其实际精度要比理论精度至少减一位。考虑到制造工艺误差，一般会再减一位。这样，标准 16 位 ADC 的实际精度就变为 14 位了，此可作为实际应用选型的参考。

2. 转换速度

转换速度通常用完成一次 AD 转换所要花费的时间来表征。在软件层面上，AD 的转换速度与转换精度、采样时间（Sampling Time）有关，可以通过降低转换精度来缩短转换时间。转换速度与 ADC 的硬件类型及制造工艺等因素密切相关，其特征值为纳秒级。ADC 的硬件类型主要有逐次逼近型、积分型、Σ-Δ 调制型等。

在 STM32L4 系列芯片中，完成一次完整的 AD 转换时间是配置的采样时间与逐次逼近时间（具体取决于采样精度）的总和。例如，如果 ADC 的时钟频率为 $F_{\text{ADC\_CLK}}$，时钟周期为 $T_{\text{ADC\_CLK}}$。采样精度为 12 位时，逐次逼近时间固定为 12.5 个 ADC 时钟周期。其中采样时间可以由 SMPx[2:0]寄存器控制，每个通道可以单独配置。计算转换时间 T_{CONV} 如下。

$$T_{\text{CONV}}=(采样时间+12.5)\times T_{\text{ADC\_CLK}}$$

可以通过软件配置采样时间与采样精度来影响转换速度。在实际编程中，若通过定时器进行触发以启动 ADC，则还需要加上与定时器相关的所需时间。

3. AD 参考电压

AD 转换需要一个参考电压。例如，要把一个电压分成 1024 份，每一份的基准必须是稳定的，这个电压来自于基准电压，即 AD 参考电压。在粗略的情况下，AD 参考电压应为给芯片功能供电的电源电压。更为精确的要求，AD 参考电压应使用单独电源电压，要求功率小（在

---

① 王宜怀，王林. 基于人工神经网络的非线性回归[J]. 计算机工程与应用，2004,12:79-82.

mW 级即可），波动小（如 0.1%），一般电源电压达不到这个精度，否则成本太高。

9.1.3 最简单的 AD 转换采样电路举例

本小节将介绍一个最简单的 AD 转换采样电路，以表征 AD 转换应用中的硬件电路的基本原理示意，以光敏电阻器/温度传感器为例。

光敏电阻器是利用半导体的光电效应制成的一种电阻值随入射光的强弱而改变的电阻器；入射光强，电阻减小，入射光弱，电阻增大。光敏电阻器一般用于光的测量、光的控制和光电转换（将光的变化转换为电的变化）。通常，光敏电阻器都制成薄片结构，以便吸收更多的光能。当它被光照射时，半导体片（光敏层）内就会激发出电子-空穴对，参与导电，以使电路中电流增强。一般光敏电阻器的结构如图 9-1（a）所示。

与光敏电阻器类似的，温度传感器是利用一些金属、半导体等材料与温度有关的特性制成的。这些特性包括热膨胀、电阻、电容、磁性、热电势、热噪声、弹性及光学特征，根据制造材料将其分为热敏电阻传感器、半导体热电偶传感器、PN 结温度传感器和集成温度传感器等类型。热敏电阻传感器是一种比较简单的温度传感器，其最基本的电气特性是随着温度的变化自身阻值也会变化，图 9-1（b）所示是热敏电阻器。

在实际应用中，将光敏/热敏电阻接入图 9-1（c）所示的采样电路中，光敏/热敏电阻和一个特定阻值的电阻串联，由于光敏/热敏电阻会随外界环境的变化而变化，因此 AD 采样点的电压也会随之变化。AD 采样点的电压如下。

$$V_{AD} = \frac{R_{定值}}{R_{热敏} + R_{定值}} \times V_{REF}$$

上式中 $R_{定值}$ 是一特定阻值，根据实际光敏/热敏电阻的不同而加以选定。

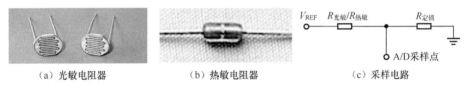

（a）光敏电阻器　　　　（b）热敏电阻器　　　（c）采样电路

图 9-1　光敏/热敏电阻及其采样电路

以热敏电阻为例，假设热敏电阻阻值增大，采样点的电压就会减小，AD 值也会相应减小；反之，热敏电阻阻值减小，采样点的电压就会增大，AD 值也会相应增大。所以采用这种方法，MCU 就会获知外界温度的变化。如果想获得外界的具体温度值，需要进行物理量回归操作，即通过 AD 采样值，根据采样电路及热敏电阻温度变化曲线，推算当前温度值。

灰度传感器也是光敏元件。所谓灰度也可认为是亮度，简单地说就是色彩的深浅程度。灰度传感器的主要工作原理是：它使用两只二极管，一只为发白光的高亮度发光二极管，另一只为光敏探头。通过发光二极管发出超强白光照射在物体上，经物体反射回落在光敏二极管上。由于照射在它上面的光线强弱的影响，光敏二极管的阻值在反射光线很弱（也就是物体为深色）时为几百千欧姆，一般光照下为几千欧姆，在反射光线很强（也就是物体颜色很浅，几乎全反射）时为几十欧姆。这样就能检测到物体颜色的灰度了。

在电子资源的"···\02-Document\《微型计算机原理及应用——基于 Arm 微处理器》辅助阅读材料"中介绍了一种较为复杂的电阻型传感器采样电路设计方法。

9.2 ADC 驱动构件及使用方法

所有复杂的任务必须逐级简化并分解成简单任务，最后使每个人面对的均是简单任务，但组织起来又是一个复杂任务。ADC 驱动构件作为一个复杂工程的一部分，既有其独立性，又有其关联性。在微机原理的学习中，了解各个驱动构件的使用方法以及各个构件之间协同工作的机制，有助于对驱动构件原理有更加深刻的理解。

9.2.1 ADC 驱动构件要素分析

根据 9.1.1 节的"与 AD 转换编程直接相关的基本概念"，ADC 驱动构件至少应该包含的函数（或子程序）如表 9-1 所示。

表 9-1　AD 驱动构件要素

序号	函数			形参		宏常数	备注
	简明功能	返回	函数名	英文名	中文名		
1	初始化	无	adc_init	Channel	通道号	用	
				Single_Diff	单端/差分	用	
2	读一次 AD 值	int_32	adc_read	Channel	通道号	用	
3	软件滤波	int_32	adc_filter				自行实现
4	物理量回归	double	adc_regression				自行实现

（1）关于初始化的说明：通道号一般与引脚名对应，若是内部物理量，则无引脚号对应，实参应该是物理量名称，在 User 头文件中，宏定义与引脚或内部通道联系起来才能满足可移植性；AD 转换精度（即位数）直接在初始化时设为最大值，不作为函数参数，这样才能保证应用层程序的可移植性。每个通道单独初始化，无论芯片结构如何，都应满足该要求；若芯片有硬件滤波，则直接使用最大值。

（2）关于 ADC_read 的说明：ADC_read 的返回值使用 int_32，可保证大部分芯片满足，低于这个位数的均可使用。

如表 9-1 所示，AD 模块通常具有初始化、采样、滤波等操作。按照构件化的思想，可将它们封装成独立的功能函数放在汇编工程文件 ads.s 中，其中用到的相关宏定义包含在头文件 adc.inc 中。AD 构件汇编程序文件的内容是 AD 各功能函数的实现过程说明。

在 adc.inc 中介绍了 AD 通道号的宏定义、相关寄存器的基地址和输入模式（单端输入或差分输入）的宏定义。在 adc.s 中介绍了两个 AD 模块必要的两个函数，分别是初始化与读取一次转换结果的函数。

1. 初始化函数 adc_init

（1）功能：初始化 AD 模块某通道的输入模式。

（2）参数：r0，用于通道选择，在 adc.inc 中定义了 19 个对应的宏常数，分别对应 19 个不同的通道号；r1，用于输入模式选择，定义了 2 个对应的宏常数供选择，分别为 AD_DIFF（差分模式）和 AD_SINGLE（单端模式）。

2. 读取 AD 值函数 adc_read

（1）功能：读取一次某个通道的 AD 值。

（2）参数：r0，用于通道选择。

（3）返回值：r2，存储读到的 AD 值。

在 adc.inc 文件中，可以根据需要选择所读 AD 转换值的通道号，STM32L4 系列芯片的 ADC 通道输入表如表 9-2 所示。使用这个函数之前，应调用初始化函数以对相应通道进行初始化。

表 9-2　STM32L4 系列芯片 ADC 通道输入表

ADC1_INx	ADC 通道	引脚名	ADC1_INx	ADC 通道	引脚名
1	1	PTC0	11	11	PTA6
2	2	PTC1	12	12	PTA7
3	3	PTC2	13	13	PTC4
4	4	PTC3	14	14	PTC5
5	5	PTA0	15	15	PTB0
6	6	PTA1	16	16	PTB1
7	7	PTA2	无	0（内部参考电压）	无
8	8	PTA3	无	17（内部温度监测）	无
9	9	PTA4	无	18（电源监测）	无
10	10	PTA5			

3. ADC 驱动构件头文件

```
//===================================================================
//文件名称：adc.inc
//功能概要：STM32L432RC ADC 底层驱动构件（汇编）程序头文件
//版权所有：SD-Arm(sumcu.suda.edu.cn)
//更新记录：2019-09-27 V2.0
//===================================================================
//.include "adc.s"
//相关寄存器基地址
.equ ADC1_BASE,0x50040000             //ADC1 基地址
.equ RCC_AHB2ENR_BASE,0x4002104C      //RCC_AHB2EN 寄存器基地址
.equ ADC1_COMMON_CCR_BASE,0x50040308  //ADC1_CCR 寄存器基地址
.equ ADC1_CR_BASE,0x50040008          //ADC1_CR 控制寄存器基地址
.equ ADC1_DIFSEL_BASE,0x500400B0      //ADC1_DIFSEL 差分模式选择寄存器基地址
.equ ADC1_SMPR1_BASE,0x50040014       //ADC1_SMPR1 采样时间寄存器基地址
.equ ADC1_SMPR2_BASE,0x50040018       //ADC1_SMPR2 采样时间寄存器基地址
.equ ADC1_CFGR_BASE,0x5004000C        //ADC1_CFGR 配置寄存器基地址
.equ ADC1_ISR_BASE,0x50040000         //ADC1_ISR 中断状态寄存器基地址
```

```
.equ ADC1_SQR1_BASE,0x50040030          //ADC1_SQR1 常规序列寄存器基地址
.equ ADC1_DR_BASE,0x50040040            //ADC1_DR 常规数据寄存器基地址
//通道号定义
.equ ADC_CH_VREF,0          //内部参考电压监测，需要使能 VREFINT 功能
.equ ADC_CH_1,1             //通道 1
……
.equ ADC_CH_16,16          //通道 16
.equ ADC_CH_TEMP,17        //内部温度检测，需要使能 TEMPSENSOR
.equ ADC_CH_VBAT,18        //电源监测，x 需要使能 VBAT
//单端差分定义
.equ ADC_DIFF,1           //差分输入
.equ ADC_SINGLE,0         //单端输入
//=================================================================
//函数名称: adc_init
//功能概要: 初始化一个 AD 通道与引脚采集模式
//参数说明: r0, 通道号, 可选 ADC_CH_VREF、ADC_CH_TEMP、ADC_CH_x(1=<x<=16)、
//          ADC_CH_VBAT 通道
//          r1, 单端/差分选择。单端: AD_SINGLE;差分: AD_DIFF
//          单端通道: ADC_CH_VREF、ADC_CH_TEMP、ADC_CH_VBAT
//          强制为单端; ADC_CH_x(1=<x<=16)可选单端或者差分模式
//=================================================================
.global adc_init
//=================================================================
//函数名称: adc_read
//功能概要: 初始化一个 AD 通道与引脚采集模式
//参数说明: r0, 通道号, 可选 ADC_CH_VREF、ADC_CH_TEMP、ADC_CH_x(1=<x<=16)、
//          ADC_CH_VBAT 通道
//返回数值: r1, 保存 AD 转换结果
//=================================================================
.global adc_read
```

9.2.2 ADC 驱动构件使用方法

ADC 驱动构件的文件（adc.s）中包含的内容有 2 个对外服务函数的接口说明及声明，函数包括 ADC 初始化函数（adc_init）和读取通道数据函数（adc_read）。

现在，以采集并输出 STM32L4 系列芯片为例，介绍 ADC 构件的使用方法。使用举例步骤如下。

（1）初始化 ADC，选择通道 1，单端输入。

```
    mov r0,#ADC_CH_1                //定义 ADC 通道号 1
    mov r1,#AD_SINGLE              //定义 ADC 采集模式为单端
    bl adc_init                    //调用初始化函数 adc_init
```

（2）读取 AD 采集值，选择通道 1。

```
    mov r0,#ADC_CH_1                //定义 ADC 通道号 1
    bl adc_read                    //调用 adc_read，读取的值在 r0 中
```

（3）通过串口调试工具输出 AD 值。

```
    mov r1,r0                      //将从 adc_read 读到的值 r0 存于 r1 中
    ldr r0, = data_format          //AD 值十进制格式输出
    bl myprintf                    //跳转到 myprintf
```

9.2.3　ADC 驱动构件使用举例

测试工程功能概述如下。

（1）串口通信格式：波特率 115200 bit/s，1 位停止位，无校验。

（2）上电或按复位按钮时，调试串口 3 输出"ADC is xxxx"。

（3）主循环中，改变 LIGHT_BLUE 的小灯状态（红灯闪烁）。调试串口输出 AD 模块中 19 个通道的 AD 值，当配置精度为 8 位时，AD 值范围为 0～255；当配置精度为 10 位时，AD 值范围为 0～1023；当配置精度为 12 位时，AD 值范围为 0～4095。在这里，我们使用 12 位精度。通过上拉和下拉对应引脚能够观察到 AD 值从 4095 到 0 的变化。可根据实际需要选取配置精度，位数低则精度低，但转换速度快。

（4）使用串口 3 连接 PC，打开串口调试程序，文本框内会显示各个通道采集到的 AD 值。

本测试工程的参考程序见"Exam9_1"工程，其主函数 main.s 代码如下。

```
//================================================================
//文件名称：main.s
//功能概要：汇编编程调用 ADC 构件输出 AD 值（利用 printf 输出提示信息）
//版权所有：SD-Arm(sumcu.suda.edu.cn)
//版本更新：20180810-20191022
//================================================================
.include "include.inc"      //头文件中主要定义了程序中需要使用的一些常量
.include "adc.inc"
//（0）数据段与代码段的定义
//（0.1）定义数据存储从 data 段开始，实际数据存储在 RAM 中
.section .data
//（0.1.1）定义须输出的字符串，标号即为字符串首地址，\0 为字符串 xfgi 的结束标志
……    //此部分内容参照"4.1.2 节"的 main 函数完整代码注释
printf_string_ADC:
    .asciz "ADC is: \n"
```

```
//（0.1.2）定义变量
……     //此部分内容参照"4.1.2节"的main函数完整代码注释
//（0.2）定义代码存储从 text 段开始，实际代码存储在 Flash 中
.section   .text
……     //此部分内容参照"4.1.2节"的main函数完整代码注释
//-------------------------------------------------------------------
//声明使用的内部函数
//main.c 使用的内部函数声明处
//-------------------------------------------------------------------
//主函数，一般情况下可以认为程序从此开始运行（实际上有启动过程，参见书稿）
main:
……     //此部分内容参照"4.1.2节"的main函数完整代码注释
//（1.5）用户外设模块初始化
……     //此部分内容参照"4.1.2节"的main函数完整代码注释
//初始化 ADC，定义 ADC 通道号、引脚单端/差分模式
     mov r0,#ADC_CH_1            //定义 ADC 通道号
     mov r1,#ADC_SINGLE          //定义引脚单端/差分模式
     bl adc_init                //初始化 ADC
……     //此部分内容参照"4.1.2节"的main函数完整代码注释
main_exit:
//（2.4）读取 A 并输出 D 值
//（2.4.1）uart 输出字符串"ADC is :"
     mov r0,#3                  //r0←串口号
     ldr r1,=printf_string_ADC  //r1←输出内容"ADC is :"
     bl  uart_send_string       //调用 uart_send_string
//（2.4.2）读取 AD 值
     mov r0,#ADC_CH_1           //r0←ADC 通道号
     bl adc_read                //调用 adc_read，读取的值在 r0 中
//（2.4.3）输出 AD 值
     mov r1,r0                  //将从 adc_read 读到的值 r0 存于 r1 中
     ldr r0, =data_format       //AD 值十进制格式输出
     bl myprintf                //跳转到 myprintf
     b main_loop                //继续循环
//（2）======主循环部分（结尾）=============================================
.end                           //整个程序结束标志（结尾）
```

程序运行结果如图 9-2 所示。

图 9-2　ADC 测试结果

9.3　数模转换

9.3.1　DAC 的通用基本结构

当微机需要把处理后的信息反馈到控制设备上时，就会把数字量转换成模拟量，完成这种转换的电路称为数模转换器，DAC 的工作就是将输入的二进制数字量转换成模拟量，并以电压或电流的形式输出。

DAC 实质上就是一个译码器（或称为解码器）。一般使用的 DAC 为线性的转换器，如式（9-1）所示，其输出的模拟电压 V_0 和输入数字量 D_n 之间成正比关系，其中 V_{REF} 为参考电压。

$$V_0 = D_n \cdot V_{REF} \tag{9-1}$$

在图 9-3 中，DAC 将输入的每一位二进制代码（D_n）都按其权值大小转换成相应的模拟量，然后将代表各位的模拟量相加，则所得的总模拟量与数字量成正比，如式（9-2）所示。这样，就实现了从数字量到模拟量的转换。

$$D_n = d_{n-1} \cdot 2^{n-1} + d_{n-2} \cdot 2^{n-2} + \cdots + d_1 \cdot 2^1 + d_0 \cdot 2^0 = \sum_{i=0}^{n-1} d_i \cdot 2^i \tag{9-2}$$

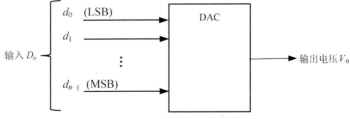

图 9-3　DAC 的工作原理

将式（9-2）带入式（9-1）可得式（9-3）。

$$V_0 = d_{n-1} \cdot 2^{n-1} \cdot V_{REF} + d_{n-2} \cdot 2^{n-2} \cdot V_{REF} + \cdots + d_1 \cdot 2^1 \cdot V_{REF} + d_0 \cdot 2^0 \cdot V_{REF}$$
$$= \sum_{i=0}^{n-1} d_1 \cdot 2^i \cdot V_{REF} \tag{9-3}$$

由式（9-3）可知，DAC 输出的电压 V_0，等于代码为 1 的各位所对应的各分模拟电压之和。

DAC 一般由数码缓冲寄存器、模拟电子开关、参考电压、解码网络和求和电路等组成，如图 9-4 所示。数字量以串行或并行方式输入，并存储在数码缓冲寄存器中；寄存器输出的每位数码驱动对应数位上的电子开关，将在解码网络中获得的相应数位权值送入求和电路；求和电路将各位权值相加，便可得到与数字量对应的模拟量。

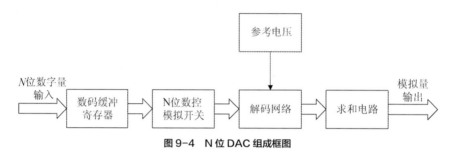

图 9-4 N 位 DAC 组成框图

按照解码网络的结构不同，DAC 可分为权电阻网络 DAC、倒 T 型电阻网络 DAC、T 型电阻网络 DAC、权电流型 DAC 等。

9.3.2 DAC 的主要技术指标

1. 分辨率

分辨率用于表征 DAC 对输入微小量变化的敏感程度。分辨率指 DAC 模拟输出电压可能被分离的等级数，一般可用输入数字量的位数 n 表示 DAC 的分辨率；除此之外，我们也可用 DAC 的最小输出电压与最大输出电压之比来表示分辨率，如式（9-4）所示。分辨率越高，转换时对输入量的微小变化的反应越灵敏。而分辨率与输入数字量的位数有关，n 越大，输入的数字量位数越多，DAC 的分辨率越高。

$$分辨率 = \frac{\Delta U}{U} = \frac{1}{2n} \tag{9-4}$$

2. 转换精度

一般来说，转换误差影响转换精度，所以通常用转换误差来描述转换精度。DAC 的最大静态转换误差是输出模拟电压的实际值与理想值之差，最大静态转换误差表示一个综合性指标，通常用偏移误差、增益误差、非线性误差、噪声和温漂等内容来描述。在 DA 转换中，由于各个器件的参数和性能的理想值与实际值不可避免地存在差异，所以最大静态转换误差总是存在。

偏移误差是指 DAC 输出模拟量的实际起始数值与理想起始数值之差，如图 9-5（a）所示，偏移误差一般由运算放大器的零点漂移引起：当放大电路没有输入信号时，由于受温度变化、电源电压不稳等因素的影响，静态工作状态会发生变化，通过放大电路被逐级放大和传输，导致电路输出端电压偏离原固定值而上下漂动。所以在设计 DA 转换电路时，为了减少偏移误差，应选用低漂移的运算放大器。

增益误差是指实际转换特性曲线的斜率与理想特性曲线的斜率的偏差，如图 9-5（b）所示。例如，基准电压 V_{REF} 偏离标准值时，就会产生增益误差。因此为了消除或减少增益误差，在 DA 转换电路中应选用高稳定度的基准电压。

通过以上分析可知，偏移误差和增益误差与电压输出数值存在着一阶线性关系。但在实际中，即使能够消除偏移误差和增益误差，误差依然会存在。例如，一个高频调幅信号，它的幅度是按低频调制信号变化的。如果把高频调幅信号的峰点连接起来，就可以得到一个与低频调制信号相对应的曲线，这条曲线与理想值之间的误差称为非线性误差，如图 9-5（c）所示。

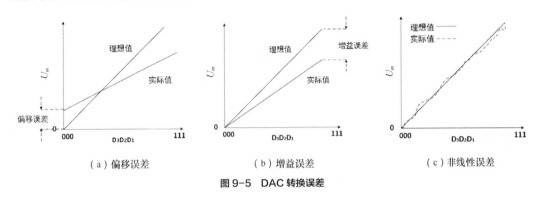

（a）偏移误差　　　　　　　（b）增益误差　　　　　　　（c）非线性误差

图 9-5　DAC 转换误差

3．转换速度

在使用 DAC 的时候，其转换速度指的是从输入的数字量发生突变开始，到输出电压进入与稳定值相差 ±0.5LSB 范围内所需要的时间，也称为建立时间。目前单片集成 DAC（不包括运算放大器）的建立时间最短可达 0.1μs 以内，即图 9-6 中建立时间 t_{set} 表示的时间小于 0.1μs。

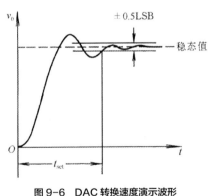

图 9-6　DAC 转换速度演示波形

9.4　DAC 驱动构件及使用方法要素分析

9.4.1　DAC 驱动构件要素分析

基于 STM32L4 系列芯片的 DAC 模块是 12 位电压输出数模转换器。DAC 可以按 8 位或 12 位模式进行配置，并且可与 DMA 控制器配合使用。在 12 位模式下，数据可以采用左对齐和右对齐两种存入方式。通常采用 12 位右对齐方式。DAC 有两个输出通道，每个通道各有一个转换器。通道 1 对应的引脚为 PTA4，通道 2 对应的引脚为 PTA5。每个通道可以单独进行转换，也可以两个通道同时进行转换。

根据以上信息，DAC 驱动构件至少应该包含的函数（或子程序）如表 9-3 所示。

表 9-3　DA 转换构件要素

序号	函数			参数		宏常数
	简明功能	返回	函数名	使用寄存器	作用	
1	初始化	无	dac_init	\	\	用
2	转换一次 DA 值	r2	dac_convert	r0	传递转换数据	用

（1）关于初始化的说明：通道 1 对应引脚 PTA4，在初始化时将 PTA4 引脚设置成输入，防止被干扰。DA 转换无参数。

（2）关于 dac_convert 的说明：dac_convert 的返回值是输入的数据值（其也可以不用返回值），主要目的是验证数据是否装入了通道数据输出寄存器。

如表 9-3 所示，DA 模块通常具有初始化、转换 DA 值等操作。按照构件化的思想，可将它们封装成独立的功能函数放在汇编工程文件 dac.s 中，其中用到的相关宏定义包含在头文件 dac.inc 中。DA 构件汇编程序文件的内容是 DA 各功能函数的实现过程说明。

在 dac.inc 中，我们介绍了 DA 相关寄存器的基地址的宏定义。在 dac.s 中介绍了两个 DA 模块必要的两个函数，分别是初始化与转换一次 DA 值的函数。

9.4.2　DAC 驱动构件使用方法

DAC 驱动构件的文件（dac.s）中包含的内容有 2 个对外服务函数的接口说明及声明，函数包括 DAC 初始化函数（dac_init）、转换一次 DA 值函数（dac_convert）。

现在，以 STM32L4 系列芯片为例，介绍 DAC 构件的使用方法。使用举例步骤如下。

（1）初始化 DAC，无参数，直接调用即可。

```
bl dac_init                    //调用初始化函数 dac_init
```

（2）输入需要转换的数据。

```
ldr r0,=888                    //r0=转换的数值
bl dac_convert                 //调用 dac_convert
```

（3）通过串口调试工具输出"输入的数值"。

```
ldr r0, =string_variable_format_control    //十进制格式输出
mov r1,r2                                   //r2 用于传递数据
bl printf                                   //跳转到 myprintf
```

9.4.3　DAC 驱动构件使用举例

测试工程功能概述如下。

（1）串口通信格式：波特率 115200 bit/s，1 位停止位，无校验。

（2）上电或按复位按钮时，调试串口 3 输出 "The Value of DDR register is:xxxx"。输出双倍速率（Double Date Rate，DDR）寄存器中的值，硬件会将 DDR 寄存器中的值转换为模拟值。

（3）主循环中，改变 LIGHT_RED 的小灯状态（红灯闪烁）。

本测试工程的参考程序见 "Exam9_2" 工程，其主函数 main.s 代码如下。

```
//=================================================================
//文件名称: main.s
//功能概要: 汇编编程调用 GPIO 构件控制小灯闪烁（利用 printf 输出提示信息）
//版权所有: SD-Arm(sumcu.suda.edu.cn)
//版本更新: 20180810-20191022
//=================================================================
.include "include.inc"    //头文件中主要定义了程序中需要使用到的一些常量
.include "dac.inc"
//（0）数据段与代码段的定义
//（0.1）定义数据存储从 data 段开始，实际数据存储在 RAM 中
.section .data
//（0.1.1）定义须输出的字符串，标号即为字符串首地址，\0 为字符串 xfgi 的结束标志
……    //此部分内容参照 "4.1.2 节" 的 main 函数完整代码注释
printf_string_ADC:
        .asciz "The Value of DDR register is: \n"
//（0.1.2）定义变量
……    //此部分内容参照 "4.1.2 节" 的 main 函数完整代码注释
//（0.2）定义代码存储从 text 段开始，实际代码存储在 Flash 中
.section   .text
……    //此部分内容参照 "4.1.2 节" 的 main 函数完整代码注释
//-----------------------------------------------------------------
//声明使用的内部函数
//main.c 使用的内部函数声明处
//-----------------------------------------------------------------
//主函数，一般情况下可以认为程序从此开始运行（实际上有启动过程，参见书稿）
main:
……    //此部分内容参照 "4.1.2 节" 的 main 函数完整代码注释
//（1.5）用户外设模块初始化
……    //此部分内容参照 "4.1.2 节" 的 main 函数完整代码注释
bl dac_init              //初始化 ADC
……    //此部分内容参照 "4.1.2 节" 的 main 函数完整代码注释
main_exit:
//（2.4）输入待转换的数值，在 DDR 寄存器中读取到该值
//（2.4.1）uart 输出字符串 The Value of DDR register is:
```

```
        mov r0,#3                    //r0←串口号
        ldr r1,=printf_string_ADC    //r1←输出内容 The Value of DDR register is:
        bl  uart_send_string         //调用 uart_send_string
//（2.4.2）读取 AD 值
        ldr r0,=888                  //r0←ADC 通道号
        bl dac_convet                //调用 adc_read
//（2.4.3）输出 DDR 寄存器中的值（硬件将 DDR 中的值转换成模拟信号）
        ldr r0, =data_format         //AD 值十进制格式输出
        mov r1,r2                     //r2 用于传递 DDR 寄存器中的值
        bl myprintf                  //跳转到 myprintf
        b main_loop                  //继续循环
//（2）======主循环部分（结尾）=========================================
        .end                         //整个程序结束标志（结尾）
```

程序运行结果如图 9-7 所示。

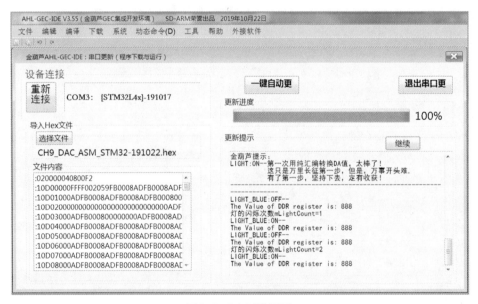

图 9-7 DAC 测试结果

9.5 实验六：AD 转换模块实验

AD 转换模块（Analog To Digital Convert Module）即模数转换模块，其功能是将电压信号转换为相应的数字信号。在实际应用中，这个电压信号可能由温度、湿度、压力等实际物理量经过传感器和相应的变换电路转换而来。经过 AD 转换后，微机就可以处理这些物理量了。

1. 实验目的

（1）理解 AD 转换的各种参数的作用。

（2）理解 ADC 工作原理。

（3）深入理解微机和 C#串口通信的编程方法。

2．实验准备

参见实验一。

3．参考样例

（1）本实验以"Exam9_1"工程为参考样例。该程序在主循环中每秒钟读取一次通道 1 的 AD 值，并通过串口输出。

（2）PC 方串口通信 C#源程序参见"…\06-Other\ C#2019 串口测试程序"。

4．实验过程或要求

（1）验证性实验

验证样例程序，具体验证步骤参见实验一。

在集成开发环境 AHL-GEC-IDE 中的菜单栏中单击"工具"→"串口工具"，或打开"…\06-Other\ C#2019 串口测试程序"，观察通道 1 的 AD 输出，如图 9-8 所示。

（2）设计性实验

复制样例程序（"…\04-Software\Exam9_1"），利用该程序框架实现：对 GEC 板载热敏电阻和光敏电阻进行数据采集，利用串口调试助手或"C#串口测试程序"以固定的帧格式向 GEC 方发送数据采集命令，并接收返回数据。

请在实验报告中画出微机端程序 main.c 和 isr.c 的流程图，并写明程序语句。

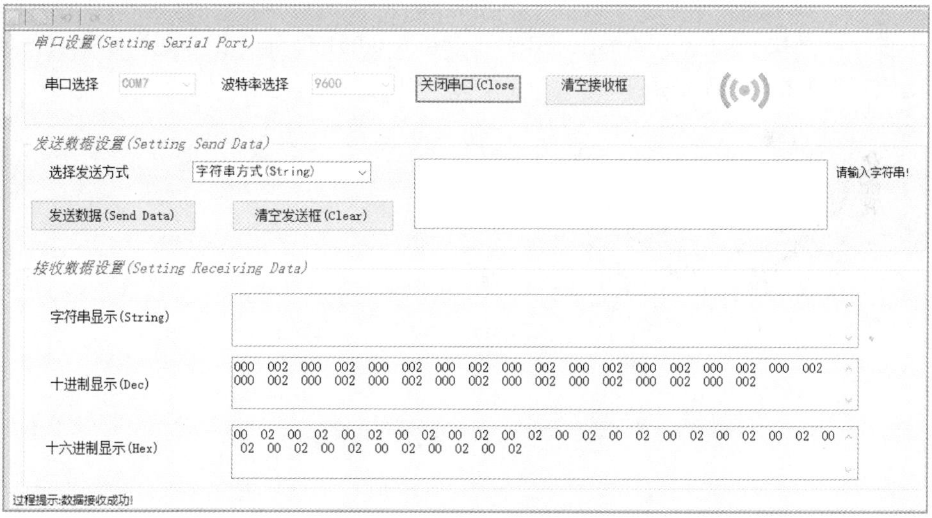

图 9-8　通道 AD 值输出

（3）进阶实验★

复制样例程序（ADC），利用该程序框架实现：对实验箱上的热敏电阻和光敏电阻进行数据采集，利用 C#软件进行物理量回归，并显示实际温度和光强的变化曲线。

请在实验报告中画出微机端程序 main.c 和 isr.c 的流程图，并写明程序语句和 C#方的主要程序段。

5．实验报告要求

（1）用适当的文字、图表描述实验过程。

（2）完整写出 GEC 方传感器数据采集及发送的主程序流程、中断处理程序、PC 方的串口测试程序的收发流程。

（3）在实验报告中完成实践性问答题。

6．实践性问答题

（1）AD 采集的软件滤波有哪些方法？

（2）AD 采集的非线性物理回归有哪些方法？

（3）举例说明 AD 采样值与电压的关系。

9.6 习题

（1）若 ADC 转换的参考电压为 5V，则为了区分 0.05mV 的电压，采样位数应为多少？

（2）什么是量化误差，能否消除量化误差？请解释原因。

（3）简述几种滤波方式，若 AD 采样 10 次的值为{859，897，0，834，857，856，849，900，857，866}，那么适合使用什么滤波方式？写出相应的 C 程序。

（4）简述如何读取 STM32L4 系列的内部温度传感器的值。

（5）假设 V_{REF+} 为 3.3V，D/A 转换位数 n=12，试求当 DOR=2000 时，输出的模拟电压 V_0 为多少？

（6）对于一个 12 位 DAC，若输出电压最小增量为 0.001V，输入数字量为 010110011101，则输出电压为多少？分辨率是多少？

10 chapter

直接存储器存取

本章阐述 MCU 内部直接存储器存取（Direct Memory Acess，DMA）模块的编程方法，主要介绍 DMA 的基本概念、DMA 的一般操作流程，介绍本书 MCU 的 DMA 驱动构件头文件及其使用方法，分析 DMA 驱动构件的基本要素，最后从应用角度介绍 DMA 的编程实例。

10.1 DMA 的基本概念

10.1.1 DMA 的含义

直接存储器读取是一种数据传输方式，该方式可以使数据不通过 CPU 而直接在存储器与 I/O 设备之间、不同存储器之间进行传输，其优点是传输速度快，且不占用 CPU 资源。

DMA 是所有现代微控制器的重要特色，它实现了存储器与不同速度外设硬件之间的数据传输，且不需要 CPU 过多介入。而在不适用 DMA 的情况下，CPU 须先从外设把数据复制到 CPU 内部寄存器，再从 CPU 内部寄存器将数据存放到新的地址。在这段时间内，CPU 无法进行其他工作。

DMA 传输将数据从一个地址空间复制到另一个地址空间，MCU 初始化这一传输动作是由 DMA 控制器来实施和完成的。例如，若要把数据从一个外部存储器的区块复制到芯片内部，则 DMA 负责它们之间的数据传输，传输完成后会发出一个中断，MCU 可以响应该中断。DMA 传输对于高效能嵌入式系统和网络是很重要的。

10.1.2 DMA 控制器

MCU 内部的 DMA 控制器是一种能够通过专用总线将存储器与具有 DMA 能力的外设连接起来的控制器。一般而言，DMA 控制器含有地址总线、数据总线和控制寄存器。高效率的 DMA 控制器具有访问其所需要的任意资源的能力，并不需要处理器本身的接入，能够在控制器内部计算出地址。在进行 DMA 传输时，DMA 控制器直接掌管总线，因此需要更改总线控制权。即在进行 DMA 传输前，MCU 要把总线控制权交给 DMA 控制器，在 DMA 传输完成后，DMA 控制器应立即把总线控制权再交给 MCU。

在 MCU 语境中，DMA 控制器属于一种特殊的外设。之所以也把它称为外设，是因为它是在处理器的编程控制下执行传输的。值得注意的是，通常只有数据流量较大的外设才须有支持 DMA 的能力，如视频、音频和网络等接口。

10.2 DMA 的一般操作流程

这里以 RAM 与 I/O 接口之间通过 DMA 传输为例来说明一个完整的 DMA 传输过程，它一般须经过请求、响应、传输和结束 4 个步骤。

（1）DMA 请求。CPU 完成对 DMA 控制器初始化，并向 I/O 接口发出操作命令；I/O 接口向 DMA 控制器提出请求。

（2）DMA 响应。DMA 控制器对 DMA 请求进行优先级判别及屏蔽，向总线裁决逻辑提出总线请求，当 CPU 执行完当前总线周期即可释放总线控制权。此时，总线裁决逻辑输出总线应答，表示 DMA 已经响应，通过 DMA 控制器通知 I/O 接口开始 DMA 传输。

（3）DMA 传输。DMA 控制器获得总线控制权后，CPU 即刻挂起或只执行内部操作，由 DMA 控制器输出读写命令，直接控制 RAM 与 I/O 接口进行 DMA 传输。

（4）DMA 结束。当完成规定的成批数据传送后，DMA 控制器立即释放总线控制权，并向 I/O 接口发出结束信号。当 I/O 接口收到结束信号后，一方面停止 I/O 设备的工作，另一方面向 CPU 发出中断请求，使 CPU 从不介入的状态解脱，并执行一段检查本次 DMA 传输操作正确性的代码。最后，CPU 带着本次操作结果及状态继续执行原来的程序。

由此可见，DMA 传输方式无须 CPU 直接控制传输，也没有中断处理方式那样保留现场和恢复现场的过程，通过硬件为 RAM 与 I/O 设备开辟一条直接传送数据的通路，使 CPU 的效率大为提高。

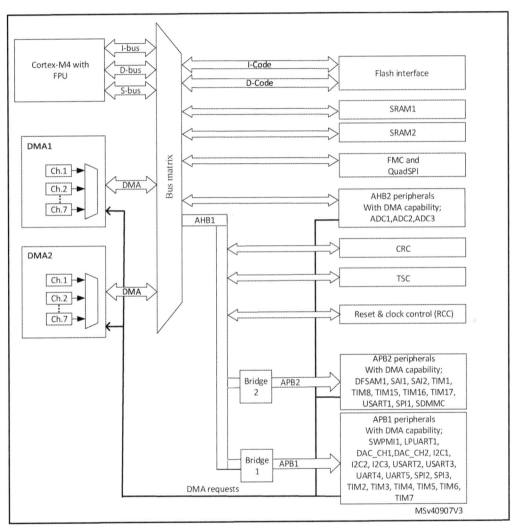

图 10-1　DMA 系统框图

10.3　DMA 构件头文件及使用方法

STM32L321RC 支持 DMA 通信方式，串行通信模块具备 DMA 传输功能，成块数据也可以通过 DMA 实现发送与接收。STM32L431RC 拥有两个 DMA 控制器，共有 14 个通道，DMA1 控制器有 7 个通道，DMA2 控制器有 7 个通道，每个通道专门用于管理一个或多个外设对存储器访问的请求。此外，它拥有一个仲裁器以协调各个 DMA 请求的优先权。来自外设的硬件请求通过 DMA_CSELR 通道选择寄存器映射到 DMA 通道。从外设（TIMx、ADC、SPIx、I2Cx 和 USARTx）产生的 DMA 请求，通过"逻辑或"输入 DMA 控制器，这意味着同时只能有一个请求有效。外设的 DMA 请求可以通过设置相应的外设寄存器中的控制位被独立地开启或关闭。相应的请求源如表 10-1 和表 10-2 所示。

表 10-1　DMA1 产生源对应表

CxS[3:0]	通道 1	通道 2	通道 3	通道 4	通道 5	通道 6	通道 7
0000	ADC1	ADC2			DFSDM1_FLT0	DFSDM1_FLT1	
0001		SPI1_RX	SPI1_TX	SPI2_RX	SPI2_TX	SAI_A	SAI2_B
0010		USART3_TX	USART3_RX	USART1_TX	USART1_RX	USART2_RX	USART2_TX
0011		I2C3_TX	I2C3_RX	I2C2_TX	I2C2_RX	I2C1_TX	I2C1_RX
0100	TIM2_CH3	TIM2_UP	TIM16_CH1 TIM16_UP		TIM2_CH1	TIM16_CH1 TIM16_UP	TIM2_CH2 TIM2_CH4
0101		TIM3_CH3	TIM3_CH4 TIM3_UP	TIM7_UP DAC_CH2	QUADSPI	TIM3_CH1 TIM3_TRIG	
0110			TIM6_UP DAC_CH1				
0111		TIM1_CH1	TIM1_CH2	TIM1_CH4 TIM1_TRIG TIM_COM	TIM15_CH1 TIM15_UP TIM15_TRIG TIM15_COM	TIM1_UP	TIM1_CH3

表 10-2　DMA2 产生源对应表

CxS[3:0]	通道 1	通道 2	通道 3	通道 4	通道 5	通道 6	通道 7
0000	I2C4_RX	I2C4_TX	ADC1	ADC2			
0001	SAI1_A	SAI1_B				SAI1_A	SAI1_B
0010			UART4_TX		UART4_RX	USART1_TX	USART1_RX
0011	SPI3_RX	SPI3_TX		TIM6-UP DAC_CH1	TIM7_UP DAC_CH2		QUADSPI
0100	SWPMI1_RX	SWPMI1_TX	SPI1_RX	SPI1_TX		LPUART1_TX	LPUART1_RX
0101						I2C1_RX	I2C1_TX
0110	AES_IN	AES_OUT	AES_OUT		AES_IN		
0111			SDMMC1	SDMMC1			

　　DMA 控制器支持的传输模式主要有以下 3 种。

　　（1）循环模式：在内存到外设或者外设到内存的传输中，可以将 DMA 传输方式设置为循环模式，此种方式通常用于处理循环缓冲区与连续的数据流。值得注意的是，循环模式不能用于内存到内存的传输中。在循环模式启用通道之前，必须清除 DMA_CCRx 寄存器的

MEM2MEM 位。如果需要停止循环输出，则需要在禁止 DMA 通道之前停止外设生成 DMA 请求。

（2）内存到内存模式：DMA 通道可以在不被外设请求触发的情况下进行（由软件启动）。

（3）外设到外设模式：任何 DMA 通道都可以在外设到外设的模式下进行。

10.4 DMA 驱动构件要素分析

对于 DMA 来说，其驱动构件至少应该包含的函数如表 10-3 所示。

表 10-3　DMA 构件要素

序号	函数			形参		宏常数	备注
	简明功能	返回	函数名	英文名	中文名		
1	DMA 初始化	无	DMA_Init	hdma	通道号	用	初始化 DMA 通道
2	DMA 传送	无	DMA_Start	hdma	通道号	用	
				SrcAddress	源地址		
				DstAddress	目的地址		
				DataLength	传送长度		
3	DMA 反初始化	无	DMA_Deinit	hdma	通道号	用	

关于初始化的说明：目前的初始化是对内存到内存的 DMA 初始化操作，初始化默认值设为非循环传输。

如表 10-3 所示，DMA 驱动模块构件通常具有 DMA 初始化、DMA 使能、DMA 停止使能等操作。按照构件化思想，可以将它们封装成独立功能的函数放在汇编工程文件中，其中用到的相关宏定义包含在 include.s 文件中。DMA 构件汇编程序的文件内容是 DMA 各功能函数的实现过程说明。

10.5 DMA 驱动构件的使用方法

DMA 驱动构件的文件中包含的内容有 3 个对外服务函数的接口说明及声明，函数包括 DMA 初始化函数、DMA 使能函数、DMA 传输中止函数（DMA 反使能函数）。

以使用 DMA 方式通过串口发送数据为例，简单介绍 DMA 构件的使用方法，参考程序见 "Exam10_1" 工程，步骤举例如下。

（1）初始化 DMA，选择 DMA1 通道 1，传输方向为内存到内存。

```
bl DMA_Init              //调用初始化函数 DMA_Init
```

（2）调用使能函数 DMA_Start，开始传输。

```
//赋值相关参数
ldr  r0,= SrcAddress
ldr  r1,=DstAddress
ldr  r3,=DateLength
bl  DMA_Start            //调用使能函数 DMA_Start
```

（3）传输完毕，DMA 停止。

```
bl  DMA_Deinit          //调用反使能函数 DMA_Deinit
```

10.6 实验七：通过 DMA 实现内存间数据的搬运

1. 实验目的

本实验通过编程实现 DMA 中不同内存间的数据搬运，即通过 DMA 方式将数组成员值复制到其他数组中。主要目的如下。

（1）掌握 DMA 构件的基本应用方法，理解 DMA 构件架构。

（2）掌握硬件系统的软件测试方法，深刻理解 printf 输出调试的基本方法。

2. 实验准备

参见实验一。

3. 参考样例

本实验以"Exam10_1"工程为参考样例。该程序通过调用 DMA 驱动构件方式实现系统内存间的数据搬运。

4. 实验过程或要求

（1）验证性实验

验证样例程序，具体验证步骤参见实验一。

（2）设计性实验

在验证性实验的基础上，自行编程实现通过 DMA 方式完成不同数组间数据的复制。

5. 实验报告要求

（1）用适当的文字、图表描述实验过程。

（2）用 200~300 字写出实验体会。

（3）在实验报告中完成实践性问答题。

6. 实践性问答题

（1）DMA 中的数据宽度的含义是什么？如何确定数据宽度？

（2）如何分清数组的首地址与数组的首元素地址？

（3）如何体现出在 DMA 传输中没有占用 CPU 资源？

10.7 习题

（1）DMA 相对于传统的传输方式来说，它的优点是什么？

（2）DMA 可编程的数据传输数量最大是多少？

（3）如何查询当前剩余数据量的大小？

（4）DMA 传输中的循环模式与普通模式有什么区别？

（5）如何通过使用串口的 DMA 接收方式实现通过串口接收数据？

11

chapter

外接组件综合实践

通过前几章的学习，读者应该对 MCU 各个模块的硬件驱动构件的要素和使用方法有了一定的了解。本章将从实际应用的角度来介绍 AHL-MCP 微机原理实践平台外接组件的使用方法，以及各外接组件的基本工作原理、电路原理与编程实践，希望可以为读者在嵌入式应用开发方面的学习提供一些借鉴。本章的实践内容基于 AHL-MCP 微机原理实践平台（增强版）。

11.1 开关量输出类实践

11.1.1 彩灯

1. 原理概述

彩灯的控制电路与 RGB 芯片集成在一个 5050 封装的元器件中，构成了一个完整的外控像素点，每个像素点的三基色颜色可实现 256 级亮度显示。像素点内部包含智能数字接口数据锁存信号整形放大驱动电路、高精度的内部振荡器和可编程定电流控制部分，有效保证了像素点光颜色的高度一致。数据协议采用单线归零码的通信方式。通过发送具有特定占空比的高电平和低电平来控制彩灯的亮暗。

2. 电路原理

彩灯的电路原理图如图 11-1（a）所示，其实物图如图 11-1（b）所示。VDD 是电源端，用于供电；DOUT 是数据输出端，用于控制数据信号输出；VSS 用于信号接地和电源接地；DIN 控制数据信号的输入。彩灯使用串行级联接口，能够通过一根信号线完成数据的接收与解码。

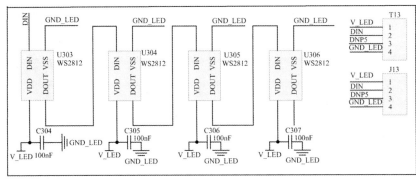

（a）彩灯电路原理图　　　　　　　　　　　　　　　　（b）彩灯实物图

图 11-1　彩灯

USB 数据线一端连接 J5 口（GPIO 接口），另一端连接彩灯。

3. 编程实践

彩灯的程序可参考"Exam11_1"工程，其编程步骤如下。

（1）准备阶段

① 给引脚取别名。

在 user.inc 中定义了彩灯传感器引脚，该引脚接 PTC.5。

```
//彩灯引脚
.equ WS2812_PIN,(PTC_NUM|5)
```

② 定义彩灯相关参数。

在 main.s 的数据段中定义彩灯提示信息以及初始颜色值。

```
//提示彩灯状况字符串
    light_information:
    .ascii "点亮彩灯\n\0"
    light_information1:
    .ascii "改变彩灯颜色\n\0"
    light_information2:
    .ascii "熄灭彩灯\n\0"
//彩灯测试数据（一种颜色占 3 个字节）
.align 1      //对齐方式是一字节对齐
grbw:         //按绿、红、蓝、白顺序
    .byte 0xFF,0x00,0x00,0x00,0xFF,0x00,0x00,0x00,0xFF,0xFF,0xFF,0xFF
black:
    .byte 0x00,0x00,0x00,0x00,0x00,0x00,0x00,0x00,0x00,0x00,0x00,0x00
rwgb:         //按红、白、绿、蓝顺序
    .byte 0x00,0xFF,0x00,0xFF,0xFF,0xFF,0xFF,0x00,0x00,0x00,0x00,0xFF
```

（2）应用阶段

在 main.s 文件中对彩灯传感器进行初始化，并设置引脚方向为输出、初始状态为低电平，设置彩灯颜色变换。

```
main:
......
//（1.5）用户外设模块初始化
//初始化彩灯模块（J5 端口）
    ldr r0,=WS2812_PIN          //将引脚地址存入寄存器 r0 中
    bl WS_Init                  //调用彩灯初始化函数
main_loop:
    ......
//点亮彩灯
    ldr r0,=light_information   //显示彩灯点亮提示
    bl printf
    ldr r0,=grbw                //r0←彩灯测试数据的首地址
    mov r1,#4                   //r1←4（灯的个数）
    bl WS_SendOnePix            //调用点亮彩灯的函数
    b main_exit
main_light_off:
//熄灭彩灯
    ldr r0,=light_information2   //显示彩灯熄灭提示
```

```
        bl printf
        ldr r0,=black                      //r0←彩灯测试数据的首地址（黑色）
        mov r1,#4
        bl WS_SendOnePix
        mov r0,#50
        bl  Delay_ms                       //调用延时函数延时 50ms
    //改变彩灯颜色
        ldr r0,=light_information2         //显示彩灯改变颜色提示
        bl printf
        ldr r0,=rwgb                       //r0←彩灯测试数据的首地址
        mov r1,#4
        bl WS_SendOnePix                   //调用设置彩灯颜色的函数
    main_exit:
        bl main_loop
    //( 2 )======主循环部分( 结尾 )==========================================
        .end                               //整个程序结束标志（结尾）
```

4. 运行结果

彩灯的运行效果如图 11-2 所示。

图 11-2　彩灯的运行结果

11.1.2　蜂鸣器

1. 原理概述

蜂鸣器通过串口通信接收上位机发送的数据并进行判断。若接收数据为 "1"，则将输出端电平置为高电平，蜂鸣器发出声响；若接收数据为 "0"，则将输出端电平置为低电平，蜂鸣器

不发出声响或停止发出声响；若接收数据为其他，则退出中断处理。蜂鸣器初始化默认是低电平，不发出声响。

2. 电路原理

蜂鸣器的电路原理图如图 11-3（a）所示，其实物图如图 11-3（b）所示。蜂鸣器通过 P_Beep 引脚来控制输出引脚的高低电平。当 P_Beep 对应的状态值为 1（即高电平）时，Q401 导通，蜂鸣器发出声响；当 P_Beep 对应的状态值为 0（即低电平）时，Q401 截止，蜂鸣器不发出声响或停止发出声响。

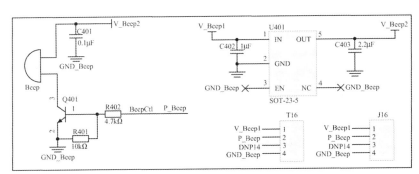
（a）蜂鸣器电路原理图

（b）蜂鸣器实物图

图 11-3　蜂鸣器

USB 数据线一端连接 J4 口（SPI1 接口），另一端连接蜂鸣器。

3. 编程实践

蜂鸣器的程序可参考"Exam11_2"工程，其编程步骤如下。

（1）准备阶段

蜂鸣器只涉及一个引脚，在 user.inc 中定义了 BUZZER 对蜂鸣器所连接的 GPIO 引脚 PTA.15 进行宏定义。

```
//蜂鸣器对应引脚
.equ BUZZER, (PTA_NUM|15)          //蜂鸣器接 PTA.15 引脚
```

（2）应用阶段

①初始化外设并使能。

在 main.s 文件的主函数中对蜂鸣器模块进行初始化，并设置引脚方向为输出，端口引脚初始状态为低电平。蜂鸣器模块通过上位机发送字节并进行接收，需要进行串口通信，所以须对串口进行初始化，并且进行使能中断。

```
main:
......
//（1.5）用户外设模块初始化
//蜂鸣器引脚初始化
    ldr r0,= BUZZER        //r0←端口和引脚（用=是因为常量≥256，且要用 ldr 指令）
    mov r1,#GPIO_OUTPUT //r1←引脚方向为输出
```

```
        mov r2,#0              //r2←引脚的初始状态为低电平
        bl  gpio_init         //调用 gpio 初始化函数
    //串口初始化
        mov r0,#2             //r0←串口号
        ldr r1,=UART_BAUD    //r1←波特率
        bl uart_init          //调用 uart 初始化函数
    //（1.6）使能模块中断
        mov r0,#2             //r0←串口号
        bl uart_enable_re_int
    main_loop:
    ......
        b main_loop           //继续循环
    //（2)======主循环部分(结尾)=============================================
    .end                      //整个程序结束标志（结尾）
```

②编写中断处理程序。

蜂鸣器通过串口通信接收上位机发送来的数据拉高电平并发出声音，所以在 isr.c 中要定义 USART2_IRQHandler 中断。该中断中当上位机发送"1"时，下位机通过 UART2 接收到数据"1"，从而将电平拉高，蜂鸣器发出声响；当发送"0"时，电平被拉低，蜂鸣器停止发出声响；发送除"0""1"之外的其他数据，会退出中断处理。

```
//=================================================================
//文件名称: isr.c
//功能概要: 中断底层驱动构件源文件
//版权所有: SD-Arm(sumcu.suda.edu.cn)
//更新记录: 2019-09-27 V1.0
//=================================================================
.include "include.inc"
.global USART2_IRQHandler
.type  USART2_IRQHandler, function
//======================中断函数服务例程========================
.section .text
//=================================================================
//程序名称: UARTA_Handler（UARTA 接收中断处理程序）
//触发条件: 收到一个字节触发
//程序功能: 接收到"1"使蜂鸣器发出声响，"0"使蜂鸣器停止发出声响
//=================================================================
USART2_IRQHandler:
//（1）屏蔽中断，并且保存现场
        cpsid  i        //关可屏蔽中断
        push {r7,lr}    //r7,lr 进栈保护（r7 后续申请空间用，lr 中为进入中断前 pc 的值）
```

微型计算机原理及应用——基于 Arm 微处理器

```
        sub sp,#4        //通过移动 sp 指针获取地址
        mov r7,sp        //将获取到的地址赋给 r7
//（2）接收字节
        mov r1,r7        //r1=r7 作为接收一个字节的地址
        mov r0,#UARTA    //r0←串口号
        bl  uart_re1     //调用接收一个字节子函数
//（3）发送字节
        mov r4,r0        //把数据保存到 r4
        mov r1,r0
        mov r0,#UARTA
        bl uart_send1    //调用发送一个字节子函数
        mov r1,r4        //r1 存放串口接收到的数据，作为 uart_send1 的入口参数
        cmp r1,#49       //接收到的数据与 1 进行比较
        bne isr_comp     //不是 1 则调用 isr_comp 函数
        b isr_buzzer_on  //是 1 则调用 isr_buzzer_on
//接收到的数据不为 1，将其与 0 进行比较
isr_comp:
        cmp r1,#48
        bne isr_exit     //不为 0 则退出中断处理
        b isr_buzzer_off //为 0 则调用 isr_buzzer_off
//控制蜂鸣器发出声响
isr_buzzer_on:
        ldr r0,=BUZZER   //r0←引脚号
        mov r1,#1        //r1←引脚状态为高电平
        bl gpio_set
        bl isr_exit
//控制蜂鸣器停止发出声响
 isr_buzzer_off:
        ldr r0,= BUZZER
        mov r1,#0        // r1←引脚状态为低电平
        bl gpio_set
        bl isr_exit
//（4）解除屏蔽，并且恢复现场
isr_exit:
        cpsie   i        //解除屏蔽中断
        add r7,#4        //还原 r7
        mov sp,r7        //还原 sp
        pop {r7,pc}      //r7, pc 出栈，还原 r7 的值；pc←lr，即返回中断前程序继续执行
```

4. 运行结果

蜂鸣器的运行效果如图 11-4 所示。

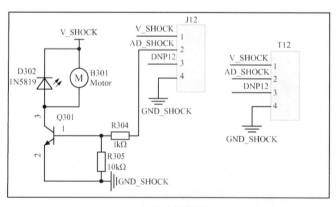

图 11-4 蜂鸣器运行结果

11.1.3 电动机

1. 原理概述

电动机（又称马达）通过串口通信收上位机发送的数据并进行判断。若接收数据为"1"，则将输出端电平置为高电平，电动机开始振动；若接收数据为"0"，则将输出端电平置为低电平，电动机不振动或停止振动；若接收数据为其他，则退出中断处理。电动机初始化默认是低电平，不振动。

2. 电路原理

电动机的电路原理图如图 11-5（a）所示，其实物图如图 11-5（b）所示。电动机通过 AD_SHOCK 引脚来控制输出引脚的高低电平。当 AD_SHOCK 对应的状态值为 1（即高电平）时，Q401 导通，电动机开始振动；当 AD_SHOCK 对应的状态值为 0（即低电平）时，Q401 截止，电动机不振动或停止振动。

（a）电动机电路原理图   （b）电动机实物图

图 11-5 电动机

USB 数据线一端连接 J4 口（SPI1 接口），另一端连接电动机。

3. 编程实践

电动机的程序可参考"Exam11_3"工程，其编程步骤如下。

（1）准备阶段

由于电动机只涉及一个引脚，在 user.inc 中定义了 MOTOR 对电动机所连接的 GPIO 引脚 PTA.15 进行宏定义。

```
//电动机对应引脚
.equ MOTOR, (PTA_NUM|15)          //电动机接 PTA.15 引脚
```

（2）应用阶段

① 初始化外设并使能。

在 main.s 文件的主函数中，对电动机模块进行初始化，并设置引脚方向为输出，端口引脚初始状态为低电平。电动机模块通过上位机发送字节并进行接收，需要进行串口通信，所以须对串口进行初始化，并且进行使能中断。

```
main:
    ......
    //（1.5）用户外设模块初始化
    //电动机引脚初始化
        ldr r0,= MOTOR        //r0←端口和引脚（用=是因为常量>=256，且要用 ldr 指令）
        mov r1,#GPIO_OUTPUT   //r1←引脚方向为输出
        mov r2,#0             //r2←引脚的初始状态为低电平
        bl  gpio_init        //调用 gpio 初始化函数
    //串口初始化
        mov r0,#2            //r0←串口号
        ldr r1,=UART_BAUD    //r1←波特率
        bl uart_init         //调用 uart 初始化函数
    //（1.6）使能模块中断
        mov r0,#2            //r0←串口号
        bl uart_enable_re_int
main_loop:
    ......
        b main_loop          //继续循环
    //（2）======主循环部分（结尾）=================================
    .end                     //整个程序结束标志（结尾）
```

② 编写中断处理程序。

电动机通过串口通信接收上位机发送来的数据拉高电平并开始振动，所以在 isr.c 中要定义 USART2_IRQHandler 中断。该中断中当上位机发送"1"时，下位机通过 UART2 接收到数据"1"，从而将电平拉高，电动机开始振动；当发送"0"时，电平被拉低，电动机不振动或

停止振动；发送除"0""1"之外的其他数据，会退出中断处理。

```
//================================================================
//文件名称: isr.c
//功能概要: 中断底层驱动构件源文件
//版权所有: SD-Arm(sumcu.suda.edu.cn)
//更新记录: 2019-09-27 V1.0
//================================================================
.include "include.inc"
.global USART2_IRQHandler
.type   USART2_IRQHandler, function
//======================中断函数服务例程=========================
.section .text
//================================================================
//程序名称: UARTA_Handler（UARTA 接收中断处理程序）
//触发条件: 收到一个字节触发
//程序功能: 接收到"1"使电动机开始振动，"0"使电动机不振动或停止振动
//================================================================
USART2_IRQHandler:
//（1）屏蔽中断，并且保存现场
    cpsid  i            //关可屏蔽中断
    push {r7,lr}        //r7, lr 进栈保护（r7 后续申请空间用, lr 中为进入中断前 pc 的值）
    sub sp,#4           //通过移动 sp 指针获取地址
    mov r7,sp           //将获取到的地址赋给 r7
//（2）接收字节
    mov r1,r7           //r1=r7 作为接收一个字节的地址
    mov r0,#UARTA       //r0←串口号
    bl  uart_re1        //调用接收一个字节子函数
//（3）发送字节
    mov r4,r0           //把数据保存到 r4
    mov r1,r0
    mov r0,#UARTA
    bl uart_send1       //调用发送一个字节子函数
    mov r1,r4           //r1 存放串口接收到的数据，作为 uart_send1 的入口参数
    cmp r1,#49          //接收到的数据与 1 进行比较
    bne isr_comp        //不是 1 则调用 isr_comp 函数
    b isr_motor_on      //是 1 则调用 isr_motor_ on
//接收到的数据不为 1，将其与 0 进行比较
isr_comp:
    cmp r1,#48
```

```
        bne isr_exit           //不为 0 则退出中断处理
        b isr_motor_ off       //为 0 则调用 isr_motor_ off
//控制电动机振动
isr_motor_ on:
        ldr r0,= MOTOR         //r0←引脚号
        mov r1,#1              //r1←引脚状态为高电平
        bl gpio_set
        bl isr_exit
//控制电动机不振动或停止振动
 isr_motor_ off:
        ldr r0,= MOTOR
        mov r1,#0             //r1←引脚状态为低电平
        bl gpio_set
        bl isr_exit
//（4）解除屏蔽，并且恢复现场
isr_exit:
        cpsie   i            //解除屏蔽中断
        add r7,#4            //还原 r7
        mov sp,r7            //还原 sp
        pop {r7,pc} //r7, pc 出栈, 还原 r7 的值; pc←lr, 即返回中断前程序继续执行
```

4. 运行结果

电动机的运行效果如图 11-6 所示。

图 11-6　电动机运行结果

11.1.4　数码管（LED）

1. 原理概述

在主函数中通过调用 TM1637_Display（a,a1,b,b1,c,c1,d,d1）函数可以点亮数码管，数码管

的数字显示可在调用函数时设置，a、b、c、d 为要显示的 4 位数字大小；而 a1、b1、c1、d1 为 4 位数字后面的小数点显示，值为 0 则不显示小数点，值为 1 则显示小数点。

2. 电路原理

数码管的电路原理图如图 11-7（a）所示，其实物图如图 11-7（b）所示。TM1637 驱动电路，通过 DIO 和 CLK 两个引脚实现对 4 位数码管的控制。DIO 引脚为数据输入/输出，CLK 为时钟输入。初始化数码管时，将 TM1637_CLK 赋值为 GEC 主板上的 49 号引脚，将 TM1637_DIO 赋值为 GEC 主板上的 48 号引脚。数据输入的开始条件是 CLK 为高电平时，DIO 由高电平变为低电平；结束条件是 CLK 为高电平时，DIO 由低电平变为高电平。

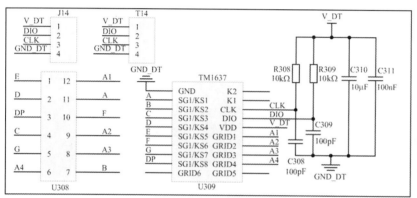
（a）数码管电路原理图

（b）数码管实物图

图 11-7 数码管

数码管：使用 USB 线连接 J7 端口（ADC-TSI-TPM 接口），数码管显示数字 0000。按一下按钮 S1，数字加 1；按一下按钮 S3，数字减 1。

3. 编程实践

数码管的程序可参考 "Exam11_4" 工程，其编程步骤如下。

（1）准备阶段

数码管涉及两个引脚，在 user.inc 中须分别对数码管的两个引脚进行宏定义，对应 PTC.2 和 PTC.3。

```
//数码管引脚定义
.equ TM1637_CLK,PTC_NUM|3    //时钟输入
.equ TM1637_DIO,PTC_NUM|2    //数据输入输出
```

（2）应用阶段

在 main.s 文件的主函数 main 中，要对数码管进行初始化，将数码管初始显示为 0000。

```
main:
……
//（1.5）用户外设模块初始化
//初始化数码管，清空数码管显示内容
    ldr r0,=TM1637_CLK           //r0←时钟输入引脚
```

```
        ldr r1,=TM1637_DIO          //r1←数据输入/输出引脚
        bl TM1637_Init              //调用数码管初始化函数
//设置数码管初始显示为0000
//函数形参超过4个时，前4个参数放在r0~r3寄存器，后4个参数采用栈空间，入栈的
//顺序与参数的顺序相反
        mov r0,#0                   //将0装入r0，第1个参数
        mov r1,#0                   //第2个参数
        mov r2,#0                   //第3个参数
        mov r3,#0                   //第4个参数
        mov r7,#0                   //将0装入r7，第8个参数
        push {r7}                   //将r7入栈
        mov r6,#0                   //第7个参数
        push {r6}
        mov r5,#0                   //第6个参数
        push {r5}
        mov r4,#0                   //第5个参数
        push {r4}
        bl TM1637_Display           //调用函数显示数字
main_loop:
    ......
    b main_loop                     //继续循环
//（2）======主循环部分（结尾）============================================
    .end                            //整个程序结束标志（结尾）
```

4. 运行结果

按钮运行效果如图11-8和图11-9所示。

图11-8 数码管初始显示0000

图11-9 数码管显示0101

11.2 开关量输入类实践

11.2.1 红外寻迹传感器

1. 原理概述

当遮挡物体距离传感器红外发射管 2～2.5cm 时，发射管发出的红外射线会被反射回来，红外接收管打开，模块输出端为高电平，指示灯亮；若红外射线未被反射回来或反射回的强度不够大时，则红外接收管处于关闭状态，模块输出端为低电平，指示灯不亮。

2. 电路原理

红外寻迹传感器的电路原理图如图 11-10（a）所示，其实物图如图 11-10（b）所示。TCRT5000 传感器的红外发射二极管不断发射红外线，当发出的红外线没有被反射回来时，D402 灯灭；反之，D402 灯亮。其中，V_IR3 引脚为左右两侧的红外发射器供电。GPIO_IR1 引脚为右侧的红外输出脚，并控制右侧小灯的亮暗，通过 USB 口与芯片上的 GEC_16 号引脚相连。GPIO_IR2 引脚为左侧的红外输出脚，并控制左侧小灯的亮暗，通过 USB 口与芯片上的 GEC_17 号引脚相连。GND_IR3 接地。

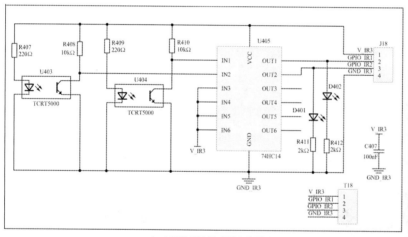 

（a）红外寻迹传感器电路原理图　（b）红外寻迹传感器实物图

图 11-10　红外寻迹传感器

红外寻迹传感器：使用 USB 线连接 J3 端口（SPI1 接口），用纸张靠近红外循迹传感器，红灯亮；撤掉纸张，红灯灭。

3. 编程实践

红外寻迹传感器的程序可参考 "Exam11_5" 工程，其编程步骤如下。

（1）准备阶段

① 给红外寻迹传感器取别名。

由于编程不是针对红外寻迹传感器这个实物，而是根据它所接的引脚进行的，考虑到程序的移植性问题，一般不直接使用所接引脚名，而是通过宏定义的方式取一个别名，以方便之后的识别与使用，因此，在 user.inc 中定义了 RAY_LEFT 和 RAY_RIGHT 两个别名，分别对应红外寻迹传感器所接的两个 GPIO 引脚（PTA.7 和 PTA.6）。

```
//红外线检测物体引脚
.equ RAY_RIGHT, (PTA_NUM|6)        //右侧红外寻迹传感器接 PTA.6 引脚
.equ RAY_LEFT,  (PTA_NUM|7)        //左侧红外寻迹传感器接 PTA.7 引脚
```

② 给 GPIO 中断触发条件取名。

GPIO 中断的触发条件有上升沿触发、下降沿触发和双边沿触发，考虑到编程和程序的可移植性问题，应该采用宏定义的方式取一个编程时使用的名称。

```
// GPIO 引脚触发中断条件定义
.equ RISING_EDGE,  1               //上升沿触发
.equ FALLING_EDGE, 2               //下降沿触发
.equ DOUBLE_EDGE,  3               //双边沿触发
```

（2）应用阶段

① 初始化外设模块并使能。

在 main.s 文件的主函数中，要对红外寻迹传感器模块进行初始化，并设置所接引脚方向为输入，初始状态为低电平，并使能该模块。

```
main:
......
//（1.5）用户外设模块初始化
//右侧红外引脚初始化
    ldr r0,= RAY_RIGHT    //r0←端口和引脚（用=是因为常量≥256，且要用 ldr 指令）
    mov r1,#GPIO_INPUT    //r1←引脚方向为输入
    mov r2,#0             //r2←引脚的初始状态为低电平
    bl  gpio_init         //调用 gpio 初始化函数
//左侧红外引脚初始化
    ldr r0,= RAY_LEFT     //r0←端口和引脚（用=是因为常量≥256，且要用 ldr 指令）
    mov r1,#GPIO_INPUT    //r1←引脚方向为输入
    mov r2,#0             //r2←引脚的初始状态为低电平
    bl  gpio_init         //调用 gpio 初始化函数
//（1.6）使能 GPIO 中断
    ldr r0,= RAY_RIGHT    //r0←端口和引脚
    mov r1,#RISING_EDGE   //上升沿触发中断
    bl gpio_enable_int
    ldr r0,= RAY_LEFT     //r0←端口和引脚
    mov r1,#RISING_EDGE   //上升沿触发中断
    bl gpio_enable_int
main_loop:
    ......
```

```
        b main_loop                    //继续循环
//（2）=====主循环部分（结尾）==========================================
        .end                            //整个程序结束标志（结尾）
```

② 编写中断处理程序。

由于红外寻迹传感器所接的是 PTA.6 和 PTA.7 两个 GPIO 引脚，它们对应的中断向量号是 23，即 EXTI9_5_IRQn（可查找 03_MCU\startup\stm321433xx.h），而该中断向量对应中断向量表的 EXTI9_5_IRQHandler 中断处理程序（可查找 03_MCU\startup\startup_stm321433rctxp.s），因此，在中断处理程序 isr.s 中要定义 EXTI9_5_IRQHandler 中断。当 GPIO 引脚上升沿到来时，该中断被触发。在中断中会先判断是由哪个引脚触发的，然后输出检测到有物体的提示信息。

```
//==================================================================
//文件名称: isr.c
//功能概要: 中断底层驱动构件源文件
//版权所有: SD-Arm(sumcu.suda.edu.cn)
//更新记录: 2019-09-27 V1.0
//==================================================================
.include "include.inc"
.global EXTI9_5_IRQHandler
.type  EXTI9_5_IRQHandler, function
ray_show1:
    .ascii "右侧红外检测有物体 \n\0"   //检测到有物体的提示信息
ray_show2:
    .ascii "左侧红外检测有物体 \n\0"   //检测到有物体的提示信息
//=====================中断函数服务例程========================
.section .text
//==================================================================
//程序名称: EXTI9_5_IRQHandler
//触发条件: 上升沿触发 GPIO 中断
//程序功能: 当检测到有物体时给出提示信息
//==================================================================
EXTI9_5_IRQHandler:
//（1）屏蔽中断，并且保存现场
    cpsid  i            //关可屏蔽中断
    push {r7,lr}       //r7,lr 进栈保护(r7 后续申请空间用,lr 中为进入中断前 pc 的值)
//（2）执行下列语句，进行物体检测
    ldr r0,= RAY_RIGHT
    bl gpio_get_int   //进行中断引脚判断，是 Ray1 中断返回 1，否则返回 0
    cmp r0,#1
```

```
        bne ray_1                    //如果不是，则跳转左侧红外中断执行语句
//（2.1）处理右侧红外检测引脚
        ldr r0,=ray_show1            //显示"右侧红外检测有物体"
        bl  printf
        bl ray_2
ray_1:
//（2.2）处理左侧红外检测引脚
        ldr r0,=ray_show2            //显示"左侧红外检测有物体"
        bl  printf
ray_2:
//（3）解除屏蔽，并且恢复现场
        ldr r0,= RAY_RIGHT
        bl gpio_clear_int            //清除中断标志位
        ldr r0,= RAY_LEFT
        bl gpio_clear_int
        cpsie  i                     //解除屏蔽中断
        pop {r7,pc} //r7, pc出栈，还原r7的值；pc←lr，即返回中断前程序继续执行
```

4. 运行结果

红外寻迹传感器运行结果如图 11-11 所示，通过串口输出提示信息。

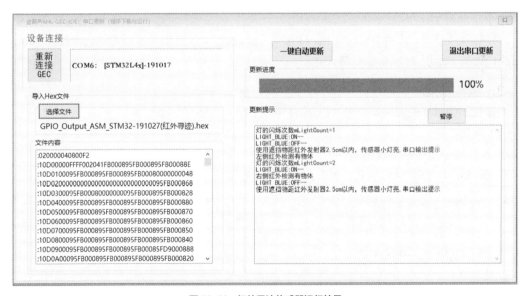

图 11-11　红外寻迹传感器运行结果

11.2.2　人体红外传感器

1. 原理概述

任何发热体都会产生红外线，辐射的红外线波长（单位一般为μm）跟物体温度有关，表面温度越高，辐射能量越强。人体都有恒定的体温，所以会发出特定波长（10μm 左右）

的红外线。人体红外传感器通过检测人体释放的红外信号，可判断一定范围内是否有人体运动，默认输出是低电平，当传感器检测到有人体运动时，会触发高电平输出，小灯亮（有 3s 左右的延迟）。

2. 电路原理

人体红外传感器的电路原理图如图 11-12（a）所示，其实物图如图 11-12（b）所示。模块默认输出为 0（低电平），当前方有人体运动时输出为 1（高电平）。TPS70933 为 5V 转 3.3V 稳压器，输入为 V_PIR1（5V），输出为 V_PIR2（3.3V），为 AM412 供电。AM412 为热释电红外传感器，延时 REL 电平时间（检测到人体活动时电平持续时间）由 R101、R102 决定。其中，V_PIR1 供电。REF 为输出引脚，通过 USB 端口与芯片的 GEC_16 引脚相连。

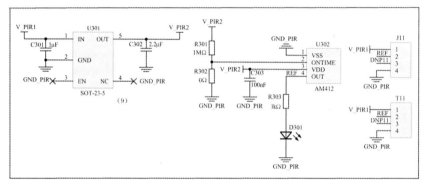

（a）人体红外传感器电路原理图　　　　　　（b）人体红外传感器实物图

图 11-12　人体红外传感器

人体红外传感器：使用 USB 线连接 J3 端口（SPI1 接口），当用手靠近人体红外传感器时，红灯亮；远离，延迟 3s 左右，红灯灭。

3. 编程实践

人体红外传感器的程序可参考"Exam11_6"工程，其编程步骤如下。

（1）准备阶段

① 给红外寻迹传感器取别名。

在 user.inc 中定义 RAY 别名，对应人体红外传感器所接的 GPIO 引脚 PTA.6。

```
//红外线检测物体引脚
.equ RAY, (PTA_NUM|6)
```

② 给 GPIO 触发中断条件取名。

参见 11.2.1 节。

（2）应用阶段

① 模块初始化并使能。

在 main.s 文件的主函数中，要对人体红外传感器模块进行初始化，并设置所接引脚方向为输入，初始状态为低电平，并使能该模块。

```
main:
......
```

```
//（1.5）用户外设模块初始化
//红外引脚初始化
    ldr r0,= RAY          //r0←端口和引脚（用=是因为常量≥256，且要用ldr指令）
    mov r1,#GPIO_INPUT    //r1←引脚方向为输入
    mov r2,#0            //r2←引脚的初始状态为低电平
    bl  gpio_init        //调用gpio初始化函数
//（1.6）使能GPIO中断
    ldr r0,=RAY           //r0←端口和引脚（用=是因为常量≥256，且要用ldr指令）
    mov r1,#RISING_EDGE  //上升沿触发中断
    bl gpio_enable_int
main_loop:
    ......
    b main_loop          //继续循环
//（2）======主循环部分（结尾）======================================
.end                     //整个程序结束标志（结尾）
```

② 编写中断处理程序。

在中断处理程序 isr.s 中定义 EXTI9_5_IRQHandler 中断。当 GPIO 引脚上升沿到来时，将触发该中断，输出检测到有人的提示信息。

```
//==================================================================
//文件名称：isr.c
//功能概要：中断底层驱动构件源文件
//版权所有：SD-Arm(sumcu.suda.edu.cn)
//更新记录：2019-09-27 V1.0
//==================================================================
.include "include.inc"
.global EXTI9_5_IRQHandler
.type  EXTI9_5_IRQHandler, function
ray_show1:
    .ascii " 红外检测到人 \n\0"    //检测到有人的提示信息
//===================中断函数服务例程========================
.section .text
//==================================================================
//程序名称：EXTI9_5_IRQHandler
//触发条件：上升沿触发GPIO中断
//程序功能：当检测到有人时给出提示信息
//==================================================================
EXTI9_5_IRQHandler:
//（1）屏蔽中断，并且保存现场
```

```
        cpsid  i                    //关可屏蔽中断
        push  {r7,lr}               //r7，lr 进栈保护
//（2）执行下列语句，进行物体检测
        ldr  r0,= RAY
        bl  gpio_get               //进行引脚电平判断
        cmp  r0,#1
        ldr  r0,=ray_show1         //显示"有人"
        bl  printf
//（3）解除屏蔽，并且恢复现场
        ldr  r0,= RAY
        bl  gpio_clear_int         //清除中断标志位
        cpsie   i                  //解除屏蔽中断
        pop  {r7,pc}     //r7，pc 出栈，还原 r7 的值；pc←lr，即返回中断前程序继续执行
```

4．运行结果

人体红外传感器运行结果如图 11-13 所示，通过串口输出提示信息。

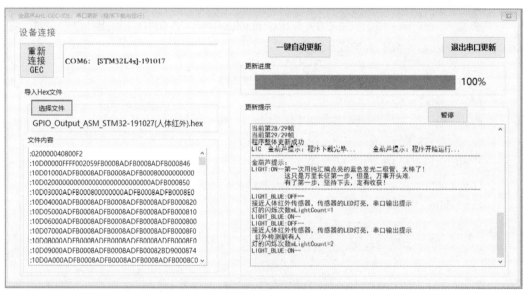

图 11-13　人体红外传感器运行结果

11.2.3　按钮

1．原理概述

按钮（Button）的工作原理很简单，对于常开触头，在按钮未被按下前，电路是断开的，按下按钮后，常开触头被连通，电路也被接通；对于常闭触头，在按钮未被按下前，触头是闭合的，按下按钮后，触头被断开，电路也被分断。

2．电路原理

按钮的电路原理图如图 11-14（a）所示，其实物图如图 11-14（b）所示。Button1、Button2

初始化为 GPIO 输出，Button3、Button4 初始化为 GPIO 输入，并内部拉高（设置为高电平）。改变 Button1、Button2 的输出，通过扫描方式获取 Button3、Button4 的状态，判断按钮的闭合与断开。若将 Button1 设为低电平、Button2 设为高电平，则 Button3 为低电平时，S301 闭合，Button3 为高电平时，S301 断开；同样，Button4 为低电平时，S302 闭合，Button4 为高电平时，S302 断开。若将 Button1 设为高电平、Button2 设为低电平，则 Button3 为低电平时，S303 闭合，Button3 为高电平时，S303 断开；同样，Button4 为低电平时，S304 闭合，Button4 为高电平时，S304 断开。

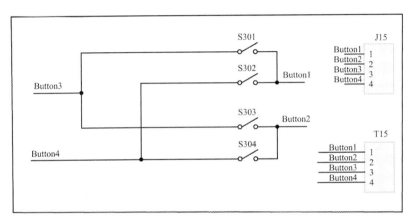

（a）按钮电路原理图

（b）按钮实物图

图 11-14　按钮

USB 线一端连接 J6 端口（BUTTON 接口），另一端连接按钮，S301 对应 Button1 被按下的提示信息，S302 对应 Button2 被按下的提示信息，S303 对应 Button3 被按下的提示信息，S304 对应 Button4 被按下的提示信息。

3．编程实践

按钮的程序可参考"Exam11_7"工程，其编程步骤如下。

（1）准备阶段

① 给按钮取名。

由于有 4 个按钮，涉及 4 个引脚，因此在 user.inc 中定义 4 个按钮对应的引脚，分别为 PTA.1、PTA.0、PTA.8 和 PTA.4。

```
//按钮引脚
.equ Button1,(PTA_NUM|1)
.equ Button2,(PTA_NUM|0)
.equ Button3,(PTA_NUM|8)
.equ Button4,(PTA_NUM|4)
```

② 定义引脚方向。

在 gpio.h 中定义 GPIO 引脚方向，输入为 0，输出为 1。

```
// GPIO 引脚方向宏定义
```

```
#define GPIO_INPUT  (0)          //GPIO 输入
#define GPIO_OUTPUT (1)          //GPIO 输出
```

③ 定义引脚拉高、拉低状态。

在 gpio.h 中定义 GPIO 引脚拉高、拉低状态，拉高为 1，拉低为 2。

```
// GPIO 引脚拉高/低状态宏定义
#define PULL_UP    (0x01u)      //拉高
#define PULL_DOWN  (0x02u)      //拉低
```

（2）应用阶段

① 外设初始化并使能。

在 main.s 文件的主函数中，要对按钮模块进行初始化，将 Button1、Button2 初始化为 GPIO 输出，Button3、Button4 初始化为 GPIO 输入，并内部拉为高电平。同时，要初始化定时器并开启定时器中断。

```
main:
......
//（1.5）用户外设模块初始化
//4 个按钮进行初始化操作，将 Button1、Button2 初始化为 GPIO 输出，Button3、
//Button4 初始化为 GPIO 输入
    //初始化 Button1、Button2 为输出
    ldr r0,=Button1
    ldr r1,=GPIO_OUTPUT
    mov r2,#1
    bl  gpio_init          //将 Button1 初始化为 GPIO 输出
    ldr r0,=Button2
    ldr r1,=GPIO_OUTPUT
    mov r2,#1
    bl  gpio_init          //将 Button2 初始化为 GPIO 输出
    //初始化 Button3、Button4 为输入
    ldr r0,=Button3
    ldr r1,=GPIO_IN
    mov r2,#0
    bl  gpio_init          //将 Button3 初始化为 GPIO 输入
    ldr r0,=Button4
    ldr r1,=GPIO_IN
    mov r2,#0
    bl  gpio_init          //将 Button4 初始化为 GPIO 输入
    //内部拉高 Button3、Button4
    ldr r0,=Button3        //使用 gpio_pull 函数进行按钮对应引脚拉高
    mov r1,#1
```

```
        bl  gpio_pull            //拉高 Button3
        ldr r0,=Button4
        mov r1,#1
        bl  gpio_pull            //拉高 Button4
        //时钟模块初始化
        mov r0,#7                //其中 2 为低功耗时钟，7 为非低功耗时钟
        mov r1,#100              //100 为设置定时器中断的执行时间，单位为 ms
        bl  timer_init           //时钟模块初始化
    //（1.6）使能定时器中断
        mov r0,#7
        bl  timer_enable_int     //开启定时器中断
main_loop:
        ……
        b main_loop              //继续循环
    //（2）======主循环部分（结尾）===========================================
        .end                     //整个程序结束标志（结尾）
```

② 编写中断处理程序。

在中断处理程序 isr.s 中定义 TIM7_IRQHandler 中断。当运行到达规定的时间时，触发该中断，判断被用户按下的按钮是哪个，然后输出按钮被按下的提示信息。根据按钮的电路原理图可知 4 个按钮并不是单独工作的，所以要使用定时器中断来判断按钮是否被用户按下。

```
    //=================================================================
    //文件名称: isr.c
    //功能概要: 中断底层驱动构件源文件
    //版权所有: SD-Arm(sumcu.suda.edu.cn)
    //更新记录: 2019-09-27 V1.0
    //=================================================================
    .include "include.inc"
    .section .data
button1_text:
        .ascii "BUTTON1:ON\n\0"     //Button1 输出
button2_text:
        .ascii "BUTTON2:ON\n\0"     //Button2 输出
button3_text:
        .ascii "BUTTON3:ON\n\0"     //Button3 输出
button4_text:
        .ascii "BUTTON4:ON\n\0"     //Button4 输出
    .align 4
countkey:                           //控制变量
```

```
        .word 0
//==============================================================
    .section  .text
    .syntax unified
    .thumb
    .global TIM7_IRQHandler
    .type  TIM7_IRQHandler, function
//=====================中断函数服务例程==========================
//程序名称：TIM7_IRQHandler
//触发条件：定时器中断
//程序功能：给出按钮按下的提示信息
//==============================================================
TIM7_IRQHandler:
//（1）屏蔽中断，并且保存现场
    cpsid  i                    //关可屏蔽中断
    push {r7,lr}     //r7,lr 进栈保护（r7 后续申请空间用，lr 中为进入中断前 pc 的值）
//（2）执行下列语句，进行按钮检测
    mov r0,#7
    bl timer_clear_int          //清中断标志
    ldr r0,=countkey            //将 countkey 地址赋给寄存器 r0
    ldr r1,[r0]                 //将寄存器 r0 的值赋值给 r1
    cmp r1,#0                   //进行循环次数判断
    bne countkey_1              //跳转
    add r1,#1                   //对寄存器 r1 进行加 1 操作
    str r1,[r0]
    ldr r0,=Button1             //将 Button1 设置为低电平
    mov r1,#0
    bl  gpio_set
    ldr r0,=Button2             //将 Button2 设置为低电平
    mov r1,#1
    bl  gpio_set
    ldr r0,=Button3
    bl  gpio_get                //获取 Button3 的状态
    cmp r0,#0                   //判断 Button3 的状态是否为低电平
    bne Button3_1
    ldr r0,=button1_text
    bl  printf                  //输出提示语句
    b isr_time_exit
Button3_1:
```

```
        ldr r0,=Button4
        bl  gpio_get            //获取 Button4 的状态
        cmp r0,#0               //判断 Button4 的状态是否为低电平
        bne isr_time_exit
        ldr r0,=button2_text
        bl  printf              //输出提示语句
        b isr_time_exit
countkey_1:
        ldr r0,=countkey        //将 countkey 地址赋给寄存器 r0
        ldr r1,[r0]             //将寄存器 r0 的值赋值给 r1
        sub r1,#1
        str r1,[r0]             //对循环变量进行操作
        ldr r0,=Button1         //将 Button1 设置为高电平
        mov r1,#1
        bl  gpio_set
        ldr r0,=Button2         //将 Button2 设置为低电平
        mov r1,#0
        bl  gpio_set
        ldr r0,=Button3
        bl  gpio_get            //获取 Button3 的状态
        cmp r0,#0               //判断 Button3 的状态是否为低电平
        bne Button3_2
        ldr r0,=button3_text    //Button3 为低电平，输出提示语句
        bl  printf
        b isr_time_exit
Button3_2:
        ldr r0,=Button4
        bl  gpio_get            //获取 Button4 的状态
        cmp r0,#0               //判断 Button4 的状态是否为低电平
        bne isr_time_exit       //跳转
        ldr r0,=button4_text
        bl  printf              //输出提示语句
isr_time_exit:
        mov r0,#7               //其中 2 为低功耗时钟，7 为非低功耗时钟
        bl timer_clear_int      //清除中断标志位
        cpsie   i               //解除屏蔽中断
        pop {r7,pc}    //r7, pc 出栈，还原 r7 的值；pc←lr，即返回中断前程序继续执行
```

4. 运行结果

当用户按下按钮时，串口烧录界面如图 11-15 所示，其中显示了对应按钮被按下的提示信息。

图 11-15　按钮运行结果

11.3 声音与加速度传感器实践

11.3.1 声音传感器

1. 原理概述

声音传感器内置一个对声音敏感的电容式驻极体话筒（MIC）。声波使话筒内的驻极体薄膜振动，导致电容变化，并产生与之对应变化的微小电压。这一电压随后被转换成 0 ~ 5V 的电压，经过 AD 转换被数据采集器接收，并传送给计算机。

2. 电路原理

声音传感器的电路原理图如图 11-16（a）所示，其实物图如图 11-16（b）所示。一个驻极体的声音传感器内部有一个由振膜、垫片和极板组成的电容器。当膜片受到声音的压强而产生振动时，膜片与极板的距离就会改变，进而就会引起电容的变化。由于膜片上的充电电荷是不变的，所以这必然会引起电压的变化。这样就完成了声信号向电信号的转换。但由于这个信号非常微弱且内阻非常高，故需要通过 U402 电路对其进行阻抗变化和放大。放大后的电信号通过 ADSound 采集后被微机处理。通过本实验可以完成声音 AD 的采集。

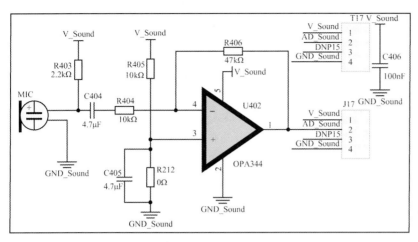

（a）声音传感器电路原理图　　　　　　（b）声音传感器实物图

图 11-16　声音传感器

USB 数据线一端连接 J3 口（SPI1 接口），另一端连接声音传感器。J3 的 GEC15 用于传输 AD 值。GEC15 对应引脚 PTB0，PTB0 对应 ADC 通道 12。

3. 编程实践

程序可参考"Exam11_8"工程，其编程步骤如下。

（1）准备阶段

① 给引脚取别名。

为了便于程序的可移植，对源程序中使用的通道号、模式选择方式、ADC 寄存器等在 adc.inc 头文件中进行宏定义。

```
//通道号定义
.equ ADC_CH_VREF,0        //内部参考电压监测，需要使能 VREFINT 功能
.equ ADC_CH_1,1           //通道 1
......
.equ ADC_CH_12,12         //通道 12
......
//单端差分定义
.equ ADC_DIFF,1           //差分输入
.equ ADC_SINGLE,0         //单端输入
```

② 定义提示信息。

在 main.s 的数据段中定义提示信息的输出内容。

```
//打印内容"采集声音 AD 值为:"
printf_string_ADCVoice:
        .asciz " 采集声音 AD 值为：\n"
```

（2）应用阶段

在 main.s 中进行 ADC 的初始化和声音值的读取并输出。

① 初始化 ADC。

```
main:
......
//（1.5）用户外设模块初始化
//初始化 ADC，定义 ADC 通道号、引脚单端/差分模式
    mov r0,#ADC_CH_12           //ADC 通道号为 12
    mov r1,#ADC_SINGLE          //单端模式
    bl adc_init                 //初始化 ADC
```

② 读取声音 AD 值并输出。

```
//（2.4.1）uart 输出字符串"采集声音 AD 值为:"
    mov r0,#3                   //r0←串口号
    ldr r1,=printf_string_ADC   //r1←输出内容"采集声音 AD 值为:"
    bl  uart_send_string        //调用 uart_send_string
//（2.4.2）读取通道 12 的 AD 值
    mov r0,#ADC_CH_12           //r0←ADC 通道号
    bl adc_read                 //调用 adc_read
//（2.4.3）输出 AD 值
    mov r2,r0                   //r0 传递 AD 值给 r2
    ldr r0, =data_format        //AD 值十进制格式输出
    mov r1,r2                   //r2 用于传递 AD 值
    bl printf                   //跳转到 myprintf
```

4．运行结果

烧录程序后，打开串口调试工具，用力向声音传感器吹气，采集到的声音 AD 值会相应发生变化，如图 11-17 所示。

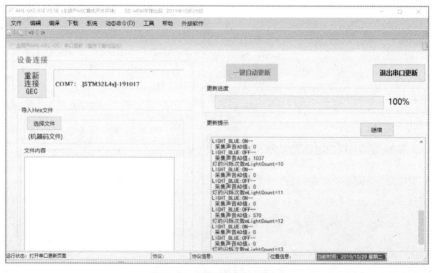

图 11-17　采集声音 AD 值结果

11.3.2 加速度传感器

1. 原理概述

加速度传感器，首先由前端感应器感测加速度的大小（传感器内的差分电容会因加速度而改变，从而使传感器输出的幅度与加速度成正比）；然后由感应电信号器件将其转为可识别的电信号，这个信号是模拟信号，通过 ADC 可将其转换为数字信号；最后通过串口读取数据。

2. 电路原理

加速度传感器的电路原理图如图 11-18（a）所示，其实物图如图 11-18（b）所示。ADXL345 输出为 16 位二进制补码格式，支持 SPI 和 I²C 通信。由于传感器内的差分电容会因加速度而改变，从而传感器输出的幅度与加速度成正比，因此可以通过 SPI 或者 I²C 方法获得输出的 16 进制数，最后将其显示出来。

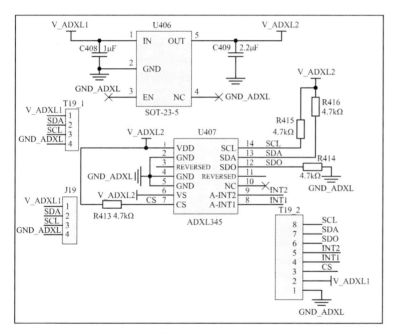

（a）加速度传感器电路原理图

（b）加速度传感器实物图

图 11-18 加速度传感器电路原理

USB 数据线一端连接 J2 口（I2C0 接口），另一端连接加速度传感器。

3. 编程实践

程序可参考"Exam11_9"工程，其编程步骤如下。

（1）准备阶段

① 宏定义 I²C。

由于加速度传感器需要用到 I²C，所以要在 user.inc 中定义之。

```
.equ I2CA,2
```

② 在数据段中定义提示信息的输出内容。

```
x_show:
    .ascii "xdata=\0"
y_show:
    .ascii "ydata=\0"
z_show:
    .ascii "zdata=\0"
```

③ 在数据段中定义使用到的数组和参数。

```
xyzData:                        //x、y、z 轴倾角
    .byte 0, 0, 0, 0, 0, 0
checkdata:                      //ADLX345 的验证数据，正确接收为 0xe5
    .word 0
```

（2）应用阶段

① 在 main.s 中调用 adlx345。

```
ldr r0,=I2CA              //r0←用到的 I2C 的端口号
mov r1,#0xB              //r1←加速度传感器测量范围
mov r2,#0x8             //r2←加速度传感器测量速率
mov r3,#0x8             //r3←加速度传感器电源模式
mov r4,sp              //通过 sp 栈实现参数传递
sub sp,sp,#1           //栈指针减 1
mov r5,#0x80           //r4←加速度传感器中断配置
strb r5,[r4]           //入栈
mov r4,sp
sub sp,sp,#1           //栈指针减 1
mov r5,#0x0            //r5←加速度传感器 x 轴偏移量
strb r5,[r4]           //入栈
mov r4,sp
sub sp,sp,#1           //栈指针减 1
mov r5,#0x0            //r5←加速度传感器 x 轴偏移量
strb r5,[r4]           //入栈
mov r4,sp
sub sp,sp,#1           //栈指针减 1
mov r5,#0x5            //r5←加速度传感器 x 轴偏移量
strb r5,[r4]           //入栈
bl adlx345_init          //调用 adlx345_init 函数
mov r0,#0x0            //r0←读取地址
ldr r1,=checkdata        //r1←读到的数据存放地址
bl adlx345_read1         //调用 adlx345_read1 函数
```

```
            mov r0,#0xA
            bl Delay_ms                      //延时
```

② 读取加速度传感器数据，并通过串口输出 x、y、z 轴倾角。

```
            mov r0,#0x32                      //r0 为读取地址
            ldr r1,=xyzData                   //r1 为 x、y、z 轴倾角数组 xyzData
            mov r2,#6
            bl  adlx345_readN                 //调用 adlx345_readN 函数
            ldr r0,=x_show                    //显示" xdata="
            bl printf
            ldr r2,=xyzData
            ldrb r1,[r2]                       //xyzData[0]
            add r2,r2,#1                       //xyzData 数组下标加 1
            ldrb r3,[r2]                       //xyzData[1]
            lsl r3,r3,#8                       //xdata=xyzData[1]<<8 + xyzData[0]
            add r1,r1,r3
            ldr r0,=data_format1
            bl printf
            ldr r0,=y_show                    //显示" ydata="
            bl  printf
            ldr r2,=xyzData
            add r2,r2,#2
            ldrb r1,[r2]                       //xyzData[2]
            add r2,r2,#1                       //xyzData 数组下标加 1
            ldrb r3,[r2]                       //xyzData[3]
            lsl r3,r3,#8                       //xdata=xyzData[3]<<8 + xyzData[2]
            add r1,r1,r3
            ldr r0,=data_format1
            bl  printf
            ldr r0,=z_show                    //显示"zdata="
            bl  printf
            ldr r2,=xyzData
            add r2,r2,#4                       //xyzData 数组下标加 4
            ldrb r1,[r2]                       //xyzData[4]
            add r2,r2,#1                       //xyzData 数组下标加 1
            ldrb r3,[r2]                       //xyzData[5]
            lsl r3,r3,#8                       //xdata=xyzData[5]<<8 + xyzData[4]
            add r1,r1,r3
            ldr r0,=data_format
            bl  printf
```

4．运行结果

烧录程序后，打开串口调试工具，晃动加速度传感器，采集到的 *x*、*y*、*z* 倾角值会相应发生变化，如图 11-28 所示。

图 11-19　加速度传感器采集 *x*、*y*、*z* 倾角值结果

11.4　习题

（1）在"Exam11_1"工程的基础上，修改程序的颜色数据，使彩灯呈现出多种颜色。灯颜色提示：青色为绿蓝混合，黄色为红绿混合，紫色为红蓝混合，白色为红蓝绿混合。

（2）在"Exam11_2"工程的基础上，修改程序，采用 PWM 波的方式控制蜂鸣器声音的强弱。提示：通过改变 PWM 的占空比的方式来实现。

（3）在"Exam11_3"工程的基础上，修改程序，当接收到串口发来的字符串"high"时实现开启电动机，当接收到"low"时关闭电动机。提示：可以参照 7.3.2 的数据帧结构进行组帧发送字符串，当接收到字符串时要进行解帧判断。

（4）在"Exam11_4"工程的基础上，修改程序，通过在数据段中开辟一段包含 8 个数据的存储空间（类似定义一个包含 8 个元素的数组），将这 8 个数据作为参数传递给 TM1637_Display 函数，实现在 LED 中显示这些数据。

（5）在"Exam11_5"工程的基础上，修改中断处理程序，显示左侧和右侧物体出现的次数。

（6）在"Exam11_6"工程的基础上，修改中断处理程序，显示检测到有人的次数。

（7）在"Exam11_7"工程的基础上，修改程序，通过按钮控制蜂鸣器的强弱或电动机的开与关。

（8）在"Exam11_8"工程的基础上，修改程序，当声音传感器的 AD 采样值超过 1000 时，彩灯显示为红色。

（9）在"Exam11_9"工程的基础上，修改程序，采用 SysTick 或 Timer 中断实现每 3s 采集一次 *x*、*y*、*z* 三个方向的加速度值。

通用计算机的基本结构及启动过程

按照计算机的体系结构、运算速度、结构规模、适用领域，可将其分为大型计算机、中型机、小型机和微型计算机，并以此来组织学科和产业分工，这种分类沿袭了约 40 年。近 20 年来，随着计算机技术的迅速发展，以及计算机技术和产品对其他行业的广泛渗透，以应用为中心的分类方法变得更为切合实际，即按照计算机的非嵌入式应用和嵌入式应用将其分为通用计算机系统和嵌入式计算机系统。本书主要介绍基于 Arm 微处理器的嵌入式计算机系统，本章将简要介绍通用计算机特别是个人计算机的基本构成和软件系统。通用计算机具有计算机的标准形态，通过装配不同的应用软件，以类同面目出现，并应用在社会的各个方面。现在我们在办公室和家中最广泛使用的 PC 就是通用计算机最典型的代表。个人计算机的硬件系统主要由 CPU、主板、内存和硬盘等外围设备组成，软件系统由固件（Firmware）、操作系统及应用软件等组成，硬件是系统的基础，固件是硬件与操作系统之间的桥梁，操作系统是硬件及应用软件的管理工具，应用软件为用户提供各类服务。从 PC 的启动流程来看，固件沟通了硬件，并最终唤醒了操作系统。本章将从 PC 的启动角度分析其启动固件，介绍不同类型的硬盘以及操作系统的发展。

PC 系统是一种按冯·诺依曼体系组成的微型计算机系统，它以桌面型计算机和笔记本计算机的形式存在。从外观看，PC 是由机箱或笔记本机身通过连接线连接大量外接设备的一个系统。现代 PC 主要由 PC 内部硬件和以 USB 设备为主的外接设备群组成。桌面型计算机的机箱或笔记本计算机的机身内部即为 PC 系统的硬件组成，主要包括主板、CPU、内存、硬盘、电源、输入/输出设备（如键盘、鼠标和显示器等）。下面将通过介绍 PC 基本硬件组成和通用串行总线（Universal Serial Bus，USB）设备来描述 PC 的基本结构。

12.1.1　PC 的基本硬件组成

PC 是由一个中央处理器、一块主板、内存和外围设备组成的。下面将介绍这些部件的构成、作用以及特征。

1. CPU

CPU 是 PC 硬件系统的核心，它集成了运算器、控制器和高速缓存（现代 CPU 才集成高速缓存），负责执行数据计算和总线控制的指令，从而协调外围设备正常工作。目前，还在生产 PC 的 CPU 的厂商有 AMD 和 Intel，它们生产的 CPU 都会有指定的插座、核心和线程数、工作频率等主要参数。以 Intel 的高端型号酷睿 i9 9900k 为例，这是一个插座为 LGA1151，拥有 8 核心 16 线程（即 1 个核心有 2 个线程），基础频率 3.6GHz，动态加速[①]（Boost）频率可达 5GHz 的 CPU。

2. 主板

主板是一块集成了大量接口和外设芯片的复杂电路板，它主要实现的功能有两类，一类是为接口连接的部件提供稳定的电压（稳压），另一类是为 CPU 和连接到主板上的外围设备提供可靠的数据总线（通信）。主板的生产厂商众多，中国的市场上能够买到的主板对应的正规厂商有华硕、微星、技嘉（主板显卡界三大厂，拥有完整的低端到高端的产品线，产品质量较好）、华擎（目前也有一套完整的产品线，属于后起之秀）、七彩虹、影驰和铭瑄等。虽然生产厂商众多，但是它们的产品必须遵循 EATX（30.5cm×26.5cm）、ATX（30.5cm×24.4cm，1995 年英特尔制定）、mATX（24.4cm×24.4cm，1997 年英特尔制定）和 ITX（17cm×17cm，威盛电子制定）这 4 种板型。这 4 种板型大小不同，提供的接口数量有着明显的区别，但是都有模块化的设计，可以按功能分成以下几个区域。

（1）CPU 安装区

CPU 安装区由 CPU 插槽、CPU 供电接口和大量的电容、场效应管组成。CPU 的供电是 12V，从供电接口经过场效应管-电容区最后到达 CPU 内部，场效应管-电容区起着稳压的作用。

---

　　① 动态加速，英特尔称为睿频（Turbo Boost），AMD 称为精准加速频率（Pricision Boost），是处理器在应对高计算量程序时在功耗允许范围内短期自行提升运行时钟频率的一种提高性能的方案。动态加速频率则是衡量处理器使用单个核心在主板供电足够时，能够动态加速到的工作频率（一般多个核心动态加速达不到这个水平）。动态加速要与超频（Overclock）区别；超频是一种用户手动给处理器加电压，使其基础频率达到一个更高水平的一种不稳定的提高性能的方案，有可能因为超频而损坏处理器；动态加速则不会导致这一损坏。

CPU 插槽需要和南桥芯片成对出现，图 12-1 所示是一块使用 Z390 芯片组[①]的技嘉主板，它的 CPU 插槽必须是 LGA1151，这是由于 Z390 芯片组只支持 Intel 第八代和第九代酷睿处理器，这两代的处理器使用了 LGA1151 插槽。

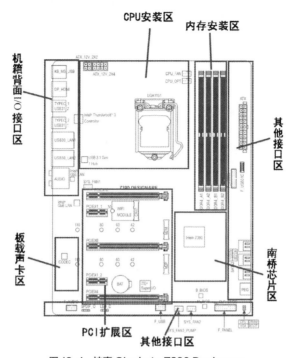

图 12-1　技嘉 Gigabyte Z390 Designare

（2）内存安装区

内存安装区是一个由双列直插内存模块（Dual Inline Memory Module，DIMM）组成的区域。不同的板型有不同的 DIMM 数量，如 ATX 板型有 2 个 DIMM，可以插 4 根内存；ITX 板型只有 1 个 DIMM，可以插 2 根内存。不同的主板支持的内存条类型也不一样，图 12-1 所示主板支持的是第四代双倍数据速率内存（4 Gen Double Data Rate SDRAM，DDR4），而昂达的 H310C-SD3 和 H310CD3 这两款主板同样支持第八代和第九代酷睿处理器，但支持的内存是第三代双倍速率内存（3 Gen Double Data Rate SDRAM，DDR3）。

（3）南桥芯片区

南桥芯片区由南桥芯片和它的散热模块组成。南桥芯片是一个控制 PC 系统中数据传输速度需求较低的外围设备与 I/O 总线之间通信的控制器，目前的南桥芯片中集成有 PCIe[②]总线、

---

① 芯片组（Chipset）是一组共同工作的集成电路芯片，负责将 CPU 和其他设备进行连接。早期的芯片组拥有两块芯片，一块是连接内存、显卡等高速通信设备的北桥芯片（North Bridge），另一块是连接硬盘、网卡和其他低速通信设备的南桥芯片（South Bridge）。但是 Intel 在 2009 年推出的第一代酷睿处理器中将北桥集成进了 CPU，现在的芯片组就剩下了南桥芯片。芯片组中通常包含用于识别 CPU 的微码，它决定了一块主板能够安装哪些 CPU，如 Z390 芯片组包含 Intel 第八代和第九代酷睿、奔腾和赛扬处理器的微码，则 Z390 芯片组的主板就只能安装这些 CPU。有一些主板能够通过升级固件的方式获得新一代 CPU 的微码，如 Z370 芯片组原本只包含第八代酷睿处理器的微码，在第九代酷睿处理器推出后，其可以通过更新固件获得第九代酷睿处理器的微码。

② 特快外围设备互联总线（Peripheral Component Interconnect Express，PCIe）是一个由 PCI-SIG 组织制定和维护的总线标准，它的前身是外围设备互联总线（Peripheral Component Interconnect，PCI）。它在 2003 年推出 1.0 版本，目前使用最多的是 2010 年推出的 PCIe3.0，最新的 PCIe4.0 已经运用在了 AMD 的 X570 芯片组和第三代锐龙处理器中。

SATA[①]总线、以太网、实时时钟（Real Time Clock，RTC）、音频控制器和 USB 总线控制器等。现代的南桥芯片就是芯片组，不同的芯片组可以支持不同的 CPU，如 Z390 芯片组支持 Intel 第八代和第九代酷睿处理器，X570 芯片组支持 AMD 第一代、第二代和第三代锐龙处理器。

（4）PCI 扩展区

PCI 扩展区由 PCIe 插槽和 M.2 插槽组成，用于在机箱内部接入一些外围设备控制器，如声卡、显卡和网卡等。PCIe 插槽有 x16、x8、x4、x2 和 x1 之分，如图 12-1 中所示主板最长的 PCIe 插槽就是 x16 的接口，最短的就是 x1 的接口，而 x4 和 x2 在 M.2 接口中有提供。x16 接口不仅能接 x16 的设备，而且能接 x8、x4、x2 和 x1 的设备（数字大的可以接数字小的），通常主板上至少会提供一个 PCIe x16 接口。主板上最靠近 CPU 安装区的一个 PCIe x16 插槽通常是直连 CPU 的（而不是连南桥的），有着更低的传输延迟，通常会用来连接显卡。

（5）板载声卡区

板载声卡区由一个声卡、音频电容和功率放大器等音频处理元件组成。因为声音是模拟波，会受电磁干扰，所以主板上才会有这样一个单独放置音频处理的数模隔离区。

（6）机箱背面 I/O 接口区

这个区域提供了机箱背面的 USB 接口、音频接口和以太网接口等外设接口。

（7）其他接口区

其他接口区包括了一个主板 24-pin 供电接口、SATA 硬盘接口、机箱前面板 USB 转接口和前面板开关跳线等。

3. 内存

内存是 PC 系统的重要组成部分，它是外围设备与 CPU 进行沟通的桥梁。PC 中所有程序的运行都是在内存中进行的，因此内存的性能对计算机的影响非常大。内存也被称为内存储器或主存储器，其作用是用于暂时存放 CPU 中的运算数据，以及与硬盘等外部存储器交换的数据。它是一种易失性存储器，PC 的内存使用的是 SDRAM[②]。SDRAM 经过 DDR、DDR2 和 DDR3 三代发展，目前已经发展到了 DDR4。DDR4 内存的工作频率最低为 2133MHz，较高的频率有 3600MHz、4200MHz 等。截至 2019 年 8 月，世界最高内存频率纪录是微星（MSI）内部超频团队 MSX 使用金士顿 HyperX Predator DDR4 内存模组创下的。其搭配英特尔酷睿 i9-9900K 处理器和微星 MPG Z390I GAMING EDGE AC 主板，使 HyperX Predator DDR4 8G 内存的工作频率高达 5902MHz。

4. 外围设备

外围设备又称输入/输出设备，是指 PC 系统中除了 CPU 和内存之外的一切通过接口接入主板的设备或设备系统，如硬盘、键盘、鼠标、打印机和显示器等。键盘、鼠标是常用的人机交互操作输入设备，曾经使用 PS/2 接口[③]接入 PC，现在使用最多的是 USB 接口。显示器是

---

① 串行先进技术总线附属接口（Serial Advanced Technology Attachment，SATA）是一种计算机总线，负责主板和大容量存储设备（如硬盘及光盘驱动器等）之间的数据传输，主要用于个人计算机。

② 同步动态随机存储器（Synchronous Dynamic Random Access Memory，SDRAM）是 RAM 的一种，也是 DDR 内存出现前的主流 PC 内存。

③ 一般位于主板的机箱后面板的 I/O 区，是一个圆形接口。PS/2 接口的名字来源于 IBM 的"Personal 2"PC，因为这台 PC 只有键盘、鼠标接口受欢迎，所以这个接口使用了它的名字（PS/2）并沿用至今。

PC 必备的视觉输出设备，是人机交互界面的基础设备，目前常见的接口有 VGA 接口[①]、DVI 接口[②]、HDMI 接口[③]和 DP 接口[④]，USB3.1 type-c 也已经能够做到高速率的数据传输和足够的稳定性，是这些接口的潜在继任者。打印机也是一种输出设备，早期的打印机使用小型计算机系统接口（Small Computer System Interface，SCSI），这种接口体积庞大又容易损坏，现在已经被 USB 接口替代。

12.1.2　USB 设备

上一节讲到了键盘、鼠标和打印机基本使用 USB 作为接口，并且显示器也将使用 USB 作为未来的统一接口。USB 接口具有易于使用、数据传输快速可靠、灵活、成本低和省电等优点，已成为 PC 与外围设备最主要的数据通信方式。有关 USB 协议的详细内容，可通过访问 USB 网站进行获取。

1. USB 简介

USB 是 2000 年以来普遍使用的连接外围设备和计算机的一种新型串行总线标准。与传统计算机接口相比，它克服了对硬件资源独占和限制对计算机资源扩充的缺点，并以较高的数据传输速率和即插即用等优势，逐步发展成为计算机与外设的标准连接方案。现在不但常用的计算机外设如鼠标、键盘、打印机、扫描仪、数码相机、U 盘、移动硬盘等使用 USB 接口，就连数据采集、信息家电、网络产品等领域也越来越多地使用 USB 接口。图 12-2 所示为通用 USB 标志和 PC 上的 USB 接口。

USB 接口之所以被广泛应用，主要与 USB 的以下特点密切相关。

（1）支持即插即用。所谓即插即用，包括两方面的内容：一方面是支持热插拔，即在不需要重启计算机或

图 12-2　USB 标志和 PC 的 USB 接口

关闭外设的条件下，便可以实现外设与计算机的连接和断开，而不会损坏计算机和设备；另一方面是可以快速简易地安装某硬件设备而无须安装设备驱动程序或重新配置系统。

（2）可以使用总线电源。USB 总线可以向外提供一定功率的电源，其输出电流的最小值为 100mA，最大值为 500mA，输出电压为 5V，适合很多嵌入式系统。USB 协议中定义了完备的电源管理方式，用户可以选择采用设备自供电或从 USB 总线上获取电源。

（3）硬件接插口标准化、小巧化。USB 协议定义了标准的接插口：A 型和 B 型，这样就为种类繁多的 USB 设备提供了统一的硬件接插口。同时 USB 接口和老式的通信接口相比具有明显的体积优势，为计算机外设的小型化发展提供了可能。

（4）支持高速传输和多种操作模式。目前 USB 支持 3 种传输速率：低速 1.5Mbit/s、全速 12Mbit/s、高速 480Mbit/s。2009 年推出的 USB3.0 芯片支持超速 5.0Gbit/s。同时 USB 还支持 4 种类型的传输模式：块传输、中断传输、同步传输和控制传输。这样可以满足不同外设的功能

---

　　① 视频图形阵列（Video Graphics Array，VGA）是一种不支持热插拔和音频传输的彩色视频传输标准，使用模拟信号进行传输，接口是一个梯形的 15 针接口。

　　② 数字视频接口（Digital Visual Interface，DVI）是一种不支持热插拔和音频传输但能兼容 VGA 标准的数字信号视频传输标准，是一个矩形或梯形的接口。

　　③ 高清多媒体接口（High Definition Multimedia Interface，HDMI）是全数字化的视频音频传输标准，它凭借能够传输音频的特性，统一了电视机和 PC 的视频传输接口，并且催生了一些内置音响的显示器。

　　④ 显示接口（DisplayPort，DP）是一种使用数据包进行数据传输的显示通信接口，能够传输音频和视频数据包，并且使用转换器可以兼容 VGA、DVI 和 HDMI。

需求。

2．USB 的历史与发展

USB 由 Intel、Compaq、Microsoft、Digital、IBM 和 Northern Telecom 等公司共同提出。它的最初用意是取代 PC 上的众多连接器，同时力图简化通信设备的软件配置。第一台向用户提供了 USB 接口的计算机是 1998 年 5 月 6 日 Apple 公司生产的海蓝色 iMac G3 个人计算机。

从 USB 概念产生至今，其协议版本经过了多次升级更新。USB 协议的标准化由 USB 实施者论坛（USB Implementers Forum, USB-IF）负责管理。1996 年 1 月，USB-IF 发表了 USB1.0 版本；1998 年 9 月，USB-IF 公布的 USB1.1 重新修订了 USB1.0，并新增了一个新的传输类型（中断传输）；2000 年 4 月，USB-IF 发布了 USB2.0，新增了高速模式；2001 年 12 月 18 日，USB-IF 在 USB2.0 协议的基础上补充了 USB OTG 协议，将其主要应用于各种不同移动设备间的数据交换；2008 年 8 月，USB-IF 发布了 USB3.0，支持超速模式，其传输速率最高可达 5.0Gbit/s；2013 年底，USB-IF 发布了 USB3.1，推出了超速模式+，其传输速率可达 10Gbit/s；2017 年 7 月 25 日，USB-IF 发布了 USB3.2，超速模式和超速模式+得到增强，通过 USB3.2 电缆将原来的协议增加至双通道，带宽翻倍；2019 年 USB3.x 系列全部进行了重命名，USB3.0 更名为 USB3.2 Gen1x1，USB3.2 10Gbit/s 更名为 USB3.2 Gen1x2，USB3.1 更名为 USB3.2 Gen2x1，USB3.2 20Gbit/s 更名为 USB3.2 Gen2x2。目前，使用最为普及的是 USB2.0、USB3.2 Gen1x1 和 USB3.2 Gen2x1 协议。这 3 种协议的比较如表 12-1 所示。

表 12-1　USB2.0、USB3.2 Gen1x1 和 USB3.2 Gen2x1 协议比较

比较项		USB 2.0	USB3.2 Gen1x1	USB3.2 Gen2x1
最大速率		480Mbit/s	5Gbit/s	10Gbit/s
支持设备		低速、全速、高速	低速、全速、高速、超速	低速、全速、高速、超速、超速+
输出电压/电流		5V/0.5A	5V/0.9A	组态 1：5V/2A；组态 2：12V/1.5A 组态 3：12V/3A；组态 4：20V/3A 组态 5：20V/5A
兼容性		2003 年以后的计算机一般采用 2.0 版本接口，早期的智能手机使用了 micro-USB 接口，也是 USB2.0	兼容 USB2.0，2010 年后的计算机采用 USB3.2 Gen1x1	兼容 USB3.2 Gen1x1 和 USB2.0，多用于智能手机、平板计算机和 100W 供电以内的笔记本计算机，提供快充技术
数据包长度/字节	控制传输	64	512	512
	块传输	512	1024	1024
	中断传输	1024	1024	1024
	同步传输	1024	1024	1024

3．USB 的典型连接

在普通用户看来，USB 系统就是外设通过一根 USB 电缆和 PC 连接起来。通常把外设称为 USB 设备，把其所连接的 PC 称为 USB 主机。一个 USB 系统中只能有一个主机。主机内设置了一个根集线器，提供了外设在主机上的初始附着点，包括根集线器上的一个 USB 端口在内，最多可以级联 127 个 USB 设备，层次最多 7 层。在 USB 系统中，将指向 USB 主机的数据传输方向称为上行通信，把指向 USB 设备的数据传输方向称为下行通信。一个典型的 USB

连接如图 12-3 所示。

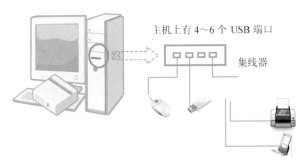

图 12-3　USB 的典型连接

12.2　PC 系统的启动流程

　　PC 系统作为一种微型计算机，和 MCU 等其他微型计算机系统有着相似的启动步骤。它从固件启动，并经过固件中的指定操作，最终进入外接硬盘中的操作系统。本节将介绍 PC 的固件和硬盘，简述 PC 从固件转到操作系统的流程。

12.2.1　启动固件

　　启动固件是一组固化在主板上只读存储器芯片中的，在 PC 通电后用于初始化 PC 外围设备并引导 PC 进入操作系统的程序。

1.　只读存储器的分类

　　只读存储器是一种半导体存储器，其特性是一旦存储数据就无法再将之改变或删除，且内容不会因为电源关闭而消失。在电子或计算机系统中，通常用以存储不须经常变更的程序或数据，如早期的家用计算机 Apple II 的监督程序、BASIC 语言解释器、硬件点阵字体、个人计算机 IBM PC/XT/AT 的 BIOS 与 IBM PC/XT 的 BASIC 解释器和其他各种微计算机系统中的固件，均存储在 ROM 内。

　　只读存储器按其擦除方式可分为原始只读存储器（ROM）、可编程只读存储器（PROM）、可擦可编程只读存储器（EPROM）、一次编程只读存储器、电擦除可编程只读存储器（EEPROM）和闪存（Flash Memory）。

　　（1）原始只读存储器

　　原始只读存储器是最早的只读存储器，它在生产时就把存储器中的内容固定了，只能读取不能再次写入。

　　（2）可编程只读存储器

　　可编程只读存储器是 ROM 的改进版本，它的内容在生产完成后可以进行一次写入，但是写入后不可再更改。

　　（3）可擦可编程只读存储器

　　可擦可编程只读存储器利用高电压将数据编程写入，并且在紫外线下曝光一段时间，数据可被清空，再供重复使用。因此，EPROM 在封装外壳上会预留一个石英玻璃材质的透明窗，以便进行紫外线曝光。写入程序后通常会用贴纸遮盖透明窗，以防不慎曝光影响数据。

（4）一次编程只读存储器

一次编程只读存储器内部所用的芯片与写入原理同 EPROM，但是为了节省成本，封装上不设置透明窗，因此编程写入之后就不能再抹除改写。

（5）电擦除可编程只读存储器

电擦除可编程只读存储器是 EPROM 的改进版本，它使用电压擦除内容，因此不需要透明窗，不会发生由于曝光误操作而导致数据丢失的情况。

（6）闪存

闪存是一种按存储单元进行擦除和写入操作的只读存储器，它不像 EEPROM 只能整块擦写，因为擦写速度快，所以取名 Flash，意为快如闪电。根据地址总线和数据总线排布的不同，Flash 又可被分为 NOR Flash 和 NAND Flash。NOR Flash 有完整的地址总线和数据总线，擦写可以精确到字节；NAND Flash 按存储块分配地址总线和数据总线，每个存储块能够存储多个字节，存储密度更高。现在的启动固件大多使用 NOR Flash，NAND Flash 的产品多用于 U 盘、固态硬盘等大容量存储设备。

2. 启动固件的发展

最早的启动固件被称为基本输入/输出系统，它的雏形出现在 20 世纪 70 年代的 CP/M[①]操作系统中。IBM PC 的热销以及它的 BIOS 开源，使启动固件有了进一步的发展。由于 IBM PC 使用了不同生产商的零部件，所以在它们的 BIOS 被一些生产商逆向分析后，市场上出现了大量的 IBM 兼容机，也由此诞生了 Phoenix Technologies（美国凤凰科技）和 American Megatrends（美国安迈科技）等著名的 BIOS 提供商。

BIOS 诞生的时候是专门为 IBM PC 设计的，可以非常方便地在同配置的兼容机上进行移植，但是新的硬件推出后，它难移植、难维护的特点就逐渐暴露了。首先，它是由汇编代码编写而成的，在不同架构的 CPU 平台间进行移植时需要重新编写代码。其次，它不是基于模块化的思想设计的，所有的驱动都被集中堆在 ROM 中，主板上只要有变动（添加了新的通信协议，或是更换了不同制造商的某一类驱动芯片），就需要重新更改 BIOS 的代码。因此，在统一可扩展固件接口（Unified Extensible Firmware Interface，UEFI）启动固件推出后，BIOS 就逐渐被淘汰了。

3. 现代的启动固件 UEFI

统一可扩展固件接口是 PC 在进入操作系统之前的预启动交互界面，是 BIOS 的后继方案。1998 年，Intel 公司推出了 Intel Boot Initiative（简称 IBI），用于改善其 x86 架构（32 位的处理器架构）的处理器在 BIOS 体系（使用 16 位汇编代码）下性能受限的局面。后来，Intel 公司为了推广 IBI，与 Phoenix Technologies 的 BIOS 进行对抗，并在 2002 年推出了 EFI 1.1 修订标准，其中将 IBI 改名为可扩展固件接口（Extensible Firmware Interface，EFI）。Intel 在 EFI 1.1 标准中提到，"EFI 标准定义了一条 PC-AT 式的启动世界向免费的 legacy-API 环境转变的进化之路"。

---

① CP/M 是数字研究公司（Digital Research Inc.，1991 年被 Novell 兼并）在 1974 年为 8 位 CPU（如 Intel 8080、Zilog Z80 等）的个人计算机所设计的操作系统。在 PC 市场的黎明阶段，它成为被广泛应用的操作系统。可是因为在向 16 位 CPU 的转化上错失机会，在以 IBM PC/AT 以及 IBM PC 兼容机为中心的 16 位 PC 市场上惨败于 Microsoft 的 MS-DOS，从而从市场上消失。虽然 CP/M 推出了为 Intel 8086 设计的"CP/M 86"以及为 Motorola 68000 设计的"CP/M 68k"等版本，但几乎没有用户。

（1）UEFI 的结构

UEFI 有着和 BIOS 完全不同的结构，它拥有 4 个启动管理模块（Boot Manager），分别是平台初始化模块（Platform Init）、EFI 镜像加载模块（EFI Image Load）、EFI 操作系统引导器加载模块（EFI OS Loader Load）和启动服务终止模块（Boot Services Terminate）。每个模块都负责与指定的 EFI 二进制流进行数据交换(每个 EFI 二进制流都被定义成了 API 的形式)，从而实现 UEFI 到操作系统的切换。图 12-4 所示为 UEFI 四个启动管理模块和 EFI 二进制流交换数据的结构。

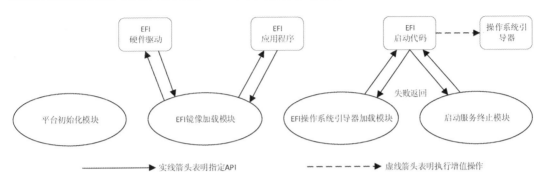

图 12-4　UEFI 结构

① 平台初始化模块。

平台初始化模块运行在预 EFI 初始化（Pre-EFI Initialization，PEI）阶段，是在 PC 通电或重启并运行完安全性检查后最先执行的代码。由于在启动初期 PC 的 RAM 还没有被初始化，PEI 能使用的 RAM 大小有限，因此，PEI 利用了 CPU 的高速缓存作为调用堆栈来存放预 EFI 初始化模块（Pre-EFI Initialization Module，PEIM）。

PEI 主要完成的任务有：初始化一些永久性内存补充，在移交区（Hand-Off Block，HOB[①]）进行内存描述，在移交区描述固件卷的位置，把控制权移交驱动执行环境（Driver Execution Environment，DXE）。

② EFI 镜像加载模块。

EFI 镜像加载模块运行在驱动执行环境阶段，是在完成 PEI 后执行的代码。这一阶段仍处于初始化阶段，根据 PEI 阶段收集并存放到 HOBs 中的信息，初始化内存、芯片组和处理器。由于内存在这一阶段完成了初始化，UEFI 环境也在这一阶段完成搭建。在完整的 UEFI 环境下，所有的服务（如列出硬件信息、配置硬件信息、超频服务等）甚至操作系统引导器都被作为 EFI 应用来运行。

③ EFI 操作系统引导器加载模块。

EFI 操作系统引导器加载模块运行在启动设备选择（Boot Device Select，BDS）阶段，是 DXE 阶段完成所有的硬件初始化后执行的代码。这一阶段 UEFI 会根据用户设置的启动设备优先级，去寻找操作系统引导器（一种安装在 EFI 分区上的程序，见 12.2.2 节 GPT 分区格式），成功找到引导器后 UEFI 会进入启动服务终止模块，并把控制权交给操作系统引导器。

④ 启动服务终止模块。

启动服务终止模块是在找到硬盘上安装的操作系统后执行的代码。它将终止 UEFI 中的操作系统启动服务，并把 UEFI 转为运行时（RunTime），向操作系统提供底层服务。

---

① HOB 是一段连续的内存空间，里面存放了在 PEI 阶段收集的硬件信息。

（2）UEFI 的特点

UEFI 作为一种新型启动固件，它有着开放、可配置、易移植和模块化的特点。

① UEFI 和 BIOS 不同，它从一开始就被 Intel 开源。其开放性使得不同的厂家愿意为 UEFI 的发展贡献出自己的力量，也使开发者能够更快速地开发出 UEFI 应用。

② UEFI 的可配置性继承自 BIOS，能够配置 CPU、内存超频和硬盘 RAID 等。

③ UEFI 是使用 C/C++或其他高级语言编写的，能够跨 CPU 平台编译、移植。

④ UEFI 使用了功能模块化的思想，不同的功能被单独设计成一个模块，而模块与模块间使用 API 的形式进行数据传递。

12.2.2　PC 系统中的硬盘

硬盘是 PC 系统中用于存放文件和安装操作系统的非易失性存储器。在固态硬盘面世之前，硬盘都是使用圆盘形磁性记录材料和磁头的机械式结构，所以曾经也被称为磁盘。世界上第一块硬盘是 IBM 公司在 1956 年制造的 350RAMAC，其重量达上百公斤，体积相当于两个冰箱，而存储容量只有 5MB。2018 年全闪存存储厂商 Nimbus Data 推出了一款 ExaDrive DC100 固态硬盘，它的尺寸采用了和普通家用硬盘一样的 3.5 英寸（1 英寸=2.54 厘米）大小，但是它的容量达到了惊人的 100TB。

1.　硬盘接口

从第一块硬盘诞生以来，硬盘与 PC 的通信接口一直是存储厂商关注的焦点。在接口技术的发展历史中诞生了许多著名的接口，如集成驱动电子设备(Integrated Drive Electronics, IDE)、SATA 和最新的 M.2。总体来说，硬盘的接口在朝着接口更小、速度更快的方向发展。本小节将介绍一些 PC 中常见的接口。

（1）IDE（别名 ATA[①]或 PATA）

IDE 是 1986 年诞生的硬盘和 CD-ROM 接口，本意为"把控制器和磁盘集成在一起的硬盘"。它使用了并行通信技术，接口排线为 40 针，最高速度可达 133MB/s。因为排线太多的原因，它的抗干扰性较差，而且影响 PC 的散热，故在 2002 年 SATA 问世后逐渐退出了历史舞台[②]。图 12-5 所示为 IDE 硬盘各个接口的说明。

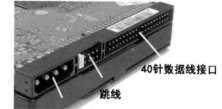

40针数据线接口

跳线

电源线接口（4针，形状像D，也叫大4D接口）

图12-5　IDE 硬盘

（2）SCSI

SCSI 是一种用于计算机及其周边设备（如硬盘、软驱、光驱、打印机、扫描仪等）之间的独立处理器标准。它在 1979 年被提出，是和 IDE 一样的并行通信协议，多用于服务器，在 PC 上一般用于连接打印机等外设而不是用于连接硬盘。

（3）SATA

SATA 是一种计算机总线，负责主板和大容量存储设备（如硬盘及光盘驱动器）之间的数

---

① 先进技术配置（Advanced Technology Attachment，ATA），在 2002 年 SATA 推出后改名为 PATA（并行先进技术配置，Parallel ATA），是早期使用 IDE 技术实现的磁盘设备。

② 2013 年 12 月 29 日，西部数据（Western Digital）正式停止 IDE 硬盘供应，这标志着 IDE（PATA）接口在历经 27 年后正式退出历史舞台。

据传输，主要用于 PC。串行 ATA 与串列 SCSI（Serial Attached SCSI，SAS）两者排线兼容，SATA 硬盘可接上 SAS 接口。SATA 使用了串行通信原理，相比 IDE 并行通信，它的数据线接口只有 7 针，少了 33 针，大大减小了线的体积。目前 SATA 一共有 4 个版本，分别是 SATA 1.0、SATA 2.0、SATA 3.0 和 SATA Express，其中 SATA 3.0 是目前主流的磁碟式机械硬盘以及 2.5 英寸固态硬盘的接口标准。SATA 的标准如表 12-2 所示。SATA 硬盘接口如图 12-6 所示。

表 12-2　SATA 各标准参数

版本	推出时间	带宽	理论速率	编码（数据位数/总传输位数）
SATA Express	2013 年	16Gbit/s	1969MB/s	128bit/130bit
SATA 3.0	2009 年 5 月 26 日	6Gbit/s	600MB/s	8bit /10bit
SATA 2.0	2004 年	3Gbit/s	300MB/s	8bit /10bit
SATA 1.0	2003 年 1 月 7 日	1.5Gbit/s	150MB/s	8bit /10bit

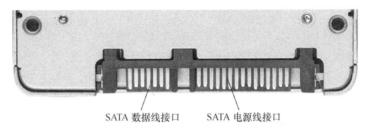

SATA 数据线接口　　　SATA 电源线接口

图 12-6　SATA 硬盘接口

（4）SAS

串列 SCSI 是一种计算机集线的技术，其主要功能是为周边零件（如硬盘、CD-ROM 等设备）传输数据而设计界面。SAS 的发展和 SATA 相似，是由早期的 SCSI 改为串行通信方式发展而来的，能够兼容 SATA 设备。它常用于服务器，PC 中一般没有 SAS 接口，而只有 SATA 接口。

（5）mSATA

迷你 SATA（mini-SATA，mSATA）是 SATA 接口的迷你版本，采用了间距和尺寸更小的金属触点，俗称金手指（Connecting Finger）[1]。它的数据传输能力和电气参数与普通的 SATA 接口完全一样。mSATA 接口多用于连接无线缆直插式的固态硬盘，这种接口非常适合需要尺寸较小的存储器的 PC（如超极计算机），但是由于 M.2 接口的普及而逐渐不被使用。

（6）M.2[2]

M.2 接口（全称 PCI Express M.2 Specification）是 PCI-SIG[3]在 2012 年发布的一种整合了 PC 内部大量通信协议的新型接口标准，其中包括 PCIex2、USB2.0、I2C、DPx4、SATA、USB3.0、音频总线、UART 和 PCIex4 等。它作为硬盘接口时，通常使用 PCIex2、SATA 和

---

① 金手指由众多金黄色的导电触片组成，因其表面镀金而且导电触片排列如手指状，所以被称为"金手指"。

② 下一代接口规格（Next Generation Form Factor，NGFF）是 M.2 的原名。

③ 外围部件互联专业组（Peripheral Component Interconnect Special Interest Group，PCI-SIG）是 Intel、IBM、Compaq、AST、HP、DEC 等 100 多家公司联合成立的一个专门制定和管理 PCI 总线标准的组织。目前，全球共有 900 多家业界领先公司成为了 PCI-SIG 的成员。

PCIex4 这 3 种总线协议，其中 PCIex2（带宽 16Gbit/s）和 PCIex4（带宽 32Gbit/s）是 NVMe 协议的固态硬盘必须使用的总线协议，SATA 采用了 SATA3.0 标准（带宽 6Gbit/s）而不是 SATA Express。

M.2 接口有着比 mSATA 更灵活的体积，常见的 M.2 固态硬盘有 3 种尺寸，分别是 2242（22mm×42mm）、2260（22mm×60mm）和 2280（22mm×80mm），它们的厚度均为 0.8×（1±0.1）mm。一枚绿箭口香糖的尺寸是 21mm×75mm×1mm，也就是说最大的 M.2 固态硬盘几乎就是一枚口香糖的大小。它由于拥有更强的性能和更小的体积，故很快在超极计算机等体积小的 PC 系统中推广开并淘汰了 mSATA 接口，做到了固态硬盘接口的统一。

M.2 接口根据其使用的通信协议不同有着不同的连接器和机械结构，作为连接固态硬盘使用时，一共有两种连接器和两种机械结构。第一种连接器是"B key"接口连接器，这种连接器在左起第 6 根引脚右侧有一个塑料柱，对应地能够插入"B&M key"型机械结构的固态硬盘，并且防止了"M key"型机械结构的固态硬盘的插入。第二种连接器是"M key"接口连接器，这种连接器在右起第 5 根引脚左侧有一个塑料柱，能够插入"M key"型或"B&M key"型机械结构的固态硬盘。"B&M key"型机械结构是一个左右两侧均有缺口的板型，由于它没有"M key"接口用于连接 PCIex4 的几根引脚，所以只能用于制造使用了 PCIex2 和 SATA 协议的固态硬盘。"M key"型机械结构是一个右起第 5 根引脚左侧有缺口的板型，这种机械结构用于制造使用了 PCIex4 协议的固态硬盘，图 12-7 所示为 M.2 的连接器。

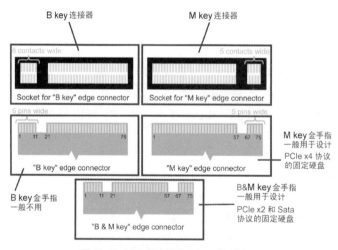

图 12-7　M.2 的连接器 B key 和 M key

2．硬盘分区

（1）MBR 分区格式

主引导记录（Master Boot Record，MBR），别称主引导扇区，是 PC 开机后访问的第一个硬盘扇区，它记录着磁盘的引导代码和磁盘分区表（内容如 D 盘的起始柱面、扇区和大小）。

MBR 是一个大小为 512B 的空间（一个扇区），由引导代码区、分区表和 MBR 有效标志 3 个部分组成，其结构如表 12-3 所示。

表 12-3　MBR 结构

起始地址			功能描述	长度（十进制）
十六进制	八进制	十进制		
0x0000	0000	0	引导代码区，用于引导登记在分区表中的操作系统	446B
0x01BE	0676	446	分区表，一共是 4 个 16B 的主分区表入口	64B
0x01FE	0776	510	MBR 有效标志，表示 MBR 区域的结束，值为 0x55AA	2B

引导代码区是一个 446B 的区域，它装载了磁盘的引导程序，用于检查其后 64B 区域的分区表是否正确，并在完成硬件自检后将控制权交给在磁盘上的操作系统启动引导程序（如 GNU GRUB、Windows Boot Manager 和 BootX 等）。

磁盘分区表是一个 64B 的区域，它包含了 4 个 16B 的分区项，也就是单个磁盘最多拥有 4 个主分区（可以有多个逻辑分区，逻辑分区不能用来引导操作系统），表 12-4 所示为对这 4 个分区项的 16B 内容的说明。

表 12-4　磁盘分区表内容

偏移	长度	功能说明
00H	1	第 1 个字节是分区状态，只有非活动分区 00H 和活动分区 80H 两个值，其他值没有意义
01H	1	第 2 个字节是分区起始磁头号，硬盘分单片和多片结构。比如一块 4TB 的硬盘，如果用单片容量 1T 的碟片，就需要 4 片。每片盘片都有自己的磁头而不共用，所以磁头号就是与盘片相对应的磁头的编号，现代的固态硬盘没有磁盘号，因此这个字节就失去了意义
02H	2	第 3 个字节的 bit0～5 是分区起始扇区号，第 3 个字节的 bit6～7 和第 4 个字节全部是分区起始磁柱号
04H	1	第 5 个字节是文件系统标志位，常用文件系统的标志位有 01：FAT12；02：XENIX root；03：XENIX /usr；04：FAT16；05：扩展分区；07：NTFS；0B：FAT32；0C：FAT32（大于 4GB）；0E：FAT16（大于 32MB）；0F：扩展分区；83：ext2/3/4 等
05H	1	第 6 个字节是分区结束磁头号
06H	2	第 7 个字节的 bit0～5 是分区结束扇区号，第 7 个字节的 bit6～7 和第 8 个字节是分区结束磁柱号
08H	4	第 9～12 个字节是分区起始相对扇区号
0CH	4	第 13～16 个字节是分区的总扇区数

MBR 有效标志是一个 2B 的区域，它通常保持默认值 0x55AA，如果它的值被改变，那么 MBR 扇区的内容就会失效，磁盘分区会丢失。

MBR 自诞生至今已有 30 多年（BIOS 最早出现在 1975 年），它现在就如同曾经的 8086，辉煌过但已不再适合时代的潮流。在当今信息爆炸的时代，大量的信息使人们所需求的文件数越来越大，软件功能的进步使软件大小也日渐庞大起来，这样的需求使磁盘朝着速度更快、容量更大的方向发展。曾经的磁盘可能只有几个 GB 甚至几百 MB，而现在的硬盘已经达到了 TB 甚至 PB 的级别，MBR 只支持单个主分区最大 2.2TB 且最多 4 个主分区，也就是最大 8.8TB 的磁盘大小，这样的分区已经不再适合现在的 PC 环境。除了容量大小外，MBR 的好搭档 BIOS，由于硬件自检的存在，被检测到会降低开机速度，和现在的 GPT+UEFI 比起来处于明显的劣势。

（2）GPT 分区格式

全局唯一标识分区表（GUID[①] Partition Table，GPT）是一个实体硬盘的分区表的结构布局的标准。它是可扩展固件接口标准（被 Intel 用于替代 PC 的 BIOS）的一部分，被用于替代 BIOS 系统中的主引导记录分区表。

GPT 占用了硬盘 37 个扇区（一个扇区 512KB）的空间，它由一个 MBR 保护扇区、一个分区表头、128 个分区表项和一个备份分区表组成。图 12-8 展示了 GPT 分区表在一块硬盘上的分布，图中的负号表示从硬盘末尾开始的扇区顺序。

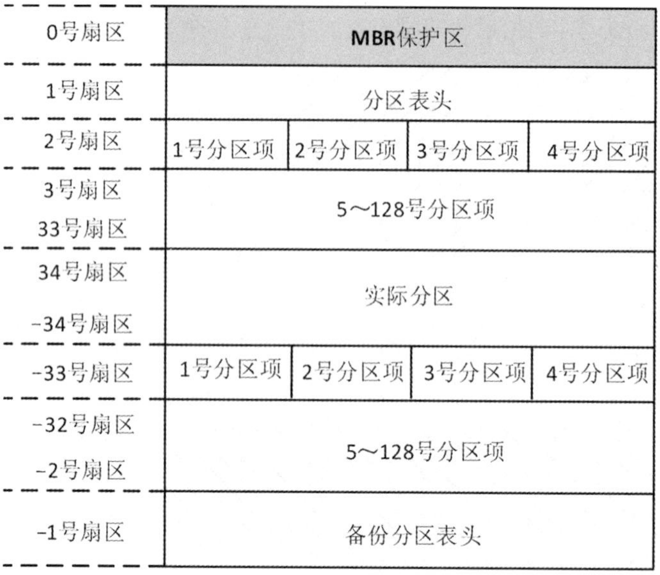

图 12-8 GPT 的结构

MBR 保护区是一个 MBR 分区表，位于 GPT 分区表的最开头。它的内容只有一个标志为 0xEE 的分区，用于表示这块硬盘使用了 GPT 分区格式，并且防止不支持 GPT 分区格式的操作系统和分区工具误删分区表。

分区表头占用了 92B，保存了分区表的详细信息，其内容如表 12-5 所示。

表 12-5 GPT 分区表头的内容

起始字节	长度	内容说明
0	8B	分区表头签名，值必须是 "EFI PART"
8	4B	修订版本（例如，1.0 版本，该字段的值为 0b00000100）
12	4B	分区表头的大小（通常是 92B，即 0x5C000000）
16	4B	分区表头的 CRC32 校验
20	4B	保留，必须为 0
24	8B	分区表头所在扇区号
32	8B	备份分区表头所在扇区号

---

① 全局唯一标识符（Globally Unique Identifier，GUID）是一种由算法生成的唯一标识，通常表示成 32 个 16 进制数字（0～9，A～F）组成的字符串，如{21EC2020-3AEA-1069-A2DD-08002B30309D}，它实质上是一个 128 位（16B）长的二进制整数。GUID 一词有时也专指微软对 UUID 标准的实现。

续上表

起始字节	长度	内容说明
40	8B	第一个可用于分区的扇区（分区表占用的最后一个扇区+1）
48	8B	最后一个可用于分区的扇区（备份分区表占用的第一个扇区-1）
56	16B	硬盘的 GUID
72	8B	分区表项的起始扇区号（值为 2）
80	4B	分区表项的数量（规定 128 个分区表项是最小值，可以超过 128，但不可以小于 128）
84	4B	一个分区表项的大小（通常是 128B）
88	4B	分区序列的 CRC32 校验
92	420B	保留，剩余字节必须全部为 0

每个分区表项占用 128B，保存各个分区的详细信息，其内容如表 12-6 所示。

表 12-6　GPT 分区表项的内容

起始字节	长度	内容说明
0	16B	分区类型 GUID（用于表示在不同的操作系统中该分区的实际功能）
16	16B	分区 GUID（分区的标识）
32	8B	分区起始扇区
40	8B	分区结束扇区
48	8B	属性标签（如 60 表示只读）
56	72B	分区名（36 个 UTF-16 字符）

12.2.3　从固件到硬盘的启动流程

PC 系统目前有两种启动方案，一种是 BIOS+MBR 分区格式的启动流程，另一种是 UEFI+GPT 分区格式的启动流程。这两者虽然在操作系统所遵循的协议上有所区别，但都是根据引导代码复制硬盘上的操作系统到内存并从 ROM 中跳转到 RAM 执行的。

（1）MBR 的启动流程

MBR 格式的磁盘需要由 BIOS 或是 UEFI 的 CSM 模式（兼容 BIOS 的模式）进行引导，在 BIOS 通电后，首先进行硬件自检，对 CPU、内存和显卡等设备进行检查。然后 BIOS 根据预设的设备启动顺序读取第一个启动设备的 MBR 扇区，检查它的有效标志位是否为 0x55AAH，若不等于这个值再去尝试启动下一个设备，直到有一个设备符合要求为止。接着，BIOS 会把控制权移交符合要求的启动设备，该设备把自己复制到内存的 0x00000600 处，并读取引导代码区的引导程序以进入系统，启动流程如图 12-9 所示。

（2）GPT 的启动流程

GPT 不仅是硬盘的分区格式，还是 UEFI 标准的成员之一，因此，它需要在主板支持 UEFI 且安装了操作系统引导器的情况下才能完成启动。它与 MBR 分区格式相比，能够在一块硬盘上同时安装更多的操作系统。

操作系统引导器（OS Loader）是一个安装在 GPT 硬盘上的 EFI 分区[①]中用来启动指定操作系统的程序，它的文件名后缀是 .efi。以 Windows 安装流程为例，安装包在首次配置硬盘时，会自动生成一个"EFI 系统分区"，而它的引导器会被安装在 Microsoft/Boot 文件夹下。GPT 硬盘的启动流程如图 12-10 所示。

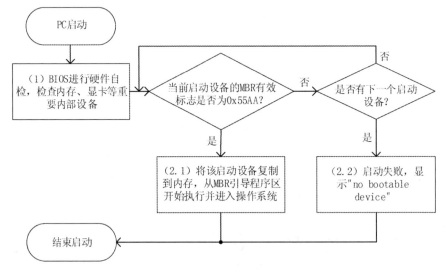

图 12-9　MBR 启动流程

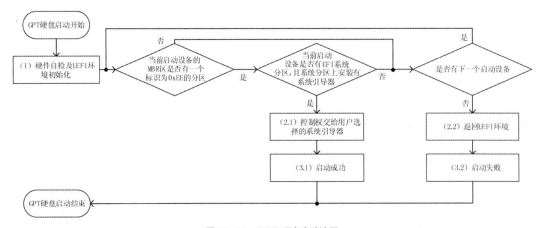

图 12-10　GPT 硬盘启动流程

12.3　PC 的操作系统

操作系统是一组能有效组织和管理计算机软件和硬件资源，合理地对各类作业进行调度，以方便用户使用的程序的集合。现代 PC 的操作系统不仅要提供合理的作业调度机制，通常还要提供图形化界面（Graphical User Interface，GUI）以实现人机交互的功能，如微软的 Windows、苹果的 Mac OS。本节将简述 PC 操作系统的发展历程。

---

① EFI 系统分区是一个使用了 FAT32 文件系统的硬盘分区，它用于安装操作系统的引导器，大小通常为 100MB。

1. PC 操作系统的鼻祖

现代 PC 的操作系统按发展源头可以分为两类：Windows 类和 UNIX 类。Windows 类操作系统靠着 IBM PC 的成功占据了 PC 操作系统市场的半壁江山，而 UNIX 类也有 Mac OS 和 Linux 类等著名的操作系统散布在各行各业。

（1）最早的 PC 操作系统 CP/M

CP/M 是数字研究公司在 1974 年为 8 位处理器（如 Intel 8080、Zilog Z80 等）开发的 PC 操作系统。它诞生于 PC 产业的萌芽时期，没有其他竞争对手，所以在 8 位机的时代非常受欢迎。1979 年，Intel 发布了 8086 处理器，标志着 PC 产业进入了 16 位机的时代。此时，有一些厂商模仿 CP/M 开发了自己的操作系统，其中包括 Windows 的鼻祖 86-DOS。数字研究公司虽然在 1980 年推出了 CP/M-86，但是在与 MS-DOS 的对抗中惨败，这也反映出了操作系统零售和捆绑销售的差别（MS-DOS 与 IBM PC 和 IBM 兼容机捆绑销售）。

（2）Windows 类的鼻祖 86-DOS

86-DOS，意为快而脏的操作系统（Quick and Dirty Operating System，QDOS），是西雅图计算机产品公司（Seattle Computer Products，SCP）1980 年推出的用于和自己生产的 8086 计算机套件捆绑销售的操作系统。它是 SCP 公司一位 24 岁的工程师蒂姆·帕特森（Tim Paterson）花了 4 个月时间，参照 CP/M 的结构编写出来的。所以该系统既能够运行 86-DOS 的程序，也能够运行 8 位机 CP/M 的程序。

1981 年 7 月，微软花 5 万美元买下了 86-DOS 的全部著作权，并将其改名为 MS-DOS。MS-DOS 成为微软的第一个操作系统产品。

（3）UNIX 类的鼻祖 UNICS

1965 年，贝尔实验室（Bell Labs）加入一项由通用电气（General Electric）和麻省理工学院（Massachusetts Institute of Technology，MIT）合作的计划；该计划要建立一套多使用者、多任务、多层次（multi-user、multi-processor、multi-level）的 MULTICS 操作系统。直到 1969 年，因 MULTICS 计划的工作进度太慢，该计划被停了下来。当时，Ken Thompson（后被称为 UNIX 之父）已经有一个称为"星际旅行"的程序运行在 GE-635 的机器上，但是其反应非常慢，正巧他发现了一部被闲置的 PDP-7（Digital 的主机），Ken Thompson 和 Dernis Ritchie 就将"星际旅行"的程序移植到 PDP-7 上。

MULTICS 其实是"Multiplexed Information and Computing Service"的缩写，但在 1970 年时，那部 PDP-7 却只能支持两个使用者，当时，Brian Kernighan 就开玩笑地称他们的系统其实是"UNiplexed Information and Computing Service"，缩写为"UNICS"，后来，大家取其谐音，就称其为"UNIX"了。1970 年称为"UNIX 元年"。

2. 现代 PC 的操作系统

现代 PC 的操作系统主要有 3 个，分别是 Windows、Linux 和 Mac OS，前两者可以自由安装在任意型号的现代 PC 上，而 Mac OS 只能安装在指定型号的 PC 上（通常是苹果自己的机器，但是也有部分硬件可以组装出"黑苹果"）。

（1）Windows

Windows（视窗操作系统）是微软公司发布的一系列带有图形化操作界面的操作系统。它由于 MS-DOS 留下的软件基础和品牌机捆绑销售得以快速推广，并因此获得了大量优质软件资源的支持。现在，Windows 10 是 PC 操作系统市场的霸主。表 12-7 列出了各个版本的

Windows。

表 12-7　Windows 各版本简述表

Windows 版本	推出时间	简述
Windows 1.0	1985	第一个 Windows 操作系统，是一个 MS-DOS 的应用程序
Windows 2.0	1987	Windows 1.0 版本的改进，推出了第一代微软办公套件 Excel 和 Word
Windows 3.0	1990	第一次使用虚拟内存技术，并推出了多媒体应用
Windows 95	1995	集成了万维网环境，第一次出现了 IE 浏览器
Windows 98	1998	FAT32 文件系统问世，单文件 4GB 得到支持
Windows ME	2000	Windows 98 和 Windows XP 的过渡版本，兼容性和稳定性较差，又被称为错误版本（Mistake Edition）
Windows XP	2001	见证 PC 软件业高速发展的一个版本，.NET 版本在 Windows XP 上从 1.0 发展到了 4.0
Windows Vista	2005	Windows Vista 新增上百种功能，其中较特别的是新版的图形用户界面、称为"Windows Aero"的全新界面风格、加强后的搜索功能（Windows indexing service）、新的多媒体创作工具（例如 Windows DVD Maker），以及重新设计的网络、音频、输出（打印）和显示子系统
Windows 7	2009	Windows Vista 的改良版，接替 Windows XP 成为 2010 年后的新主流操作系统
Windows 8/8.1	2012	界面风格由"Windows Aero"变为"Metro"的扁平化设计，并且推出了 Arm 内核的支持
Windows 10	2015	系统组件独立化，微软宣称是只有定期改进和更新的"最后一版 Windows"

（2）Linux

Linux 是一套供人免费使用和自由传播的类 UNIX 操作系统，是一个基于 POSIX 和 UNIX 的多用户、多任务、支持多线程和多 CPU 的操作系统。它的内核最早由林纳斯·托瓦兹在 1991 年 10 月 5 日发布。它能运行主要的 UNIX 工具软件、应用程序和网络协议，支持 32 位和 64 位硬件。Linux 继承了 UNIX 以网络为核心的设计思想，是一个性能稳定的多用户网络操作系统。

1994 年 3 月，Linux1.0 版正式发布，马克·尤因等成立 Red Hat 软件公司，成为最著名的 Linux 经销商之一。早期 Linux 的引导管理程序（Boot Loader）使用 LILO（Linux Loader）。早期的 LILO 存在着一些令人难以容忍的缺陷，例如，无法识别 1024 柱面以后的硬盘空间，后来的 GRUB（GRand Unified Bootloader）克服了这些缺点，具有"动态搜索内核文件"的功能，可以让用户在被引导的同时，能够自行编辑引导设置系统文件，透过 ext2 或 ext3 文件系统加载 Linux Kernel。GRUB 通过不同的文件系统驱动可以识别几乎所有的 Linux 支持的文件系统，因此可以使用很多文件系统来格式化内核文件所在的扇区，而并不局限于 ext 文件系统。

今天，在林纳斯·托瓦兹的带领下，众多开发者共同参与开发和维护 Linux 内核。理查德·斯托曼领导的自由软件基金会，继续提供大量支持 Linux 内核的 GNU 组件。一些个人和企业开发的第三方非 GNU 组件也提供对 Linux 内核的支持，这些第三方组件包括大量的作品，如内核模块、用户应用程序、库等。Linux 社区或企业都推出一些重要的

Linux 发行版，包括 Linux 内核、GNU 组件、非 GNU 组件以及其他形式的软件包管理系统软件。

（3）Mac OS

Mac OS 是运行在苹果麦金塔 PC 上的操作系统，其诞生早于 Windows 诞生的图形化界面操作系统。根据时间段可将 Mac OS 分为 System x.x（1984—1997 年）、Mac OS x（1997—2011年）、OS X（2011—2016 年）和 Mac OS（2016 年以后）4 种命名方式（小写 x 为数字，代表版本号；大写 X 代表罗马数字 10）。根据操作系统内核的不同，可以把 Mac OS 分为不带命令行模式的传统 Mac OS 和基于 BSD UNIX 内核的 OS X/Mac OS。

3．PC 操作系统的共性

PC 操作系统都可以分成内核态和用户态，如 Windows 中的用户模式和内核模式、Linux中的用户空间和内核空间、Mac OS 中的 XNU 内核和非内核 3 层（核心架构层、应用框架层、用户体验层）。

（1）内核态

内核态（又称核心态、特权态）是操作系统内核运行的模式，在该模式下程序可以无限制地访问内部寄存器、通过总线访问外围设备。内核态通常提供内存管理、进程/线程管理和 I/O 设备管理等功能，这些功能涉及与硬件沟通，为了保护硬件安全，通常只在内核态中运行，并且由内核态向用户态提供这些功能的 API。现代 PC 操作系统的内核态有两种，一种是以 Linux 为代表的宏内核（Monolithic Kernel，集成式内核、单体式内核）和Windows XP 以后的 Windows 以及 OS X 以后的以 Mac OS 为代表的混合内核（Hybrid Kernel）。宏内核把所有的内核功能做成了一个整体，它设计简单并且内核态内的功能之间可以互相调用。在 Linux 中，内核态提供了系统调用接口（System Call Interface，SCI）供用户态调用这个宏内核中的功能，如 fork()函数创建进程等。混合内核使用了模块化的内核设计，并且有部分操作系统服务驻留在了用户态。以 Windows 操作系统为例，它的内核模式使用了 3 层设计，最低端是硬件抽象层（Hardware Abstract Layer，HAL），中间层是内核（Kernel）和设备驱动（Device Driver），最后用 Windows 内核管理程序（Windows Executive）向用户态提供 API。

（2）用户态

用户态是在限定硬件资源的环境中管理用户程序,并向用户程序提供库函数支持的运行环境。混合内核的 Windows 的系统进程和系统服务运行在用户模式，系统服务和系统进程负责管理用户程序并提供库函数支持。宏内核的 Linux 用户空间由 GNU C 库函数（Glibc）和用户程序组成。现代 PC 的操作系统通常在用户态中还加入用户权限，不同的用户权限级别能够进行的系统调用操作也不同。以 Windows 操作系统为例，它有管理员（Administrator）和访客（Guest）两种用户类型，管理员帐户可以修改文件名、添加新文件以及修改其他用户帐户权限，而访客用户只能进行管理员赋予权限的操作。

12.4　习题

（1）简述 PC 的基本结构，它与 Arm 体系的微型计算机有什么区别？

（2）CPU 有哪些参数？如何选择与 CPU 相匹配的主板？

（3）什么是启动固件？有哪些启动固件？

（4）请写出 3 种硬盘接口，并说明它们各自的特性。

（5）简述 UEFI+GPT 的启动流程。

（6）PC 有哪些操作系统？它们有什么共性？

13 chapter

微型计算机的发展方向

　　科技的不断进步以及各行各业的强烈需求使微型计算机取得了突破性的进展。为了在人们的工作和生活中发挥更大的作用，微型计算机无疑会变得体积更小、速度更快、更加智能化。同时，在面对更加多样化的需求时，微型计算机呈现出了多样性的发展，这一点尤其体现在嵌入式计算机上，其作用范围几乎包括了生活中绝大部分不同类型的电器设备。计算机的发展能够推动社会的发展，从而带给人们极大的便利。在这个生机勃勃的时代，计算机发展的脚步将会愈发变快。

CPU 是微型计算机的核心部件，是计算机进行算术逻辑运算与系统控制的主要部件，决定着计算机的整体性能。一直以来，我们都很关注 CPU 的结构与速度，CPU 的速度快慢标志着 CPU 运算能力的高低。自 1971 年世界上第一块微处理器 4004 在 Intel 公司诞生以来，CPU 的发展走过了近 50 年的历程。在此期间，CPU 的结构不断优化，CPU 的速度也在不断提高。目前，CPU 在通用计算机和嵌入式计算机两条道路上都已取得了高度的发展。本节我们对几款最新的 CPU 进行介绍，以此来阐述 CPU 的结构与速度的发展方向。

13.1.1 通用计算机

1. Intel 酷睿 10 代

Intel 酷睿 10 代处理器是 Intel 在 2019 年 5 月发布的首个 10nm 工艺产品家族，代号为 Ice Lake，包含酷睿 i7、酷睿 i5、酷睿 i3 三大系列和锐炬 Iris Plus 核心显卡。Ice Lake 是迄今为止最先进的笔记本平台，拥有新的 CPU/GPU 架构、新的平台集成技术以及新的晶体管技术和工艺。选取酷睿 i7-1060G7 为代表，其主要技术指标如表 13-1 所示。

表 13-1　酷睿 i7-1060G7 技术指标

类别	参数
工艺特征	10nm
主频	1.00GHz
缓存	8MB 三级缓存
封装	BGA 封装，引脚数 1528，封装尺寸 26.5mm×18.5mm
核心数	4 核

2. AMD Ryzen 3000 系列

AMD Ryzen 3000 系列是 AMD 公司在 2019 年 5 月发布的，主要包括 Ryzen 73700X、Ryzen 73800X 和 Ryzen 93900X，具有多线程性能优势。选取 Ryzen 93900X 为代表，其主要技术指标如表 13-2 所示。

表 13-2　Ryzen 93900X 技术指标

类别	参数
工艺特征	7nm
主频	3.80GHz
缓存	768KB 一级缓存，6MB 二级缓存，64MB 三级缓存
封装	AM4 封装
核心数	12 核

3. 飞腾 FT-2000/4

飞腾 FT-2000/4 是天津飞腾在 2019 年 9 月发布的最新一代桌面处理器，该芯片集成了 4 个飞腾自主研发的处理器核心 FTC663。该款芯片在 CPU 核心技术上实现了新突破，与之前飞

腾系列核心相比，具备更先进的架构设计和微结构实现，进一步缩小了与国际主流桌面 CPU
的性能差距。FT-2000/4 的主要技术指标如表 13-3 所示。

表 13-3 FT-2000/4 主要技术指标

类别	参数
工艺特征	16nm
主频	工作主频 2.6 ~ 3.0GHz
缓存	4MB 二级缓存，4MB 三级缓存
封装	FCBFA 封装，引脚数 1144，封装尺寸 35nm × 35nm
核心数	4 核

13.1.2 嵌入式计算机

1. Cortex-A77

Cortex-A77 是 Arm 公司在 2019 年 5 月发布的新一代移动 CPU 架构，代号"Deimos"。它是
A76 的直接继任者，在维持 A76 架构的优秀性能以及较小核心面积的同时，进一步提升了性能。
Arm 公司表示：Cortex-A77 是为下一代智能手机、笔记本计算机和其他移动设备而设计的，它将
会在 5G、AR 和 AI 的高级机器学习（Machine Learning，ML）中得到广泛应用。Cortex-A77 的主
要技术指标如表 13-4 所示。

表 13-4 Cortex-A77 主要技术指标

类别	参数
工艺特征	7nm
主频	3.0GHz
缓存	64KB 一级缓存，252KB 和 512KB 二级缓存，4MB 三级缓存

2. AMD Ryzen R1000

AMD Ryzen R1000 是 AMD 公司在 2019 年 4 月发布的全新一代嵌入式处理器，首发的两
款是锐龙 R1606G 和锐龙 R1505G。锐龙 R1000 系列广泛应用于边缘计算、数字标牌、游艺机
和网络设备等各种嵌入式领域，性能强大。选取锐龙 R1606G 为代表，其主要技术指标如
表 13-5 所示。

表 13-5 R1606G 主要技术指标

类别	参数
工艺特征	14nm
主频	2.6 ~ 3.5GHz
缓存	1MB 二级缓存，4MB 三级缓存
核心数	2 核

13.2 存储器的容量与速度

存储器是计算机中不可缺少的部分，用于存储计算机工作过程中所必需的数据和程序。微

机系统对存储器的主要要求是容量大和速度快，而要兼顾这两方面是很困难的。动态存储器和 NAND 闪存是目前使用最广泛的技术，分别用于较快的主存储器和相对较慢的存储类存储器。人们对获得更高性能存储器的期望从未停止，对各种新技术的探索仍在不断进行中。磁存储器、阻变存储器（Resistive Random Access Memory，RRAM）和相变存储器（Phase-change Random Access Memory，PRAM）等新一代存储器技术是当今的重要成果。

13.2.1　磁存储器

磁存储器技术从 20 世纪 90 年代开始被开发，虽然 M. Julliere 最早在 20 世纪 70 年代中期就已提出磁存储的概念，但直到 1988 年巨磁阻效应（Giant Magneto Resistance，GMR）和 1995 年隧穿磁阻效应（Tunneling Magneto Resistance，TMR）被发现，MRAM 才具备了实用性前景。GMR 薄膜技术的 MRAM 读写时间长且集成度低，故其只应用于太空和军事领域。而利用 TMR 薄膜构成磁性隧道结（Magnetic Tunnel Junction，MTJ）作为存储器的基本单元，不仅减小了芯片体积，还提高了读取速度。MRAM 的核心部分就是 MTJ，即两个铁磁金属层夹着一个隧穿势垒层构成类似于三明治结构的纳米多层膜，这使 MRAM 单元可以完全制作在芯片的金属层中，甚至可以实现 2~3 层单元叠放，具备在逻辑电路上构造大规模内存阵列的潜力。

MRAM 的发展历史虽然不长，但已经历了两代变化。第一代是利用流过导体的电流产生磁场感应改变 MTJ 的高低电阻状态，从而完成写入功能，但该种方法存储密度比较低，对写入磁场要求高。第二代自旋转移矩磁存储器（Spin Transfer Torque MRAM，STT-MRAM）是利用自旋转移矩效应，通过 MTJ 中不同的自旋极化电流驱动软磁体磁化方向改变，从而完成写入，无须磁场。早期 MRAM 技术最为成熟的应是 Motorola，该公司在 1998 年制造出 256KB 的 MRAM 测试芯片，并在 2003 年底发布了 4MB 的 MRAM 样品。飞思卡尔半导体（Freescale）公司在 2006 年开售世界第一个市场化的 MRAM 芯片，该芯片属于第一代，容量 4MB。Everspin 是从 Freescale 分离出来的一家独立公司，是全球第一家量产 MRAM 的供货商。该公司在 2012 年 11 月发布了首个工业级 STT-MRAM 存储器芯片，并开始提供 64MB 样品。STT-MRAM 已经成为 MRAM 的主流路线。Everspin 公司最新出售的是 256MB 的 STT-MRAM，并且已在 2019 年 6 月宣布开始试生产最新的 1GB STT-MRAM，其在密度和容量方面将会有更大的进步。

铁磁体的磁性不会由于断电而消失，所以 MRAM 具有闪存的非挥发性，其读写次数也因此而近乎无限。MRAM 还拥有 SRAM 的高速读取写入能力，但容量密度和使用寿命不输于 DRAM，平均能耗也远低于 DRAM，是真正的通用型内存。

13.2.2　阻变存储器

阻变存储器运用特有材料的效应来实现存储，即对强相关电子类材料施加电压脉冲以使阻值剧烈改变，通过方向的改变使阻值高低变化，运用阻值的高低两种状态来存储位元资料。

Hickmott 于 1962 年在一系列的二元氧化物材料中首先发现了电阻转变现象。20 世纪 80 年代，有关电阻转变现象的研究达到第一个高峰期，人们着重对电阻转变机制进行了研究和探索。随着微电子产业的发展与科技手段的提高，电阻转变有作为非易失性存储器的潜力，于是有关它的研究在 20 世纪末达到第二个高峰期。美国休斯顿大学的 Liu 等人于 2000 年在《应用物理快报》上报道了 $Pr_xCa_{1-x}MnO_3$（PCMO）氧化物薄膜中的阻变现象，引导人们开始投入精力和财力以对 RRAM 进行研究。夏普公司于 2002 年联合美国休斯敦大学在国际电子元器件会议（International Electron Devices Meeting，IEDM）上发布了基于 0.5μm 工艺制备的 RRAM，这标志着新世纪 RRAM 技术的研究热潮的兴起。在这十几年中，RRAM 的研究发展迅速，其中 Crossbar 公司在 2013 年突然爆发，宣布了自主研发的 Crossbar RRAM，号称可在 $200mm^2$ 大小的芯片里存储最多 1TB 数据。Crossbar RRAM 是简单的三层式结构，能够进行三维堆叠（3D Xpoint）以进一步扩大容量，而且兼容主流的 CMOS 制造工艺。就当前来看，Crossbar RRAM 技术是取代当前非易失性内存技术和未来大容量存储器的强力竞争者。

RRAM 是能用于 MCU、SoC 和 FPGA 的低迟滞、高性能、低功耗嵌入式存储器，面向物联网、平板计算机、消费电子和工业等市场。RRAM 的速度比闪存快，具有随机存取能力和位可变性，同时它在交叉点和 3D 垂直构架上具有优势，而且结构简单，有利于实现三维的高密度存储，能够实现更高的存储容量。RRAM 的操作电流小，非常适应嵌入式应用中低功耗的需求，与 NAND 闪存相比还有着很强的成本竞争优势，所以 RRAM 被当作未来可替代 NAND 闪存的对象而被研究。

13.2.3 相变存储器

相变存储器使用硫化物、硫化合金等材料的相变特性来实现存储。所谓相变，是指物品的化学性质与成分完全相同而物理性质发生了变化的两种不同状态。例如，常温下的氮气在 70K 以下时变成了液氮，这就是一种相变的过程。相变存储器就是利用了材料在结晶状态和非结晶状态时所表现出来的导电特性的不同来存储数据的。

奥佛辛斯基（Ovshinsky）在 20 世纪 60 年代末最早提出了材料的相变特性，并随后很快提出了相变存储器的概念。但直到 21 世纪，伴随着集成电路特征尺寸缩小至 180nm 和人们对相变机理更深入的理解，PRAM 才迎来了真正的发展契机，并在最近短短十几年里有了突飞猛进的发展。国际上于 2001 年开始对 PRAM 进行工程化研究，以 Ovonyx 和 Intel 为代表的两大集团开启了相变存储器产业化的可行性验证。三星于 2004 年宣布成功研制出了 64MB PRAM 芯片，随后几年又陆续成功发布了基于 90nm 工艺的 512MB PRAM 芯片和基于 58nm 工艺的 1GB PRAM 芯片，并在 2012 年国际固态电路会议上报道了 20nm 工艺的 8GB PRAM 芯片。美光于 2009 年研制出了 45nm 工艺的 1GB PRAM 芯片，并在 2013 年实现量产，随后又在 2015 年联合 Intel 发布了三维堆叠。IBM 在 2011 年发布了多值的 PRAM 操作算法，然后推出了基于 MIEC 材料选通的多层 crosspoint 存储器，在 2014 年发布了 6 位多值存储电阻漂移的算法解决办法，并在 2016 年发布了多值相变存储器，进入 90nm 工艺。到 2019 年，PRAM 提高存储容量的方式就是三维堆叠和多值技术。三维堆叠是延续摩尔定律的一种重要技术，通过芯片或器件在垂直方向的堆叠来显著增加芯片集成度；而多值技术是使每个存储单元能长时间可靠地存储多个字节数据的技术。目前，英特尔和美光在三维堆叠技术上有了重点突破，而 IBM 在多值存储领域取得了突破性进展，能够以多种不同的电阻级别获得每单元 3bit（即 8 个电阻级别）的容纳能力。

PRAM 的写入速度比闪存快近百倍，具备高达百万次的数据擦写能力，而且功耗更低，具备非挥发性。PRAM 的这些优秀特性使它能够适用于主存储器以及存储类应用，并成为了存储产业的后起之秀。

13.3 指令系统的发展方向

计算机的指令系统属于计算机的硬件语言系统，代表了计算机的基本功能，同时也决定了计算机指令的格式，是计算机中所能执行的各种指令的集合。不同的计算机公司在对指令系统进行设计时会产生差异，因此也就造成了指令系统的数量、功能、格式等都具有差别。

计算机指令系统的发展是一个从简单到复杂的过程。目前的指令系统主要包括两种，一种是复杂指令系统（Complex Instruction Set Computer，CISC），另一种是精简指令系统（Reduced Instruction Set Computer，RISC）。不同的指令系统所具有的作用不同，发挥出来的效果也不同，其中的操作也不同。最初，人们对计算机指令系统的优化方法是通过设置部分比较复杂的指令来提高计算机的执行速度，这种计算机系统即 CISC；另一种优化方法的基本思想是尽量简化计算机指令功能，把比较复杂的功能用一段子程序来实现，这种计算机系统即 RISC。

自计算机诞生以来，人们一直沿用 CISC 指令集方式。但是因为 CISC 技术在发展中暴露出各种各样的问题，因此，急需另外一种方式支持高级语言和适应超大规模集成电路（Very Large Scale Integration，VLSI）技术，于是 RSIC 出现了。IBM 公司的 John Cocke 在 1975 年提出了精简指令系统的设想。1979 年，美国加州大学伯克莱分校 Patterson 教授领导的研究组首先提出了 RISC 这一术语，并先后研制了 RISC-I 和 RISC-II 计算机。

指令集架构的下一次创新试图同时惠及 RISC 和 CISC，即超长指令字（Very Long Instruction Word，VLIW）和显式并行指令计算机（Explicitly Parallel Instruction Computing，EPIC）。与 RISC 方法一样，VLIW 和 EPIC 的目的是将工作负载从硬件转移到编译器。超长指令字计算机的设计思想来源于 1983 年耶鲁大学 Fisher 教授提出的水平微程序设计原理。水平微程序设计的微指令字可以相当长，能定义较多的微指令，以使每个微周期能够控制众多彼此独立的功能部件并进行操作。水平微程序设计思想与超标量处理技术相结合，产生了 VLIW 结构的设计方法。但是 VLIW 面临着严重的代码兼容问题，而且目前 VLIW 编译器的智能程度远无法满足人们的要求，EPIC 是在 VLIW 的基础上融合了超标量结构的一些优点而设计的，以期用有限的硬件开销为代价开发出更多的指令级并行。

之后出现的 RISC-V 是一个开源的指令集架构，它遵循 RISC 的设计原则，即力求简洁性，同时保持开放性。这个开源项目由 UCB 团队于 2010 年在伯克利发布，随后一直发展至今。RISC-V 提供开源的、广泛应用的、经过验证的指令集，经过若干年的开发，它已经具备了完整的软件工具链，以及若干开源的处理器架构设计。RISC-V 最大的特点是模块化，UCB 的设计者们希望 RISC-V 能够用一套规范适应从低功耗嵌入式设备到高性能计算乃至领域专用硬件的不同应用场景。2016 年，RISC-V 基金会成立，作为一个非盈利组织，它主要负责维护 RISC-V 指令集手册和架构文档，并推动 RISC-V 持续发展。许多著名科技公司，如谷歌、惠普、Oracle、西部数据等，都是 RISC-V 基金会的创始会员，越来越多的芯片公司也开始使用或计划使用 RISC-V 架构。随着物联网时代的到来，一个统一的、通用的、开源的指令集架构的使用变得非常有意义。

早期的桌面软件是按照 CISC 进行设计的，并一直沿用至今，桌面计算机流行的 x86 体系结构使用的也是 CISC。CPU 的一些厂商，包括 Intel、AMD 以及一些已经更名的厂商，如 TI（德州仪器）、Cyrix 以及 VIA（威盛）等，一直在走 CISC 的发展道路。CISC 是目前家用机的主要处理器类型。在大部分中小型企业的非关键性业务中，也可以使用基于 x86 的 CISC 处理器，如 Intel 的 Xeon 和 AMD 的 Opteron 两款处理器，就是面向商用的 CISC 处理器。高性能 RISC 处理器一般用于大型机，如 IBM 的 Power 7 系列，并被部署在大型企业的核心业务中。而低功耗 RISC 处理器，往往成为工控、移动终端等嵌入式产品的首选处理器。手机内部使用的处理器——Arm，无疑是当今最为成功的 RISC 处理器。目前，RISC-V 也已逐渐成为芯片设计领域的主流指令集之一，且受到各大厂商的青睐。截至 2019 年 1 月，已有包括 Google、Nvidia 等在内的 200 多个公司和高校资助并参与 RISC 项目。其中，部分单位已经开始将 RISC-V 集成到产品中，例如，硬盘厂商西部数据公司把每年各类存储产品中嵌入的 10 亿个处理器核换成 RISC-V；Google 公司利用 RISC-V 实现主板控制模块；Nvidia 公司将在 GPU 上引入 RISC-V 等。此外，阿里巴巴集团、华为技术有限公司、联想集团等都在逐步研究各自的 RISC-V 实现。RISC-V 在工业界获得了广泛应用。

13.4 编译技术的发展

编译器是一种翻译程序，能将汇编或高级计算机语言源程序翻译成机器代码的等价程序。并行技术和并行语言的发展使得并行编译技术不断提高，将串行程序转换成并行程序的自动并行编译技术也获得了深入研究，同时嵌入式应用迅速增长的需求推动了交叉编译技术的发展，动态编译技术在过去的 10 年中也实现了极大的成熟。

13.4.1　并行编译技术

如今，我们使用的高性能计算机大多都利用了并行处理技术，并行处理的实现取决于并行编译技术的水平和并行程序设计。并行编译技术是利用重构技术将串行程序并行化，对已有的串行语言编写的程序进行相关分析，并将其分解成可并行的成分，分配到多 CPU 或多处理机上运行。并行程序设计是直接编写并行程序，这种直接编写的并行程序比利用重构技术改写的并行程序效率高，但是对编程者的要求也高，因此其实现过程存在一定困难。由此可见，具有程序并行化功能的并行编译系统对目前的编译技术发展来说意义更加重大，更有利于提高计算机的性能。

13.4.2　交叉编译技术

一个高级语言往往需要在不同的目标机上实现，这就涉及编译程序的移植问题，移植程序的过程中常会用到交叉编译技术。交叉编译是指在一个平台上生成另一个平台的可执行代码。交叉编译概念的出现和流行是与嵌入式系统的广泛发展同步的，近些年来嵌入式取得了广阔的发展空间，目前已经成为通信和消费类产品的共同发展方向，在嵌入式应用的迅速增长下，交叉编译技术也取得了巨大的进步。

13.4.3　动态编译技术

动态编译技术即运行时编译的技术。动态编译技术能优化利用程序运行时提供的信息，对程序提供更完全的优化。因此，利用动态编译技术可以很大程序上扩大优化范围，从而产生更有效的代码。目前对动态编译的研究主要集中在 3 个方面。

（1）运行时特定化：根据运行时常量，将程序代码特定化，然后在其中做各种优化工作，如常量传播、循环展开等。

（2）Just-in-time 编译：主要针对 Java 程序进行的运行时编译，可根据 profiling 收集到的 profile 信息进行自适应优化。

（3）动态的二进制代码转换与优化：将针对一种体系结构产生的目标码，直接移植到与之不同的另一类体系结构上运行。

13.5 微型计算机其他新技术

各种前沿技术的突破给微型计算机的发展带来了更多的可能性，在与这些技术的有机融合过程中，微型计算机将会取得跨越式的发展，性能也将获得极大提高。

13.5.1 纳米计算机

纳米技术已经逐渐走向成熟，已有人提出将纳米技术应用在计算机之中。斯坦福大学在 2013 年 9 月宣布人类首台基于碳纳米晶体管技术的计算机已经成功运行。虽然首台纳米计算机只包括 178 个碳纳米管，原型特别简单，但这是计算机在纳米领域踏出的崭新一步。采用纳米技术生产芯片成本十分低廉，因为它既不需要建设超洁净的生产车间，也不需要昂贵的实验设备和庞大的生产队伍，而只要在实验室里将设计好的分子合在一起就可以造出芯片。该芯片体积不过数百个原子大小，相当于人的头发丝直径的千分之一。纳米计算机能耗极低，但性能却是传统计算机的许多倍。在不久的将来，纳米计算机一定会成为时代的新宠。

13.5.2 激光计算机

激光技术的发展使光脑的研发逐步走向现实。美国电话电报公司贝尔实验室的科学家在 1990 年 1 月宣布成功研制第一台激光计算机，美国硅谷的计算机专家赞誉它为"新的计算机里程碑"，但是这台计算机采用的是光电混合型结构，距离全光型计算机还有很长一段路要走。光脑，即以激光为载体来进行信息处理的激光计算机，它靠一小束低功率激光进入由反射镜和透镜组成的光回路来进行"思维"，利用激光产生的光粒子束对信息进行编码，用光路代替电路，用光纤代替铜线。计算机性能将会因这种根本上的改变而发生质的变化，运算速度将比普通计算机提高至少 1000 倍。它还将具有极强的并行处理能力，可能只需要 1 个小时就能解决在普通计算机上 11 年才能解决的问题，同时它还将具备超大规模的信息存储容量。虽然目前还有不少技术难题难以攻克，但随着材料科学的突破和加工技术的发展，光脑终将会在现代光学和计算机技术的结合下成为实用性产品。

13.5.3 量子计算机

与量子力学结合是未来科技的一大发展趋势，计算机也不例外。美国著名物理学家理查德·费曼在 1982 年最早提出"量子计算机"的概念。发展至今，市场上陆陆续续出现了不少利用量子规则完成的计算设备，例如：IBM 于 2016 年 5 月发布了 5 超导量子比特的量子计算机，谷歌和西班牙巴斯克大学于 2016 年 6 月公布了 9 超导量子比特的模拟量子计算机，但第一台量子计算机的定义至今没有得到公认。量子计算机是遵循量子力学的规律来运算、存储和处理量子信息的物理装置，它的性能超越了任何人的想象。与传统计算机的单线程运算相比，量子计算机可以做到并行运算，无论是计算速度还是存储能力都远远超越其他计算机。对比传统计算机只能使用"开"和"关"两种状态来控制电流，量子计算机由于量子不同于粒子世界的特性而具有"开"和"关"同时存在的第三状态。量子计算机如果面世，将会为人工智能、机器学习等领域带来几何倍数级的发展。2019 年 10 月，谷歌量子计算取得新突破并因此登上 Nature 封面，这更是表明了量子计算机具有巨大的发展空间。

此外还有分子计算机、DNA 计算机等各种正在发展的计算机。在未来，任何能想象到的计算机的存在方式都将在人类的努力下一一实现，微型计算机的未来无比辉煌。

13.6 习题

（1）简述影响 CPU 速度的原因。

（2）新一代的存储器有哪些共同点，人们对新一代的存储器有哪些期望？

（3）什么是计算机指令系统？

（4）为何交叉编译技术近些年发展迅速？

（5）对比传统计算机，量子计算机最独特的优势是什么？

附录A AHL-MCP 微机原理实践平台硬件资源

A.1 概述

AHL-MCP（型号 AHL-FN10，芯片 STM32L431RC）是 SD-Arm 为配合《微型计算机原理及应用——基于 Arm 微处理器》教材，面向 MOOC 定制的一款通用嵌入式实验盒装开发套件。它可以完成 GPIO、串口编程、Flash 在线编程、定时器、ADC、DAC、DMA、PWM、输入捕捉、LCD、SPI、I^2C、触摸感应、低功耗、"看门狗"等嵌入式基本实验。电子资源中有完整的 PPT、实验指导、源程序样例。

A.2 电子资源内容列表

AHL-MCP 微机原理实践平台电子资源中的文件夹 "AHL-MCP-CD"，含有 6 个子文件夹：01-Information、02-Document、03-Hardware、04-Software、05-Tool、06-Other。表 A-1 所示为各子文件夹的内容索引。

表 A-1 "AHL-MCP-CD" 子文件夹内容索引

文件夹	主要内容	说明
01-Information	MCU 芯片参考手册	本 GEC 使用的 MCU 基本资料
02-Document	辅助阅读材料	基于微机原理及应用的辅助阅读材料
03-Hardware	AHL-GEC 芯片对外接口	使用 GEC 芯片时需要的电路接口
04-Software	各章程序样例	所有源代码
05-Tool	基本工具	AHL-GEC-IDE 安装包，TTL-USB 串口驱动等
06-Other	C#快速应用指南等	供 C#快速入门使用

A.3 硬件清单

AHL-MCP 分为基础型与增强型两种。基础型为盒装式，便于携带，由 STM32L431 芯片及其硬件最小系统、彩色 LCD、接口底板（含有温度传感器及光敏传感器）等构成，可完成除第 11 章（外接组件综合实践）之外的所有微机原理实验。增强型不仅包含基础型的所有组件，而且有 9 个外接组件，包括声音传感器、加速度传感器、人体红外传感器、红外循迹传感器、振动电动机、蜂鸣器、四按钮模块、数码管及彩灯等，可完成全书所有实验。增强型的包装分为盒装式与箱装式，盒装式便于携带，学生可借出实验室，箱装式主要供学生在实验室进行微机原理实验使用。

1. 基础型硬件

基础型硬件清单如表 A-2 所示。

表 A-2 AHL-MCP 基础型硬件清单

序号	名称	数量	备注
1	GEC 主机	1	含 STM32L431RC 芯片的 GEC 底板
2	TTL-USB 串口线	2	一条 Micro 口、一条含 4 根引出线

序号	名称	数量	备注
3	导线	2	测试、实验用
4	USB 线	3	取电备用，连接传感器

2. 增强型硬件

增强型硬件清单如表 A-3 所示。

表 A-3 AHL-MCP 增强型硬件清单

序号	名称	数量	备注
1	GEC 主机	1	含 STM32L431RC 板、GEC 芯片、2.8 寸彩色 LCD
2	TTL-USB 串口线	2	一条 Micro 口、一条含 4 根引出线
3	导线	2	测试用
4	USB 线	3	取电备用，连接传感器
5	声音传感器	1	ADC 接口
6	加速度传感器	1	I2C 接口
7	人体红外传感器	1	GPIO 输入
8	红外循迹传感器	1	GPIO 输入
9	振动电动机	1	PWM
10	蜂鸣器	1	PWM
11	四按钮模块	1	GPIO 输入
12	数码管	1	GPIO 输出
13	彩灯	1	GPIO 输出

A.4 实验列表

AHL-MCP 基础型可以完成的实验如表 A-4 所示，AHL-MCP 增强型可以完成本书所有实验。

表 A-4 AHL-MCP 基础型可完成实验列表

序号	基本实验名称	进阶实验
1	理解汇编程序框架及运行	三色灯的控制
2	基于构件方法的汇编程序设计	选择排序
3	存储器实验	将图片存入 MCU，并读取显示
4	基于串行通信构件的汇编程序设计	上位机控制三色灯
5	理解中断与定时器	上位机显示 MCU 的时间
6	ADC-DAC 模拟实验	上位机显示温度和光强的变化曲线
7	通过 DMA 实现内存间数据的搬运	不同数组间的复制

注：样例源代码在 AHL-MCP-CD 电子资源中，下载网址为：苏州大学嵌入式学习社区→"金葫芦专区"→"微机原理"→"AHL-GEC-CD"。

A.5　硬件快速测试方法

　　初拿到 AHL-MCP 基础型（或增强型）开发套件时，可以按照如下步骤进行硬件测试。

　　步骤一，通电。使用盒内 USB 线给 AHL-MCP 基础型（或增强型）通电。电压为 5V，可使用计算机、手机充电器、充电宝等的 USB 口。

　　步骤二，观察。通电之后，正常情况下，AHL-MCP（基础型）上蓝灯闪烁（测试程序为Exam4-1）。

附录B AHL-GEC-IDE 安装及基本使用指南

要求：操作系统使用 Windows 10 版本；AHL-GEC-IDE 为 SD-Arm 出品的嵌入式开发集成开发环境，在"AHL-MCP-CD\05-Tool"下进行以下操作。

1. 运行安装文件 AHL-GEC-IDE_Install.exe

（1）选择安装语言：如图 B-1 所示。

（2）选择安装路径：推荐选择（默认）安装在 D 盘，如图 B-2 所示，接着选择下一步。

（3）选择添加环境变量：如图 B-3 所示，接着选择下一步。

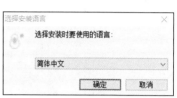

图 B-1 选择安装语言

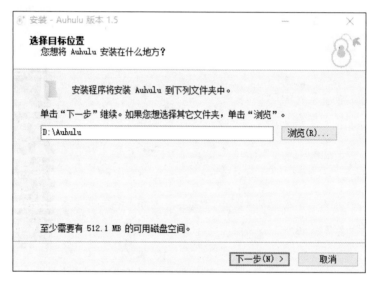

图 B-2 选择默认安装路径

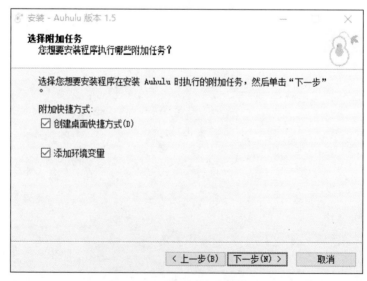

图 B-3 添加环境变量并选择下一步

（4）选择安装：如图 B-4 所示。

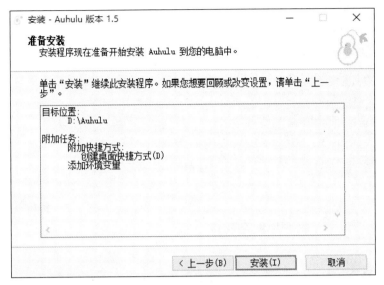

图 B-4　安装

（5）显示细节：如图 B-5 所示，可以显示安装的细节。

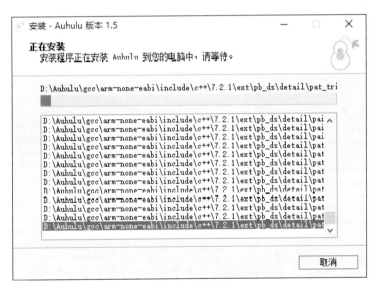

图 B-5　安装详情

（6）安装完成：如图 B-6 所示。

（7）生成桌面图标 Auhulu：如图 B-7 所示。

（8）重启计算机（安装时已将编译器等路径添加至系统环境变量，须重启计算机方可生效）。

2.　串口驱动安装

在 "…\05-Tool" 中找到 PL2303_Prolific_DriverInstaller_v1.5.0.exe，安装即可。

3.　VS2019 安装

C#开发工具，自行安装。

图 B-6　安装完成

图 B-7　Auhulu 图标

编译下载运行第一个程序

在完成安装工作的前提下，可以尝试编译下载运行第 1 个程序，以便了解实验软硬件环境。可按照下列步骤依次进行。

1. 打开工程

步骤一：建立自己的工作文件夹，如"AHL-GEC-EXP"。

步骤二：拷贝模板工程。拷贝"…\04-Software\Ref\GPIO_Output_C_STM32"工程到自己的工作文件夹中。

步骤三：打开环境，导入工程。运行"…\05-Tool\AHL-GEC-IDE\AHL-GEC-IDE.exe"文件，打开集成开发环境 AHL-GEC-IDE。接着单击"文件"→"导入工程"导入拷贝到自己文件夹的工程，如 GPIO_Output_C_STM32。导入工程后，左侧为工程树形目录，右侧为文件内容编辑区，初始显示 main.c 文件的内容，如图 B-8 所示。

图 B-8　工程在 AHL-GEC-IDE 中的示意图

2．编译工程

在打开工程并显示文件内容的前提下，可编译工程。单击"编译"→"编译工程（01）"，则开始编译，编译完成如图 B-9 所示。

图 B-9　AHL-GEC-IDE 编译工程示意图

3．下载并运行

步骤一，硬件连接。用 USB-TTL 线（Micro 口）连接 GEC 底板上的"MicroUSB"串口与计算机的 USB 接口口。

步骤二，软件连接。单击"下载"→"串口更新"，将进入界面更新界面。点击"连接 GEC"以找到目标 GEC，则提示"成功连接……"。

步骤三，下载机器码。点击"选择文件"按钮导入被编译工程目录下 Debug 中的.hex 文件，如 GPIO_Output_C_STM32.hex 文件，然后单击"一键自动更新"按钮，等待程序自动完成更新。

此时程序自动运行。若遇到问题可参阅"B.4 常见错误及解决方法"一节。

B.3 外接软件功能的使用方法

由于在嵌入式开发过程中常常需要使用其他辅助工具来完成嵌入式项目的调试与测试，如串口调度工具、JLink、计算器等，为此，AHL-GEC-IDE 开发了"外接软件"功能，利用它可以将其他工具软件接入 AHL-GEC-IDE，并在 AHL-GEC-IDE 中快捷地打开。本小节将详细介绍"外接软件"的使用方法。

1．外接软件的界面介绍

"外接软件"功能位于 AHL-GEC-IDE 软件功能区的最右边，外接软件的菜单功能有"管理与配置"，如图 B-10 所示。

点击外接软件的"管理与配置"可以进入配置界面，如图 B-11 所示。

在配置界面的右下角有"添加软件""更改名称"和"退出"3 个功能按钮,左下角会显示操作状态。

图 B-10 外接软件的位置与功能菜单

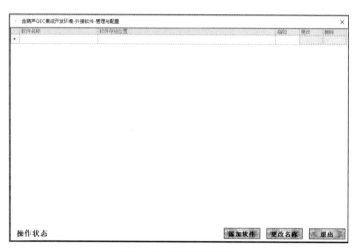

图 B-11 管理与配置界面

2．外接软件的添加过程

下面以添加 SD-Arm 出品的串口调试工具为例,阐述如何使用"外接软件"的"管理与配置"功能添加外接软件。依次点击"外接软件"→"管理与配置"→"添加软件",在"D:\Auhulu\Pro\bin\Debug\Plugins"下选择"SerialPort.exe",最后点击"打开"即可成功将"SerialPort.exe"添加至"管理与配置"界面,如图 B-12 所示。

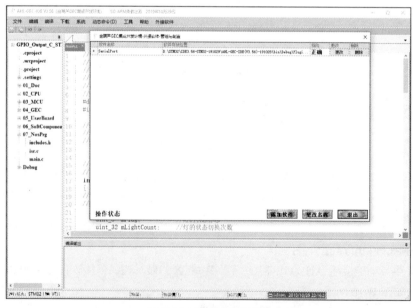

图 B-12 外接软件添加成功

在 AHL-GEC-IDE 的安装路径"D:\Auhulu\Pro\bin\Debug\Plugins"中含有默认提供的串口工具与写入软件等供用户配置和添加，用户也可添加自己在开发中会用到的软件。

3．外接软件的使用

外接软件添加成功后，在外接软件的二级菜单下会显示添加成功的外接软件，如图 B-13 所示，点击软件名即可弹出相应软件的操作界面。

图 B-13　外接软件的使用

B.4　常见错误及解决方法

1．编译错误

若编译停止，可尝试再次编译，若多次尝试失败，请关闭软件，重新安装"…\05-Tool"下的 easily-tools-install 安装包，安装完成后重新打开软件，再次尝试编译。若还不行，请致电 0512-65214835 进行咨询。

2．一般下载错误

若"连接 GEC"操作时提示"已连接串口 COMx，但未找到设备"错误，如图 B-14 所示，则推断出现该提示的原因是 USB 串口未连接终端设备，或 USB 串口驱动出现问题，或终端程序未执行。

图 B-14　连接 GEC 错误示意

此时按照以下步骤进行检查。

步骤一，检测终端设备是否正在运行，运行状态的终端模块指示灯处于闪烁状态。若未运行，可尝试终端重新通电，此时，若指示灯闪烁，点击"重新连接"，若提示"成功连接 GEC-xxxx(COMx)"，则表示串口连接成功。

步骤二，检测 USB 串口线是否连接至终端，由于可能存在串口线松动的情况，可重新连接串口线，点击"重新连接"，若提示"成功连接 GEC-xxxx(COMx)"，则表示串口连接成功。

步骤三，若经过以上步骤均不能检测到终端设备，则可能是串口驱动版本不对应。此时可以尝试手动更新串口驱动版本。

右击"我的电脑（windows 10 系统为"此电脑"）"，选择"管理"→"设备管理器"→"端口（COM 和 LPT）"打开，此时可看到串口处于警告状态，如图 B-15 所示。

> 🖧 端口 (COM 和 LPT)
　　⚠️ Prolific USB-to-Serial Comm Port (COM3)

图 B-15　串口处于警告状态

选择该端口，右击选择"更新驱动程序"，在弹出的窗体中选择"浏览我的计算机以查找驱动程序软件"，手动查找驱动。

弹出对话框，选择"让我从计算上的可用驱动程序列表中选取"。此时在对话框中选择驱动版本："2011/10/7"版本。

更新驱动成功后，可看到驱动的警告标志消除，此时点击终端 User 程序下载工具中的"重新连接"，若提示"成功连接 GEC-xxxx(COMx)"，则表示串口连接成功。

3．串口驱动问题的处理方法

在安装电子资料中"05-Tool 文件夹"下的"PL2303_Prolific_DriverInstaller_v1.5.0.exe"串口驱动程序时，建议先进行以下操作。

（1）检查串口驱动是否已经安装

这一步的目的是检查串口驱动的不兼容问题。方法是：将 USB 串口线接入计算机的 USB 接口，右击"我的电脑"→"属性"→"设备管理器"→"端口（COM 和 LPT）"展开，若出现图 B-16 所示情况 1，则表示串口驱动正常，无须重新安装。

> 🖧 端口 (COM 和 LPT)
　　🖧 Intel(R) Active Management Technology - SOL (COM3)
　　🖧 Prolific USB-to-Serial Comm Port (COM4)

图 B-16　情况 1

若出现图 B-17 所示情况 2，则要进行后续步骤以确保串口能够正常运行。

> 🖧 端口 (COM 和 LPT)
　　🖧 Intel(R) Active Management Technology - SOL (COM3)
　　⚠️ Prolific USB-to-Serial Comm Port (COM4)

图 B-17　情况 2

（2）串口驱动程序不匹配问题解决方案

串口驱动出现异常大多是串口驱动程序和操作系统不兼容导致。在 Windows 10 系统中，如果安装的 PL2303 版本高于 2011 版本，则会出现上述现象，因此需要将高版本的驱动全部删除，然后重新安装 2011 版本的串口驱动程序。具体步骤如下。

① 卸载高版本驱动。按照前述步骤进入"设备管理器"，找到"端口"一栏并展开，选中出现异常的一项，右击选择"卸载设备"，进入图 B-18 所示页面。其中"删除此设备的驱动软件"前面的复选框要选中，即打"√"。点击"卸载"。

因为之前可能安装过好多个版本的驱动，所以需要依次按照上述操作把这些版本的驱动全部卸载，直到按照"（1）检查串口驱动是否已经安装"的方法显示正常为止。

若将串口驱动完全卸载后，在"设备管理器"中出现图 B-19 所示情况 3，则需要安装驱动。

图 B-18　卸载驱动示意

图 B-19　情况 3

② 安装 2011 版本的串口驱动程序。在完成驱动卸载后，双击"…\05-**Tool\PL2303_Prolific_DriverInstaller_v1.5.0.exe**"进入安装界面，如图 B-20 所示。

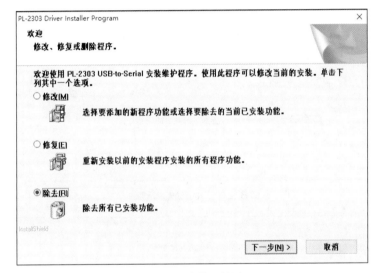

图 B-20　安装驱动示意

为避免可能因卸载不干净导致文件有残留信息，须选择"除去（R）"，然后点击"下一步"，在弹出的对话框中，点击"是"，等待卸载完成，再次重新安装即可。

③ 串口驱动正常检验。在完成驱动"卸载"和"安装"操作后，需要重新插上 USB 串口线，打开"设备管理器"界面，查看串口驱动是否已经正常。也可以选中该端口，右击选择"属性"，选中"驱动程序"选项卡，正常驱动信息如图 B-21 所示。若上述问题依然未解决，则可能是因为安装的驱动版本过多所致。此时需要多卸载几次，重复上述步骤。

4. 串口驱动程序其他问题

若上述方法仍然不能解决问题，就需要使用驱动更新的方法。因为 PL2303 驱动程序最新版不适用于 Windows 10 系统，所以需要更换成老版本驱动。步骤如下：右击"我的电脑"→"属性"→"设备管理器"→"端口（COM 和 LPT）"，选中出现异常的端口，右击选择"更新驱动程序软件"，在进入图 B-22 所示页面后，选择"浏览我的计算机以查询驱动程序软件（R）"。

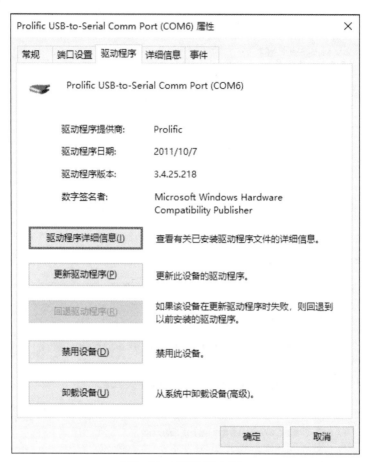

图 B-21　正常驱动信息示意

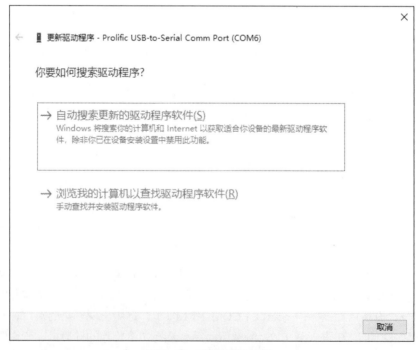

图 B-22　更新驱动软件示意

进入如图 B-23 所示页面后，选择"让我从计算机上的可用驱动程序列表中选区（<u>L</u>）"。

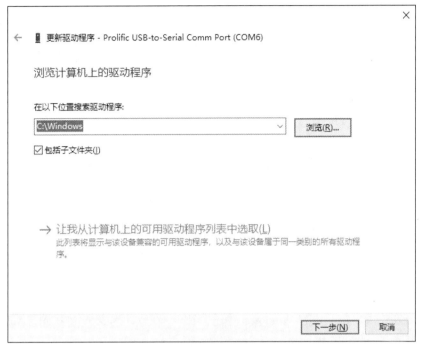

图 B-23　浏览驱动程序示意

如图 B-24 所示，选中"型号"列表框中的版本为"[2011/10/7]"的驱动，然后点击下一步，等待安装完成。

图 B-24　浏览驱动程序示意

安装完成后重新插拔一下串口线，若出现图 B-25 所示情况 4，则表示驱动更新成功。

图 B-25　情况 4

5．特殊下载错误

若因用户程序中断使用不当，导致无法进入下载串口中断处理程序，因而无法下载程序，通常可按照下述办法解决：第一步，用手直接拧下 LCD 下部（非插针端）反面的两个螺柱，取下 LCD；第二步，利用一根具有公母头的杜邦线，一端接地（GND-插针）；第三步，正常通电；第四步，杜邦线的另一端点击 J2 排孔标有"48"的孔 6 次以上，直到三色灯闪烁绿灯，则可以进行程序下载。

B.5　卸载 AHL-GEC-IDE 集成开发环境

1．卸载方式一

（1）鼠标左击屏幕左下角的 Windows "▦" 图标，在软件列表 A 中找到 "Auhulu"，右击后选择"卸载"，如图 B-26 所示。

图 B-26　选择卸载 Auhulu

（2）选择卸载后会进入控制面板的程序与控制界面，在软件列表中找到"Auhulu 版本 X"（X 为版本代号，如 1.0、2.0），右击软件选择"卸载"，如图 B-27 所示。

图 B-27　卸载 Auhulu

（3）选择"是"，卸载程序，如图 B-28 所示。

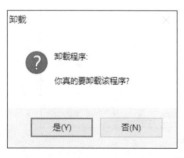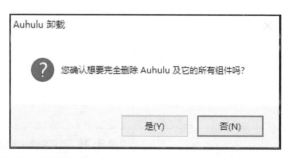

图 B-28　确认卸载 Auhulu

（4）卸载过程和卸载完成窗口如图 B-29 所示。

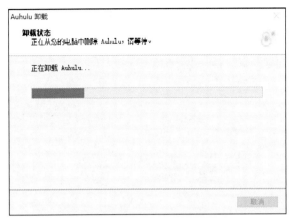
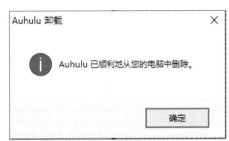

图 B-29　Auhulu 卸载过程及卸载完成

2．卸载方式二

如图 B-30 所示，在 Auhulu 的安装路径中，双击"unins000.exe"，剩余流程与卸载方式一相同，不再赘述。

	名称	修改日期	类型	大小
	gcc	2019/10/29 9:58	文件夹	
	Pro	2019/10/29 9:58	文件夹	
	segger	2019/10/29 9:58	文件夹	
	ARM-GEC-IDE.exe	2019/10/22 17:22	应用程序	407 KB
	unins000.dat	2019/10/29 9:59	DAT 文件	315 KB
☑	unins000.exe	2019/10/29 9:58	应用程序	716 KB
	uninsTasks.txt	2019/10/29 9:59	文本文档	1 KB

图 B-30　在安装路径中卸载 Auhulu

B.6　技术咨询

电话：0512-65214835（苏州大学&Arm 中国嵌入式与物联网技术培训中心）。

网站：苏州大学嵌入式学习社区。

附录C 串行通信构件设计方法

本附录的内容有一定难度，以 STM32L431 芯片的串口通信构件设计过程为例，介绍构件的设计方法。

C.1 UART 模块编程结构

设计 UART 驱动构件不仅需要深入理解 UART 模块编程结构（即 UART 模块的映像寄存器），还要掌握基本编程过程与调试方法，这是一项细致且有一定难度的工作。

以下寄存器的用法在 STM32 的芯片手册《RM0394_STM32L4xx 单片机参考手册》的 38.8 节中有详细说明，下面按初始化顺序阐述基本编程需要使用的寄存器。注意，下面所列寄存器名中的"x"表示 UART 模块编号，取 1～3。

STM32 芯片有 3 个 UART 模块。每个模块有其对应的寄存器。以下地址分析均为十六进制，为了简化书写，在不引起歧义的情况下，十六进制后缀"0x"可以不写。

UART1 模块的寄存器的地址=4001_3800，UART2 模块的寄存器的地址=4000_4400，UART3 模块的寄存器的地址=4000_4800。

控制寄存器 1（Control Register 1）USART_CR1 的结构如表 C-1 所示。

表 C-1　USART_CR1 结构

数据位	读/写	数据位	读/写	数据位	读/写	数据位	读/写
D0	UE	D8	PEIE	D16	DEDT0	D24	DEAT3
D1	UESM	D9	PS	D17	DEDT1	D25	DEAT4
D2	RE	D10	PCE	D18	DEDT2	D26	RTOIE
D3	TE	D11	WAKE	D19	DEDT3	D27	EOBIE
D4	IDLEIE	D12	M0	D20	DEDT4	D28	M1
D5	RXNEIE	D13	MME	D21	DEAT0	D29	保留
D6	TCIE	D14	CMIE	D22	DEAT1	D30	保留
D7	TXEIE	D15	OVER8	D23	DEAT2	D31	保留

D31～D29：保留，硬件强制为 0。

D28（M1）：字长位 1。该位和 D12 位决定了字长，它可以由软件设置或清零。00：1 个开始位，8 个数据位，无停止位；01：1 个开始位，9 个数据位，无停止位；10：1 个开始位，7 个数据位，无停止位。该位仅当 USART 被关闭时才允许写入（UE=0）。注意：不是所有的模式在 7 位数据长度模式下都支持。

D27（EOBIE）：块中断结束使能位。它可以由软件设置或清零。0：中断被禁止；1：当在 USART_ISR 寄存器中设置 EOBF 标志时，将生成一个 USART 中断。注意：如果 USART 不支持智能卡模式，该位是保留的，且必须保留以重置值。

D26（RTOI）：接收端超时中断使能位。它可以由软件设置或清零。0：中断被禁止；1：当在 USART_ISR 寄存器中设置 RTOF 位时，将生成一个 USART 中断。注意：如果 USART 不支持接收端超时，该位是保留的，且必须保留以重置值。

D25-D21（DEAT4-DEAT0）：驱动程序启动断言时间位。这个 5 位值定义了 DE（驱动程序使能）信号激活和开始位的起点。它在样本中表示时间单位（1/8 或 1/16 位持续时间，取决于采样率）。该位只有当 USART 被关闭时才允许写入（UE=0）。注意：如果 USART 不支持该使能驱动程序，该位是保留的，且必须保留以重置值。

D20-D16（DEDT4-DEDT0）：驱动程序解除断言时间位。这个 5 位的值定义了在一个传输中，最后一个停止位的时间消息，以及 DE（驱动程序启用）信号的解除激活。它在样本中表示时间单位（1/8 或 1/16 位持续时间，取决于采样率）。如果在 DEDT 期间写入 USART_TDR 寄存器，新数据只有当 DEDT 和 DEAT 时间都流逝后才可以传输。该位只有当 USART 被关闭时才允许写入（UE=0）。注意：如果 USART 不支持该使能驱动程序，该位是保留的，且必须保留以重置值。

D15（OVER8）：采样模式位。0:16 位采样，1:8 位采样。该位只有当 USART 被关闭时才允许写入（UE=0）。

D14（CMIE）：字符匹配中断使能位。它可以由软件设置或清零。0：中断被禁止；1：当 CMF 位在 USART_ISR 寄存器中被设置时产生一个 USART 中断。

D13（MME）：静音模式使能位。它激活 USART 的静音模式功能。当该位被设置时，USART 可以在活跃模式和静音模式之间转换，就像被 WAKE 位定义的那样。该位由软件设置或清零。0：接收端永久处于活跃模式；1：接收端可以在活跃模式和静音模式之间转换。

D12（M0）：字长位 0。该位和 D28 位决定了字长，它可以由软件设置或清零。该位只有当 USART 被关闭时才允许写入（UE=0）。

D11（WAKE）：接收端唤醒的方法位。它决定了把 USART 唤醒的方法，由软件对该位设置和清零。0：被空闲总线唤醒；1：被地址标记唤醒。该位只有当 USART 被关闭时才允许写入（UE=0）。

D10（PCE）：检验控制使能位。用该位选择是否进行硬件校验控制（对于发送来说就是校验位的产生，对于接收来说就是校验位的检测）。当使能了该位，则发送数据的最高位（如果 M=1，则最高位就是第 9 位；如果 M=0，则最高位就是第 8 位）以插入校验位；对接收到的数据检查其校验位。软件对它置"1"或清"0"。一旦设置了该位，当前字节传输完成后，校验控制才生效。0：禁止校验控制；1：使能校验控制。该位只有当 USART 被关闭时才允许写入（UE=0）。

D9（PS）：校验选择位。当校验控制使能后，该位用来选择是采用偶校验还是奇校验。软件对它置"1"或清"0"。当前字节传输完成后，该选择生效。0：偶校验；1：奇校验。该位只有当 USART 被关闭时才允许写入（UE=0）。

D8（PEIE）：PE 中断使能位。该位由软件设置或清除。0：禁止产生中断；1：当 USART_SR 中的 PE 为"1"时，产生 USART 中断。

D7（TXEIE）：发送缓冲区"空中断使能位"。该位可以由软件设置或清除。0：禁止产生中断；1：当 USART_SR 中的 TXE 为"1"时，产生 USART 中断。

D6（TCIE）：发送完成中断使能位。该位可以由软件设置或清除。0：禁止产生中断；1：当 USART_SR 中的 TC 为"1"时，产生 USART 中断。

D5（RXNEIE）：接收缓冲区"非空中断使能位"。该位可以由软件设置或清除。0：禁止产生中断；1：当 USART_SR 中的 ORE 或者 RXNE 为"1"时，产生 USART 中断。

D4（IDLEIE）：IDLE 中断使能位。该位可以由软件设置或清除。0：禁止产生中断；1：当 USART_SR 中的 IDLE 为"1"时，产生 USART 中断。

D3（TE）：发送使能位。该位使能发送器，它可以由软件设置或清除。0：禁止发送；1：使能发送。注意：在数据传输过程中（除了在智能卡模式下），如果 TE 位上有个 0 脉冲（即设置为"0"之后再设置为"1"），则会在当前数据字传输完成后，发送一个"前导符"（空闲总线）。当 TE 被设置后，在真正发送开始之前，有一个比特时间的延迟。

D2（RE）：接收使能位。该位可以由软件设置或清除。0：禁止接收；1：使能接收，并开始搜寻 RX 引脚上的起始位。

D1（UESM）：在停止模式下的 USART 使能位。当该位被清零时，USART 不能从停止模式下唤醒 MCU。当这一位被设置时，USART 能够从停止模式下唤醒 MCU，提供在 RCC 中的 HSI16 或 LSE 的 USART 时钟选择。该位可以由软件设置或清除。0：USART 不能从停止模式下唤醒 MCU；1：USART 能够从停止模式下唤醒 MCU。当这一功能激活时，USART 的时钟资源必须是 HSI16 或 LSE。建议：在进入停止模式之前设置 UESM 位，并在把它清零后退出停止模式。如果 USART 不支持从停止模式下的唤醒，则该位是保留的，且必须保留以重置值。

D0（UE）：USART 使能位。当该位被清零时，在当前字节传输完成后 USART 的分频器和输出停止工作，以减少功耗。该位可以由软件设置和清零。0：USART 分频器和输出被禁止；1：USART 模块使能。注意：为了进入低功耗模式而不会在线路上产生错误，TE 位必须在这之前重置，且在重置 UE 位之前，软件必须等待 USART_ISR 中的 TC 位被设置。

鉴于篇幅限制，下面所列相关寄存器的详细资料请读者从本书配套的电子资源中获取。

- 控制寄存器 2（Control Register 2）USART_CR2。
- 控制寄存器 3（Control Register 3）USART_CR3。
- 波特率寄存器（Baud Rate Register）USART_BRR。
- 中断状态寄存器（Interrupt and status register）USART_ISR。
- 接收数据寄存器（Receive data register）USART_RDR。
- 发送数据寄存器（Transmit data register）USART_TDR。

C.2 UART 驱动构件汇编语言源码

类似于 C 语言的编程方式，为保证构件工作的独立性，实现高内聚、低耦合的设计要求，构件的实现内容应封装在源文件内部。源文件内容包括自身头文件包含语句、各个功能函数和内部函数的实现代码。

1. UART 驱动构件汇编的头文件 uart.inc 代码

```
//========================================================================
//文件名称：uart.inc
//功能概要：STM32L432RC UART 底层驱动构件（汇编）程序头文件
//版权所有：SD-Arm(sumcu.suda.edu.cn)
//更新记录：2019-10-20 V2.0
//========================================================================
//宏定义串口号
```

```
.equ UART_1,1

.equ UART_2,2

.equ UART_3,3

//配置 UARTx 使用的引脚组(TX,RX) 0

//UART_1 的引脚组配置。0:PTA9~10, 1:PTB6~7

.equ UART1_GROUP,0

//UART_2 的引脚组配置。0:PTA2~3

.equ UART2_GROUP,0

//UART_3 的引脚组配置。0:PTB10~11, 1:PTC10~11

.equ UART3_GROUP,1

//宏定义地址定义

.equ USART1_BASE,0x40013800

.equ USART2_BASE,0x40004400

.equ USART3_BASE,0x40004800

.equ RCC_APB1ENR1_BASE,0x40021058

.equ RCC_APB2ENR_BASE,0x40021060

.equ RCC_AHB2ENR_BASE,0x4002104C

.equ GPIOA_MODER_BASE,0x48000000

.equ GPIOA_AFR_BASE,0x48000020

.equ GPIOB_MODER_BASE,0x48000400

.equ GPIOB_AFR_BASE,0x48000420

.equ GPIOC_MODER_BASE,0x48000800

.equ GPIOC_AFR_BASE,0x48000820

//定义最大次数

MAX_COUNT:
    .word 0xFBBB
//===================================================================

//函数名称: uart_init

//功能概要: 初始化 uart 模块

//参数说明: r0 串口号 UART_1、UART_2、UART_3

//          r1 波特率 300、600、1200、2400、4800、9600、19200、115200…

//函数返回: 无
//===================================================================

//函数名称: uart_send1

//参数说明: r0 串口号 UART_1、UART_2、UART_3

//          r1 要发送的字节

//函数返回: 函数执行状态, 1=发送成功, 0=发送失败

//功能概要: 串行发送 1 个字节
//===================================================================
```

```
//函数名称: uart_sendN
//参数说明: r0:串口号 UART_1、UART_2、UART_3
//        r1:发送长度
//        r2:发送缓冲区首地址
//函数返回: 函数执行状态, 1=发送成功, 0=发送失败
//功能概要: 串行发送 n 个字节
//==================================================================

//函数名称: uart_send_string
//参数说明: r0:串口号 UART_1、UART_2、UART_3
//        r1:要发送的字符串的首地址
//函数返回: 函数执行状态, 1=发送成功, 0=发送失败
//功能概要: 从指定 UART 端口发送一个以'\0'结束的字符串
//==================================================================

//函数名称: uart_re1
//参数说明: r0:串口号 UART_1、UART_2、UART_3
//        r1:接收成功标志的指针, 1=接收成功, 0=接收失败
//函数返回: 接收返回字节
//功能概要: 串行接收 1 个字节
//==================================================================

//函数名称: uart_reN
//参数说明: r0:串口号 UART_1、UART_2、UART_3
//        r1:接收长度
//        r2:接收缓冲区
//函数返回: 函数执行状态, 1=接收成功, 0=接收失败
//功能概要: 串行接收 n 个字节, 放入 buff 中
//==================================================================

//函数名称: uart_enable_re_int
//参数说明: r0:串口号 UART_1、UART_2、UART_3
//函数返回: 无
//功能概要: 开串口接收中断
//==================================================================

//函数名称: uart_disable_re_int
//参数说明: r0:串口号 UART_1、UART_2、UART_3
//函数返回: 无
//功能概要: 关串口接收中断
//==================================================================
```

2. UART 驱动构件汇编源文件 uart.s 代码

```
//================================================================
//文件名称: uart.s
//功能概要: STM32L432RC UART 底层驱动构件（汇编）程序文件
//版权所有: SD-Arm(sumcu.suda.edu.cn)
//更新记录: 2019-09-27 V2.0
//================================================================
.include "uart.inc"
//================================================================
//函数名称: uart_init
//功能概要: 初始化 uart 模块
//参数说明: r0:串口号 UART_1、UART_2、UART_3
//         r1:波特率 300、600、1200、2400、4800、9600、19200、115200…
//函数返回: 无
//================================================================
uart_init:
//（1）保存现场，pc(lr)入栈
        push {r0-r7,lr}
        mov r4,r0           //将串口号保存到 r4
//（2）调用判断函数判断串口号是否在串口数字范围内
        bl uart_is_uartNo
        cmp r0,#0
        beq uart_init_end  //若不在范围内直接跳转到函数结尾
//（3）跳转到分支函数执行串口初始化
        cmp r4,#1
        beq jp_uart_init1 //若串口号为 UART_1，则跳转到 jp_uart_init1 函数执行
        cmp r4,#2
        beq jp_uart_init2  //若串口号为 UART_2，则跳转到 jp_uart_init2 函数执行
        cmp r4,#3
        beq jp_uart_init3  //若串口号为 UART_3，则跳转到 jp_uart_init3 函数执行
//（3.1）跳转执行初始化串口号 1
jp_uart_init1:
        b uart_init1
//（3.2）跳转执行初始化串口号 2
jp_uart_init2:
        b uart_init2
//（3.3）跳转执行初始化串口号 3
jp_uart_init3:
        b uart_init3
```

281

```
                uart_init_last:
                //（4）暂时禁用 UART 功能
                        mov r2,r0                //将基址暂存到 r2
                        ldr r0,[r2]              //r0=USART1 中的 CR1 地址中的内容
                        ldr r3,=0x00000001       //r3=USART_CR1_UE 的值
                        bic r0,r0,r3             //进行位段清零运算，保存结果到 r0
                        str r0,[r2]              //将运算结果存储回 USART1 中的 CR1 地址中
                //（5）暂时关闭串口发送与接收功能
                        ldr r0,[r2]              //r0=USART1 中的 CR1 地址中的内容
                        ldr r3,=0x00000008       //r3=USART_CR1_TE_Msk 的值
                        ldr r4,=0x00000004       //r4=USART_CR1_RE_Msk 的值
                        orr r3,r3,r4             //进行或运算，结果保存到 r3
                        bic r0,r0,r3             //进行位段清零运算，保存结果到 r0
                        str r0,[r2]              //将运算结果存储回 USART1 中的 CR1 地址中
                //（6）配置串口波特率
                        ldr r6,=0x00008000       //r6=USART_CR1_OVER8_Msk
                        and r0,r0,r6             //进行与运算保存结果到 r0
                        mov r5,#0x02             //将系统内核时钟的值 48000000 加载到 r5
                        lsl r5,#8
                        add r5,#0xDC
                        lsl r5,#8
                        add r5,#0x6C
                        lsl r5,#8
                        cmp r0,r6
                        bne uart_init_brr2       //跳转到第二种方式配置波特率
```

注：鉴于篇幅限制，完整代码请读者从本书配套的电子资源中获取。

C.3 UART 驱动构件 C 语言源码

为了方便对照理解，本附录提供了 UART 驱动构件 C 语言版本的头文件和源文件代码，供读者参考。

1. UART 驱动构件 C 语言的头文件 uart.h 代码

```
//=================================================================
//文件名称：uart.h
//功能概要：UART 底层驱动构件头文件
//版权所有：SD-Arm(sumcu.suda.edu.cn)
//更新记录：2019-05-20 V1.0 GXY
//适用芯片：STM32L433xx
//=================================================================
```

```c
#ifndef _UART_H              //防止重复定义(开头)
#define _UART_H
#include "common.h"          //包含公共要素头文件
#include "string.h"
//宏定义串口号
#define UART_1      1
#define UART_2      2
#define UART_3      3
//配置 UARTx 使用的引脚组(TX,RX)0
//UART_1 的引脚组配置: 0:PTA9~10, 1:PTB6~7
#define UART1_GROUP      0
//UART_2 的引脚组配置: 0:PTA2~3
#define UART2_GROUP      0
//UART_3 的引脚组配置: 0:PTB10~11, 1:PTC10~11
#define UART3_GROUP      1
//=================================================================
//函数名称: uart_init
//功能概要: 初始化 uart 模块
//参数说明: uartNo:串口号 UART_1、UART_2、UART_3
//          baud:波特率 300、600、1200、2400、4800、9600、19200、115200…
//函数返回: 无
//=================================================================
void uart_init(uint_8 uartNo, uint_32 baud_rate);
//=================================================================
//函数名称: uart_send1
//参数说明: uartNo:串口号 UART_1、UART_2、UART_3
//          ch:要发送的字节
//函数返回: 函数执行状态, 1=发送成功, 0=发送失败。
//功能概要: 串行发送 1 个字节
//=================================================================
uint_8 uart_send1(uint_8 uartNo, uint_8 ch);
//=================================================================
//函数名称: uart_sendN
//参数说明: uartNo:串口号 UART_1、UART_2、UART_3
//          buff:发送缓冲区
//          len:发送长度
//函数返回: 函数执行状态, 1=发送成功, 0=发送失败
//功能概要: 串行接收 n 个字节
//=================================================================
uint_8 uart_sendN(uint_8 uartNo ,uint_16 len ,uint_8* buff);
```

```
//================================================================
//函数名称: uart_send_string
//参数说明: uartNo:UART 模块号 UART_1、UART_2、UART_3
//          buff:要发送的字符串的首地址
//函数返回: 函数执行状态, 1=发送成功, 0=发送失败
//功能概要: 从指定 UART 端口发送一个以'\0'结束的字符串
//================================================================
uint_8 uart_send_string(uint_8 uartNo, void *buff);
//================================================================
//函数名称: uart_re1
//参数说明: uartNo:串口号 UART_1、UART_2、UART_3
//          *fp:接收成功标志的指针; *fp=1:接收成功; *fp=0:接收失败
//函数返回: 接收返回字节
//功能概要: 串行接收 1 个字节
//================================================================
uint_8 uart_re1(uint_8 uartNo,uint_8 *fp);
//================================================================
//函数名称: uart_reN
//参数说明: uartNo:串口号 UART_1、UART_2、UART_3
//          buff:接收缓冲区
//          len:接收长度
//函数返回: 函数执行状态, 1=接收成功, 0=接收失败
//功能概要: 串行接收 n 个字节,放入 buff 中
//================================================================
uint_8 uart_reN(uint_8 uartNo ,uint_16 len ,uint_8* buff);
//================================================================
//函数名称: uart_enable_re_int
//参数说明: uartNo:串口号 UART_1、UART_2、UART_3
//函数返回: 无
//功能概要: 开串口接收中断
//================================================================
void uart_enable_re_int(uint_8 uartNo);
//================================================================
//函数名称: uart_disable_re_int
//参数说明: uartNo:串口号 UART_1、UART_2、UART_3
//函数返回: 无
//功能概要: 关串口接收中断
//================================================================
void uart_disable_re_int(uint_8 uartNo);
```

```
//==============================================================
//函数名称：uart_get_re_int
//参数说明：uartNo:串口号 UART_1、UART_2、UART_3
//函数返回：接收中断标志,1=有接收中断,0=无接收中断
//功能概要：获取串口接收中断标志,同时禁用发送中断
//==============================================================
uint_8 uart_get_re_int(uint_8 uartNo);
//==============================================================
//函数名称：uart_deinit
//参数说明：uartNo:串口号 UART_1、UART_2、UART_3
//函数返回：无
//功能概要：uart 反初始化
//==============================================================
void uart_deinit(uint_8 uartNo);
#endif        //防止重复定义（结尾）
```

2. UART 驱动构件 C 语言的源文件 uart.c 代码

```
//==============================================================
//文件名称：uart.c
//功能概要：uart 底层驱动构件源文件
//版权所有：SD-Arm(umcu.suda.edu.cn)
//更新记录：2019-05-20 V1.0 GXY
//==============================================================
#include "uart.h"
USART_TypeDef *USART_ARR[] = {(USART_TypeDef*)USART1_BASE, (USART_
TypeDef*)USART2_BASE, (USART_TypeDef*)USART3_BASE};
//====定义串口 IRQ 号对应表====
IRQn_Type table_irq_uart[3] = {USART1_IRQn, USART2_IRQn, USART3_IRQn};
//内部函数声明
uint_8 uart_is_uartNo(uint_8 uartNo);
        {
        case 0:
            //使能 USART1 和 GPIOA 时钟
            RCC->APB2ENR |= RCC_APB2ENR_USART1EN;
            RCC->AHB2ENR |= RCC_AHB2ENR_GPIOAEN;
            //使能 PTA9,PTA10 为 USART(Tx,Rx)功能
            GPIOA->MODER &= ~(GPIO_MODER_MODE9|GPIO_MODER_MODE10);
            GPIOA->MODER |= (GPIO_MODER_MODE9_1|GPIO_MODER_MODE10_1);
            GPIOA->AFR[1] &= ~(GPIO_AFRH_AFSEL9|GPIO_AFRH_AFSEL10);
```

```
                    GPIOA->AFR[1] |= ((GPIO_AFRH_AFSEL9_0 | GPIO_AFRH_AFSEL9_1
GPIO_AFRH_AFSEL9_2)|(GPIO_AFRH_AFSEL10_0|GPIO_AFRH_AFSEL10_1|GPIO_AFRH_AFSEL10_2));
                break;
            case 1:
                //使能 USART1 和 GPIOB 时钟
                RCC->APB2ENR |= RCC_APB2ENR_USART1EN;
                RCC->AHB2ENR |= RCC_AHB2ENR_GPIOBEN;
    //==================================================================
    //函数名称: uart_init
    //功能概要: 初始化 uart 模块
    //参数说明: uartNo:串口号 UART_1、UART_2、UART_3
    //          baud:波特率 300、600、1200、2400、4800、9600、19200、115200…
    //函数返回: 无
    //==================================================================
    void uart_init(uint_8 uartNo, uint_32 baud_rate)
    {
        uint_16 usartdiv; //BRR 寄存器应赋的值
        //判断传入串口号参数是否有误,若有误, 则直接退出
        if(!uart_is_uartNo(uartNo))
        {
            return;
        }
        //开启 UART 模块和 GPIO 模块的外围时钟, 并使能引脚的 UART 功能
        switch(uartNo)
        {
        case UART_1:  //若为串口 1
#ifdef UART1_GROUP
            //依据选择使能对应时钟, 并配置对应引脚为 UART_1
            switch(UART1_GROUP)
                //使能 PTB6,PTB7 为 USART(Tx,Rx)功能
                GPIOB->MODER &= ~(GPIO_MODER_MODE6|GPIO_MODER_MODE7);
                GPIOB->MODER |= (GPIO_MODER_MODE6_1|GPIO_MODER_MODE7_1);
                GPIOB->AFR[0] &= ~(GPIO_AFRL_AFSEL6|GPIO_AFRL_AFSEL7);
                GPIOB->AFR[0] |= ((GPIO_AFRL_AFSEL6_0 | GPIO_AFRL_AFSEL6_1|
 GPIO_AFRL_AFSEL6_2)|(GPIO_AFRL_AFSEL7_0 | GPIO_AFRL_AFSEL7_1 | GPIO_
AFRL_AFSEL7_2));
                break;
```

```
            default:
                break;
        }
    #endif
            break;
```

注：鉴于篇幅限制，完整代码请读者从本书配套的电子资源中获取。

参考文献

[1] 王爽. 汇编语言[M]. 2 版. 北京：清华大学出版社，2013.

[2] RANDAL E B，DAVID R，HALLARON O. Computer systems: a programmer's perspective[M]. 3rd ed. Pittsburgh：Carnegie Mellon University，2016.

[3] The Free Software Foundation Inc. Using as The GNU Assembler[Z]. Version 2.11.90. [S.l.]：[s.n.]，2012.

[4] Arm. Armv7-M Architecture Reference Manual[Z]. [S.l.]：[s.n.]，2014.

[5] Arm. Arm Cortex-M4 Processor Technical Reference Manual Revision r0p1[Z]. [S.l.]：[s.n.]，2015.

[6] NATO Communications and Information Systems Agency. NATO Standard for Development of Reusable Software Components[S]. [S.l.]：[s.n.]，1991.

[7] 姚文祥. Arm Cortex-M3 与 Cortex-M4 权威指南[M]. 吴常玉，曹孟娟，王丽红，译. 3 版. 北京：清华大学出版社. 2015.

[8] 王宜怀，许粲昊，曹国平. 嵌入式技术基础与实践——基于 Arm-Cortex-M4F 内核的 MSP432 系列微控制器[M]. 5 版. 北京：清华大学出版社，2019.

[9] 王宜怀，张建，刘辉，等. 窄带物联网 NB-IoT 应用开发共性技术[M]. 北京：电子工业出版社，2019.

[10] STMicroelectronics. STM32L431xx Datasheet[Z]. [S.l.]：[s.n.]，2018.

[11] STMicroelectronics. STM32L4xx Reference manual[Z]. [S.l.]：[s.n.]，2018.

[12] JACK G. The Art of Designing Embedded Systems[M]. 2nd ed. Oxford：Newnes，2009.